成都师范学院学术著作出版基金资助

稀土和过渡离子自旋哈密顿参量的微扰理论

董会宁　邬劭轶 // 著

西南交通大学出版社
·成 都·

内容简介

本书在前人工作基础上简要介绍了电子顺磁共振的基本原理、概念、理论描述以及自旋哈密顿理论，叙述了量子力学中微扰理论和方法。针对具有最低 Kramers 双重态的稀土离子和立方下具有轨道单重基态的过渡离子等体系，建立了不同对称下自旋哈密顿参量的微扰公式，并应用于含这些杂质离子的相关功能材料，而涉及这些应用的工作大多引自作者近年发表的相关学术论文。全书共分为 11 章。第 1 章介绍晶体场理论和电子顺磁共振的基本理论。第 2 章介绍稀土离子光谱和自旋哈密顿理论。第 3~7 章介绍稀土离子微扰公式及其应用。第 8~11 章介绍过渡离子的高阶微扰理论及其应用。本书可供从事稀土或过渡离子材料研究的科技人员参考，也可供高等院校凝聚态物理、化学、材料科学及相关专业教师与研究生使用。

图书在版编目（CIP）数据

稀土和过渡离子自旋哈密顿参量的微扰理论 / 董会宁，邬劭轶著. —成都：西南交通大学出版社，2018.9
ISBN 978-7-5643-6417-5

Ⅰ. ①稀… Ⅱ. ①董… ②邬… Ⅲ. ①自旋哈密顿参量－研究 Ⅳ. ①O482.5

中国版本图书馆 CIP 数据核字（2018）第 211026 号

稀土和过渡离子自旋哈密顿参量的微扰理论

董会宁　邬劭轶 / 著

责任编辑 / 牛　君
封面设计 / 何东琳设计工作室

西南交通大学出版社出版发行
（四川省成都市二环路北一段 111 号西南交通大学创新大厦 21 楼　610031）
发行部电话：028-87600564　028-87600533
网址：http://www.xnjdcbs.com
印刷：成都蓉军广告印务有限责任公司

成品尺寸　185 mm×260 mm
印张　11.5　　字数　287 千
版次　2018 年 9 月第 1 版
印次　2018 年 9 月第 1 次

书号　ISBN 978-7-5643-6417-5
定价　58.00 元

前　言

过渡和稀土元素是元素周期表中很特殊的族群，分别对应未满的3d和4f壳层，具有丰富的电子能级并表现出独特的光学跃迁，而其未配对电子呈现的顺磁性也使它们成为基于电子顺磁共振技术的材料结构分析探针。因此，过渡和稀土离子是很多功能材料（如光学晶体、磁性材料、高温超导材料和生物蛋白质等）中的激活离子，其电子能级和局部结构性质与材料的性能密切相关，被誉为新材料的宝库。电子顺磁共振谱具有灵敏度和可靠性高、分析简便的优点，其实验结果常用自旋哈密顿参量描述，包括零场分裂、g因子和超精细结构常数等。对这些谱学参量的理论分析通常需要借助剑桥学派建立的自旋哈密顿理论。在自旋哈密顿理论中，一般采用完全对角化和微扰方法进行自旋哈密顿参量的计算，本书主要针对后者进行介绍。微扰方法的特点是微扰哈密顿中各种相互作用贡献的不同阶次可近似用解析式给出，便于分析主要贡献及其变化规律。

本书首先在前人工作基础上简要介绍了电子顺磁共振的基本原理和自旋哈密顿理论的基本知识，以及微扰理论的基本步骤和方法。其次，针对具有最低 Kramers 双重态的稀土离子（包括$4f^1$、$4f^3$、$4f^5$、$4f^9$、$4f^{11}$、$4f^{13}$等）体系，采用 Abragam 等基于基态$^{2S+1}L_J$光谱支项的微扰方法建立了三角、四角和斜方对称下各向异性 g 因子和超精细结构常数的微扰公式；针对立方下具有轨道单重基态的过渡离子（包括八面体中的$3d^3$、$3d^8$、$3d^5$和四面体中的$3d^2$、$3d^7$、$3d^5$等）体系，采用 Macfarlane 强场微扰方法建立了立方、三角、四角、斜方或正交对称下零场分裂、g 因子和超精细结构常数等的微扰公式，并在前人工作基础上考虑了配体（s和p）轨道以及旋轨耦合作用的贡献，同时对部分强共价体系（如Ⅱ~ⅥB族半导体中的$3d^2$、$3d^7$和$3d^5$等）还计入了电荷转移机制的影响。最后，将上述公式应用于含这些杂质离子的相关功能材料，满意地解释了相关材料中过渡和稀土离子电子顺磁共振实验结果，并获得了上述杂质的局部结构信息。这些具体实例大多引自作者近年发表的相关学术论文以及课题组研究生的学位论文，涉及光学晶体、稀有矿物、高温超导材料以及稀磁半导体等材料。

本书与已有的专著相比，具有如下特点：首先是系统性。本书同时包含主要的过渡和稀土离子体系，涉及立方、轴对称（三角和四角）以及斜方（或正交）等各种不同对称性，并对零场分裂、g因子、超精细结构常数和超超精细结构参量等各种自旋哈密顿参量进行了分析，便于读者系统地了解和熟悉过渡和稀土离子电子顺磁共振性质。其次是基础性。本书基于Macfarlane强场微扰方法，针对具有立方非简并基态的过渡离子进行处理，既是量子力学中非简并微扰的应用，也是 Macfarlane 强场微扰方法的具体实践；另外还简要介绍了电子顺磁共振的基本原理和自旋哈密顿理论的基本思路和方法，故可作为高等院校凝聚态物理及相关专业研究生教材，也可供广大青年教师参考。最后是实用性。本书的具体实例大多引自作者近年发表的相关学术论文以及课题组研究生的学位论文，涉及各种功能材料，并顺带介绍了这些功能材料掺杂上述过渡和稀土离子获得的独特性质和应用，也附上了相关文献，便于读者了解、熟悉。此外，本书结构主要以具有相似能级结构和基态的过渡和稀土离子电子组态进行分类，例如过渡离子部分以八面体中的 $3d^3$ 和四面体中的 $3d^7$（基态均为 $^4A_2$）、八面体中的 $3d^8$ 和四面体中的 $3d^2$（基态均为 $^3A_2$）以及八面体和四面体中 $3d^5$（基态均为 $^6A_1$）进行分类，具有可读性，便于初学者快速掌握此类体系自旋哈密顿参量的基本特点。

作者在早年读博期间，师从四川大学郑文琛教授，就本书部分工作曾经多次与其讨论研究，得到其悉心指导。同时在此前后也曾与四川师范大学赵敏光教授多次讨论，受益良多。在此谨向两位先生表示衷心的感谢和诚挚的敬意！高秀英、张志红、胡贤芬、丁长春、李莉莉、王雪峰和刘绪生等同志在其博士或硕士研究生阶段做的部分工作也收录入本书中，还有其他为本书做出贡献的同志，在此一并致谢。

由于本书涉及内容较多，加上作者水平有限，虽然经过多次检查，但仍难免挂一漏万，顾此失彼，书中错漏和笔误之处恳请读者批评指正，以便再版时更正。

董会宁　邬劭轶

2018 年 3 月于成都

目　录

1　晶体场理论和电子顺磁共振的基本理论

1.1　晶体场理论

1.1.1　晶体场理论的发展

晶体场理论是研究掺过渡金属离子、稀土金属离子、锕族离子的晶体及络合物光、热、磁学性质的有效方法，作为一门重要的边缘学科，它在物理、化学、固体波谱学，材料学，矿物学等诸多领域有着广泛的应用。

1923—1935 年 Bethe 和 Becquerel 将群论和量子力学的结果应用于纯静电理论，他们把中心离子看成是有结构的，并且考虑到引入晶体场后，中心离子周围的配体所产生的电场对中心离子外层电子结构的作用，并假设金属离子与配体之间无电荷转移，从而发展出晶体场理论[1−3]。

Kramers 提出并证明了“Kramers 简并”的概念，即在任意电场但不存在外磁场时，奇数电子体系的所有态仍应具有偶数简并度，也就是说，用任何形式的电场作用都不能消除奇数电子体系的偶数简并度[4]。例如对 $4f^1(Ce^{3+})$电子组态，不管环境对称性多低，其能级至少保持二重简并度，即 Kramers 双重态。对镧系离子，具有 Kramers 双重态的稀土 RE^{3+}包括 Ce^{3+}、Nd^{3+}、Sm^{3+}、Dy^{3+}、Er^{3+}、Yb^{3+}等。“Kramers 简并”的概念与 Bethe 的“双群”概念是密切相关的。

1932 年，Van Vleck 将晶体场理论应用于解释铁族络合物的顺磁性质，其中考虑了晶场引起的轨道角动量淬灭。Jordah 和 Schlapp 等分别对外磁场中络离子的能级精细结构做了进一步的研究。Gorter 论证了规则四面体晶体场下络离子能级分裂与八面体相同，但次序相反。1937 年，Van Veleck 提出了无机络合物吸收带跃迁强度的方法，次年又用 Jahn-Teller 原理研究了 MX_6 型八面体分子的畸变。

这段时期的物理模型是点电荷模型，常被称为晶体场理论。到了 20 世纪五六十年代，由于光谱技术、核磁共振技术以及激光技术等的迅速发展，大量的实验数据促使人们重新关注配位场理论的应用。1952 年之后晶体场理论便被应用于过渡金属化学的许多方面，曾用它解释和预测过渡金属化合物的晶体化学、动力学与反应机理、磁学与光谱学性质以及热力学数据。1959 年，晶体场理论在地质上得到了应用，Williams 用它成功地解释了 Skaergaard 侵入体中岩浆分异结晶时过渡金属离子的相对富集问题。之后晶体场理论便被大量应用于地球化学和矿物学问题的研究中[5]。

与此同时，在理论方面，采用了自由离子理论，逐步建立了 Racah 的不可约张量方法和 Slater 方法，强烈地影响着物质结构理论的各个方面，使晶场理论发展到一个新的阶段[6−7]。Tanabe 和 Sugano 应用了 Racah 的方法建立了 $3d^n$ 组态的强场耦合方案计算方法；Griffith 和

Sugano 的了系统的总结，使理论计算进一步标准化。另一方面，对于弱场耦合方案，则是将矩阵元还原为以自由离子矩阵元为基础进行计算。随着群分解链关系进一步明确，建立了强场和弱场耦合方案下各种群分解链关系以及对应的耦合系数，同时在晶体场理论计算标准化方面也因 *V* 系数和 *W* 系数的系统和全面的处理而得到很大发展。这些工作使晶体场理论在实验和理论上得到了发展和完善[8–10]。

70 年代以后，随着从头计算法（*ab* initio）的发展，人们试图用它来取代晶体场理论，但很不成功，目前流行的方法是晶体场近似与分子轨道近似相结合，这种修正的晶体场理论又称作配位场理论[11]。

1.1.2 晶体场理论的基本假设

晶体场理论模型把络合物中心的中心金属离子与配体的相互作用近似看作类似离子晶体中正负离子的静电作用，而中心金属离子未满 d 或 f 轨道受到配体负电荷静电场的微扰作用，使原来简并的 d 或 f 轨道发生的能级分裂，按微扰理论可计算其分裂能的大小。作为近似，可将配体视为按一定对称性排布的点电荷，并与中心金属离子未满 d 或 f 轨道电子云产生排斥作用。这样，d 或 f 轨道的电子是在核和其他电子产生的平均中心势场以及配体产生的静电势场中运动[12–13]。晶体场理论能成功地解释配位化合物的结构、光谱、稳定性及磁性等一系列性质。但该理论只按静电作用进行处理，相当于只考虑了离子键作用而忽略了中心金属离子与配体之间的轨道混合即共价性的影响。传统的晶体场理论仅考虑了中心过渡离子的旋轨耦合作用的贡献，忽视了其他（如配体的）旋轨耦合作用的贡献。

晶体场理论将络合物体系分成两个部分：以 d 电子为例，未填满壳层的 d 电子作为量子体系处理；非基本部分是金属离子的配位体，作为经典电荷体系处理，它们产生静电场，作用在金属离子的 d 电子上，这就是晶体场近似。这样体系的 Hamilton 算符表示为：

$$\hat{H} = \hat{H}_0(\text{自由离子}) + \hat{V}_{cf}(\text{晶体场势能}) \tag{1-1}$$

它的能量本正方程为：

$$(\hat{H}_0 + \hat{V}_{cf})\psi = E\psi \tag{1-2}$$

其中，$\hat{V}_{cf}$ 为配位体的中心金属离子的 d 电子所处的静电势能，是单电子算符之和，称为晶体场势能算符。络合物的中心过渡金属离子处在周围配体的晶体场中，对于不同对称性的晶体场，V_{cf} 有不同的形式，从而影响自由能级的不同分裂，造成简并的解除。由于配位体的排列具有一定的对称性，所以晶体场 V_{cf} 对晶体对称群 G 中所有对称操作元 *A* 是不变量，即

$$AV_{cf}A^{-1} = V_{cf} \quad (A \in \mathrm{G}) \tag{1-3}$$

需要指出的是，后来出现的配位场理论是对晶体场理论的继承和发展，借用了分子轨道理论的观点来处理中心金属离子与配体的成键作用。在配体电场的作用下，中心离子和配体的轨道将按晶体电场对称性构成满足对称性匹配条件的分子轨道。该理论既保留了晶体场理论突出主要矛盾的优点，又避免了纯粹分子轨道理论的冗长计算。配位场理论允许考虑配位体的电子结构，旋轨耦合作用，以及配体与中心离子的共价作用。它是在晶体场的假设和处

理方法基本不变的情况下，通过调整一些与金属离子中电子相互作用有关的参数，如 Racah 参数 B、C 和旋轨耦合常数 ζ 等，即用配合物中的参数值代替自由离子的相应数值，以弥补传统晶体场理论带来的偏差。其适用于共价性较强的晶体或配体的旋—轨耦合系数较大的络合物。简单来说，配位场近似为：配体除作为电荷体系产生晶场势能外，它们还是一个量子体系，因而在做微扰计算时，金属离子的价电子轨道应为 LCAO-MO 轨道[14]，即

$$|\varphi\rangle = N(|\varphi\rangle_M + \lambda|\varphi\rangle_L) \tag{1-4}$$

其中，$|\varphi\rangle_M$ 为纯金属离子的价电子轨道，$|\varphi\rangle_L$ 为配位体的成键轨道，N 为归一化常数，λ 为混合系数或称共价系数。由此可见，配位场近似为晶体场近似和分子轨道近似的混合，不是一种彻底的分子轨道近似。

分子轨道近似中，把中心金属离子和配位体同样看成量子体系，按量子力学的多体问题处理，所用轨道为 LCAO-MO 轨道。这是一种从头计算方法，令人遗憾的是，目前还未与实验相符合的定量结果[12]。

1.1.3 耦合图像

nl^N 电子组态离子在中心场近似基础上，其体系的哈密顿量可写为：

$$\hat{H} = \hat{H}_f + \hat{H}_{Coul} + \hat{H}_{so} + \hat{H}_{CF} + \hat{H}_Z + \hat{H}_{EN} \tag{1-5}$$

其中，$\hat{H}_f = \sum[-h^2\nabla_i^2/2m + U(r_i)]$，$\hat{H}_{Coul} = \sum e^2/r_{ij}$，$\hat{H}_{so} = \sum \zeta_d(r_i)\hat{l}_i \cdot \hat{s}_i$，三项分别代表自由离子中电子的动能和势能之和、电子间的库仑排斥能以及旋轨耦合相互作用能。$\hat{H}_{CF} = \sum_{l,m} A_{lm}(r)Y_{lm}(\theta,\varphi)$ 为晶场相互作用，$\hat{H}_Z = \mu_B(\hat{L} + g_e\hat{S}) \cdot \hat{H}$ 为外磁场下的 Zeeman 项，$\hat{H}_{EN} = -g_e g\hat{N}$ 为电子–核间超精细相互作用。对微扰起决定作用的是 $\sum e^2/r_{ij}$、H_{CF}、$\sum \zeta_d(r_i)l_i \cdot s_i$ 三项，根据它们对体系中能量贡献的相对大小，分步进行微扰处理，将产生弱场、中间场和强场三种耦合图像[7,11]。

（1）弱场耦合图像

当 $\left(\sum e^2/r_{ij} > \sum \zeta_d(r_i)l_i \cdot s_i) > \boldsymbol{H}_{CF}\right)$ 时，可将零级近似哈密顿选取为 $H_0 = \sum e^2/r_{ij}$，选择 $\left|l^N SLJM_J\right\rangle$ 为基函数，该耦合方案适用于 $4f^n$、$5f^n$ 稀土络合物。本书将采用该方案来处理晶体中 $Ce^{3+}(4f^1)$、$Nd^{3+}(4f^3)$、$Sm^{3+}(4f^5)$、$Dy^{3+}(4f^9)$、$Er^{3+}(4f^{11})$、$Yb^{3+}(4f^{13})$等离子的能级。

（2）中间场耦合图像

当 $\left(\sum e^2/r_{ij} > \boldsymbol{H}_{CF} > \sum \xi_d(r_i)l_i \cdot s_i\right)$ 时，可以将零级近似哈密顿选取为 $\boldsymbol{H}_0 = \boldsymbol{V} + \sum e^2/r_{ij}$，其中 $\boldsymbol{V} = \sum[-h^2\nabla_i^2/2m + U(r_i)]]$，体系的基函数选为 $\left|l^N \alpha SLM_s M_L\right\rangle$。该耦合方案适用于 $3d^n$ 过渡金属离子。

（3）强场耦合图像

当 $\left(\boldsymbol{H}_{CF} > \sum e^2/r_{ij} > \sum \xi_d(r_i)l_i \cdot s_i\right)$ 时，可将零级近似哈密顿选取为 $H_0=V+H_{CF}$，取 $\left|l^N \Gamma\gamma SM_s\right\rangle$ 为点群不可约基函，与弱场图像的微扰次序相反。该耦合方案适用于第一、二、三过渡族金属离子。

1.1.4 晶场模型

计算晶场参量 B_{kq} 时，需要知道中心金属离子周围环境离子的电荷分布 $\rho(R,\theta,\varphi)$，以及金属离子价电子的径向波函数 $R_{3d}(r)$或 $R_{4f}(r)$，因为晶体中所有离子都有相互作用，$\rho(R,\theta,\varphi)$ 很难得到精确值，因此必须将 $\rho(R,\theta,\varphi)$ 作合理的近似，从而减少拟合参量的数目。晶场参量的计算主要有点电荷模型、点电荷-偶极子模型和重叠模型[12]。

1.1.4.1 点电荷-模型

点电荷模型是把杂质中心离子周围的环境近似看作带有一定电量的点电荷。若处于 R_m 处的离子有效电荷为 q_m，则晶体场参量 B_{kq} 表达式可表示为：

$$B_{kq} = \langle B_{kq}(r) \rangle = A_k^q \langle r^k \rangle = (-1)^{q+1} e \sum_m \frac{q_m}{R_m^{k+1}} C_{-q}^k(\theta_m, \phi_m) \tag{1-6}$$

其中，$\langle r^k \rangle$为径向波函数的期望值，求和遍及所有环境离子。当只考虑与金属离子成键的最近邻配体贡献时，该模型被称作最近邻点电荷模型。该模型物理图像清晰，已广泛应用于过渡金属离子的研究中。

1.1.4.2 点电荷-偶极模型

处于晶体场中的杂质离子，一般说来要受到配体离子的点电荷、电偶极子、电四极子等的作用[15]。对某些情况，只考虑点电荷贡献显得不足，还需计及电偶极子的贡献。设第 m 个离子的电偶极矩为 μ_m，则点电荷、电偶极子对 A_k^q 的贡献为：

$$B_{kq} = A_k^q \langle r^k \rangle = (-1)^{q+1} e \sum_m \frac{q_m}{R_m^{k+1}} [1 + (1+k)\frac{\mu_m}{R_m}] C_{-q}^k(\theta_m, \phi_m) \langle r^k \rangle \tag{1-7}$$

其中，μ_m 为电偶极矩。

1.1.4.3 重叠模型

重叠模型是一个唯象的模型[16-17]。其基本假设是：晶场主要是由中心离子周围近邻的配体所产生，晶体场参量 B_{kq} 是单个配体的贡献的叠加：

$$\begin{aligned} B_{kq} &= \sum_m B_{kq}(m) \\ B_{kq}(m) &= \bar{A}_k(R_m)(-1)^q\, C_{-q}^k(\theta_m, \phi_m) S_k^{-1} \end{aligned} \tag{1-8}$$

这里 $S_2=1/2$，$S_3=1/8$，$S_6=1/16$。$\bar{A}_k(R_m)\bar{A}_k(R_m)$ 只与第 m 个配位体与金属离子的距离有关，通常假定 $\bar{A}_k(R_m)$ 符合指数定律，即 $\bar{A}_k(R_m) = \overline{A_k}(R_0)(R_0/R_m)^{t_k}$，其中 t_k 为指数律系数，$\bar{A}_k(R_0)$ 称为内禀参量或本征参量，它与中心金属离子的性质、配体的性质及中心金属离子与配体之间的距离有关，R_0 是某个参考距离，通常取为所有 R_m 的平均值。

点电荷模型、点电荷-偶极子模型和重叠模型是目前广泛应用的三种晶场模型，利用这些模型可以建立起自旋哈密顿参量与晶体结构的定量关系，因而可以用来研究掺杂晶体的结构，杂质占位，缺陷态以及光学和磁学性质。重叠模型和点电荷模型在应用上的区别是，叠加模

型把 $\overline{A}_k$ 和 t_k 都作为可调的拟合参量处理，而点电荷模型则只把有效电荷 q 作为拟合参量。因此，重叠模型的拟合参量数目比点电荷模型多。

应当指出，对于过渡金属离子，点电荷模型（或点电荷-偶极模型）和重叠模型在解释 $3d^N$ 离子能级结构方面都是成功的，尤其是 Newman 等建立的重叠模型，获得了有关参量的一般规律，即对以共价结合为主的八面体场中 $3d^N$ 离子，指数律系数 $t_2\approx3$，$t_4\approx5$，本征参量 $\overline{A}_4=(3/4)Dq$，$\overline{A}_2=(9\sim12)\overline{A}_4$，从而大大提高了理论的严密性和实用性。但是对较复杂的稀土离子体系，情况则不那么简单，通常有 t_2、t_4、t_6、$\overline{A}_2$、$\overline{A}_4$、$\overline{A}_6$ 六个调节参量。考虑到点电荷模型中在处理稀土离子时，会忽略其他如电荷穿透、四极极化、共价和电荷交换等重要机制，因而难以对稀土离子晶场参量做出满意解释，因此对稀土离子晶场参量的处理往往采用重叠模型。

1.1.5　晶场劈裂

1.1.5.1　晶体场势

设金属离子的周围环境的电荷分布为 $\rho(R)$，则它与金属离子的第 i 个价电子的静电相互作用势为：

$$V(r_i)=-\int\frac{e\rho(R)}{|R-r_i|}\mathrm{d}\tau \tag{1-9}$$

其中，r_i 是第 i 个价电子的坐标矢量。对于 nl^N 组态，总的晶场势为[18]：

$$V=\sum_{i=1}^{N}V(r_i)=\sum_{i=1}^{N}\sum_{k=0}^{\infty}\sum_{q=-k}^{k}B_{kq}(r_i)C_q^{(k)}(\theta_i,\varphi_i) \tag{1-10}$$

式中 Racah 张量算符 $C_q^{(k)}(\theta,\phi)=\sqrt{\frac{4\pi}{[k]}}Y_{kq}(\theta,\phi)$，这里 $Y_{kq}(\theta,\phi)$ 为球谐函数，由于晶场对称性限制，所要考虑的 B_{kq} 的数目为很少的有限个。如果只在 l^N 壳层的波函数 $|l^N\alpha SLM_sM_L\rangle$ 或 $|l^N\alpha SLJM_J\rangle$ 上考虑，则晶场矩阵元依赖于 $U^{(k)}$ 的约化矩阵元 $\langle l^N\alpha SL\| U^{(k)}\| l^N\alpha' S'L'\rangle$，而对 k 的求和范围为 2 到 $2l$ 的偶数。这样，在一级近似下，晶场势的形式为

$$V=\sum_{k}^{2l}\sum_{q=-k}^{k}B_{kq}\langle l\|C^{(k)}\|l\rangle U_q^{(k)} \tag{1-11}$$

k=2，…，$2l$。对 d^N，独立的 B_{kq} 最多为 14 个；对 f^N，则为 27 个。由于晶体的对称性的限制，独立的 B_{kq} 的数目将进一步减少，例如，在 C_{4v} 对称晶场中，组态为 $4f^5$（Sm^{3+}）的离子独立的 B_{kq} 为 5 个。

1.1.5.2　晶场分裂

1. 不考虑 H_{so} 的情形

当不考虑旋轨耦合相互作用时，在电子间库仑势 H_{Col} 的作用下 nl^N 组态的能级分裂，分裂的能级对应于不同的光谱项 ${}^{2S+1}_{\alpha}L$ 。当金属离子的外壳层价电子受到晶场 V 的作用时，这些能

级还将进一步分裂为晶场能级。

在忽略自旋-轨道耦合时，晶场能级对电子自旋 S 和晶体对称群的不可约表示Γ是对角化的，且与 M_S 和 M_Γ无关，而相应的自旋简并度为 $2S+1$，晶场简并度为Γ的维数。

2. 考虑 H_{so} 的情形

在弱场图像中，认为晶体中金属离子价电子的晶场能级 $^{2S+1}\Gamma(L)$ 是自由离子光谱项能级 ^{2S+1}L 在晶场 V 的作用下进一步分裂的结果。当进一步考虑自旋-轨道耦合作用的影响时，则能级将进一步分裂成对应于不同 J 值的谱项 $^{2S+1}_{\ \alpha}L_J$ ，这时有以下两种情况发生。

第一种情况：H_{so} 远小于 V。

此时 H_{so} 将引起晶场能级 $^{2S+1}\Gamma$ 进一步分裂，计算时可把 H_{so} 作为 V 的微扰。

$^{2S+1}\Gamma$ 的波函数$\left|l^N\alpha L\Gamma M_\Gamma SM_S\right\rangle$可写成轨道部分$\left|l^N\alpha L\Gamma M_\Gamma\right\rangle$与自旋部分$\left|SM_S\right\rangle$的乘积：

$$\left|l^N\alpha L\Gamma M_\Gamma SM_S\right\rangle=\left|l^N\alpha L\Gamma M_\Gamma\right\rangle\left|SM_S\right\rangle \tag{1-12}$$

这样，在基函数$\left|l^N\alpha L\Gamma M_\Gamma SM_S\right\rangle$上， $^{2S+1}\Gamma$ 在双值点群 G′下约化为：

$$\Gamma\otimes\dot{\sum_i}n_i\Gamma^{(i)}\rightarrow\dot{\sum_i}m_i\Gamma^{(i)} \tag{1-13}$$

因此，能级 $^{2S+1}\Gamma$ 分裂成 $\dot{\sum_i}m_i$ 个对应于 $m_i\neq0$ 的 $\Gamma^{(i)}$ 。对过渡金属离子的处理常常采用这种方式。

第二种情况：H_{so} 远大于 V。

此时可方便地认为能级是自由离子的自旋-轨道能级 $^{2S+1}L_J$ 在晶场作用下分裂的结果。为了求出能级分裂，应把 V 当作为 H_{so} 的微扰处理。在 H_{so} 作用下，光谱项 ^{2S+1}L 分裂成 $^{2S+1}L_J$ ，这里 $J=L+S,\ L+S-1,\ \cdots,\ |L-S|$ 。光谱支项 $^{2S+1}L_J$ 将由 O_3′群按晶场不可约表示进行约化，由此可以判断 $^{2S+1}L_J$ 能级的分裂情况[19]：

$$D^{J(\pm)}\rightarrow\dot{\sum_j}n_j\Gamma^{(j)} \tag{1-14}$$

稀土离子就属于这种情况，以下将采用这种方法来探讨晶体场中稀土 Kramers 离子（Ce^{3+}、Nd^{3+}、Sm^{3+}、Dy^{3+}、Er^{3+}、Yb^{3+}）的能级分裂情况，及其与最低 Kramers 双重态的自旋哈密顿参量的关系。

1.1.5.3 晶场矩阵元的计算

晶场矩阵元的计算是建立能量矩阵的关键性工作。为了计算考虑自旋-轨道耦合后的分裂能级，应该把 H_c、V 和 H_{so} 在 H_f 的基函数上的矩阵同时对角化。显然，对稀土离子，选取$\left|l^N\alpha SLJM_J\right\rangle$为基是很方便的。或者把$\left|l^N\alpha SLJM_J\right\rangle$进行适当的线形变换，使之成为 G′群的不可约表示的基，并要求新的基函数是正交归一的。

对晶场矩阵元，由矩阵正交性定理和 Wigner-Eckart 定理[10,18]，有：

$$\begin{aligned}&\left|l^N\alpha SLJ\Gamma M_\Gamma|V|l^N\alpha'S'L'J'\Gamma'M'_\Gamma\right\rangle\\&=\sum_{M_{J'}}\sum_{M_J}C(\Gamma M_\Gamma M_J)^*C(\Gamma M_\Gamma M'_J)\left\langle l^N\alpha SLJM_J|V|l^N\alpha'S'L'J'M'_J\right\rangle\delta_{\Gamma M_\Gamma,\Gamma'M'_\Gamma}\end{aligned} \tag{1-15}$$

在同一光谱项 ^{2S+1}L 或 $^{2S+1}L_J$ 中计算晶场矩阵元时，有一个非常方便的方法，即等价算符方法。即在同一光谱项 ^{2S+1}L 中，晶场势 $V=\sum B_{kq}\langle l\|C^{(k)}\|l\rangle U_q^{(k)}$ 在 $\left|l^N\alpha SLM_SM_L\right\rangle$ 中的矩阵元与算符 $V'=\sum_{kq}B_{kq}\alpha_k(\alpha SL)O_q^{(k)}$ 在 $\left|LM_L\right\rangle$ 上的矩阵元相等，V'称为 V 的等价算符。该方法被广泛地用于稀土离子的能级处理。

1.1.6 晶场哈密顿的表述

由于使用的符号系统不同，不同的作者在文献中对晶场参量的描述不尽相同，因而得到晶场哈密顿算符在形式上有很大的差别。为了避免引起歧义，本书介绍文献中常见的一些表述，并给出它们之间的关系[20-21]。

1.1.6.1 晶场哈密顿的一般表示

一般地，对 nl^N 组态，由于对称性的限制，四角对称独立晶场参量对 d 电子有 3 个，对 f 电子有 5 个。四角对称（C_{4v}, D_{4h}, D_4, D_{2d} 等）中的晶场哈密顿可写为[18,19]:

$$\hat{H}_{CF}=B_0^2C_0^2+B_0^4C_0^4+B_4^4(C_4^4+C_{-4}^4)+B_0^6C_0^6+B_4^6(C_4^6+C_{-4}^6) \tag{1-16}$$

三角对称独立晶场参量对 d 电子有 3 个，对 f 电子有 6 个。三角对称（C_{3v}, D_{3d} 等）中的晶场哈密顿可写为

$$\hat{H}_{CF}=B_0^2C_0^2+B_0^4C_0^4+B_3^4(C_3^4-C_{-3}^4)+B_0^6C_0^6+B_3^6(C_3^6-C_{-3}^6)+B_6^6(C_6^6+C_{-6}^6) \tag{1-17}$$

斜方对称（D_2, D_{2h}, C_{2v} 等）独立晶场参量对 d 电子有 5 个，对 f 电子有 9 个。斜方对称中的晶场哈密顿可写为

$$\begin{aligned}\hat{H}_{CF}=&B_0^2C_0^2+B_2^2(C_2^2+C_{-2}^2)+B_0^4C_0^4+B_2^4(C_2^4+C_{-2}^4)+B_4^4(C_4^4+C_{-4}^4)+\\&B_0^6C_0^6+B_2^6(C_2^6+C_{-2}^6)+B_4^6(C_4^6+C_{-4}^6)+B_6^6(C_6^6+C_{-6}^6)\end{aligned} \tag{1-18}$$

这里，B_q^k 与前述 B_{kq} 等价，C_q^k 为 Racah 球张量算符。三角对称与四角对称常常又统称为轴对称。

1.1.6.2 晶场哈密顿的等价算符表示

如果只考虑同一谱项 $^{2S+1}L_J$ 内的晶场矩阵元而忽略不同谱项的晶场矩阵元，在同一光谱项 ^{2S+1}L 或光谱支项 $^{2S+1}L_J$ 内计算晶场矩阵元时，可使用等价算符方法。根据等价算符与轨道角动量 L 的对应关系，将 k 阶球谐函数 $C^{(k)}$中的 $\frac{x}{r}$，$\frac{y}{r}$，$\frac{z}{r}$ 分别换成 L_x，L_y，L_z，同时将 L_iL_j 用 $\frac{1}{2}(L_iL_J+L_jL_i)$（$i=z$，$j=\pm$）来代替，即可得到 k 阶角动量不可约张量算符。根据 Wigner-Rckat 定理有

$$\left\langle LM_L\left|O_q^{(k)}\right|LM_L'\right\rangle=(-1)^{L-M_L}\begin{pmatrix}L & k & L\\ -M_L & q & M_L'\end{pmatrix}\langle L\|O^{(k)}\|L\rangle \tag{1-19}$$

对同一光谱项 ^{2S+1}L 中晶体场势 V 的矩阵元可表示为：

$$
\begin{aligned}
&< l^N \alpha SLM_S M_L |V| l^N \alpha SLM_S M_L' > \\
&=< l^N \alpha SLM_S M_L \left| \sum_{ikq} B_{kq}(r_i) C^{(k)}(\theta_i,\phi_i) \right| l^N \alpha SLM_S M_L' > \\
&= \sum_{kq} B_{kq} < l \| C^{(k)} \| l > (-1)^{L-M_L} \begin{pmatrix} L & k & L \\ -M_L & q & M_L' \end{pmatrix} < l^N \alpha S \| U^{(k)} \| l^N \alpha S > \\
&= \sum_{kq} B_{kq} < l \| C^{(k)} \| l > (-1)^{L-M_L} \begin{pmatrix} L & k & L \\ -M_L & q & M_L' \end{pmatrix} \times \frac{< l^N \alpha S \| U^{(k)} \| l^N \alpha SL >}{< L \| O^{(k)} \| L >} < L \| O^{(k)} \| L > \\
&= \sum_{kq} B_{kq} < LM_L \left| O_q^{(k)} \right| LM_L' > \alpha_k(\alpha SL) \\
&=< LM_L \left| \sum_{kq} B_{kq} O_q^{(k)} \alpha_k(\alpha SL) \right| LM_L' >
\end{aligned}
\tag{1-20}
$$

由此可见，在同一光谱项 $^{2S+1}$L 中晶体场势 $V = \sum_{kq} B_{kq} < l \| C^{(k)} \| l > U_q^{(k)}$ 在 $\left| L^N \alpha SLM_S M_L \right\rangle$ 中的矩阵元与算符 $V' = \sum_{kq} B_{kq} \alpha_k(\alpha SL) O_q^{(k)}$ 在$|LM_L>$上的矩阵元相等。因此算符 V' 称为 V 的等价算符，这种计算晶场矩阵元的方法叫作等价算符方法。等价算符方法常用于稀土离子，对 f^N 组态，由于 $H_{col} >> H_{so} >> V_{CF}$，因而可以近似只考虑同一谱项 $^{2S+1}L_J$ 内的晶场矩阵元而忽略不同谱项的晶场矩阵元。类似于 ^{2S+1}L 的讨论，上述方法也可用于具有相同 J 值的 $^{2S+1}L_J$ 态中，即

$$
< l^N \alpha SLJM_J |V| l^N \alpha SLJM_J' > = < JM_J |V| JM_J' > \tag{1-21}
$$

其中

$$
V' = \sum_{kq} B_{kq} \alpha_k(\alpha SLJ) O_q^{(k)} \tag{1-22}
$$

这里

$$
\begin{aligned}
\alpha_k(\alpha SLJ) &=< l \| C^{(k)} \| l > \frac{< l^N \alpha SLJ \| U^{(k)} \| l^N \alpha SLJ >}{< J \| O^{(k)} \| J >} < l^N \alpha SLJ \| U^{(k)} \| l^N \alpha SLJ > \\
&= (-1)^{S+L+J+k} \begin{Bmatrix} J & k & J \\ L & S & L \end{Bmatrix} [J] < l^N \alpha SL \| U^{(k)} \| l^N \alpha SL > \\
< J \| O^{(k)} \| J > &= \frac{1}{2} \left\{ \frac{2J+k+1}{(2J-k)!} \right\}^{1/2}
\end{aligned}
\tag{1-23}
$$

$4f^N$ 离子 $^{2S+1}L_J$ 基态的 α_k 值可查相关表格。而 $O_q^{(k)}$的矩阵元 $< JM_J \left| O_q^{(k)} \right| JM_J' >$ 前人已经算出并列表。

用等价算符形式表示的晶体场哈密顿可写成：

$$
\hat{H}_{CF} = \sum_{k,q} B_k^q O_k^q \tag{1-24}
$$

对四角对称，有

$$
\hat{H}_{CF} = B_2^0 O_2^0 + B_4^0 O_4^0 + B_6^0 O_6^0 + B_4^4 O_4^4 + B_6^4 O_6^4 \tag{1-25}
$$

对三角对称，有

$$\hat{H}_{\text{CF}} = B_2^0 O_2^0 + B_4^0 O_4^0 + B_6^0 O_6^0 + B_4^3 O_4^3 + B_6^3 O_6^3 + B_6^6 O_6^6 \tag{1-26}$$

斜方对称中的晶场哈密顿可写为

$$\hat{H}_{\text{CF}} = B_2^0 O_2^0 + B_2^2 O_2^2 + B_4^0 O_4^0 + B_4^2 O_4^2 + B_4^4 O_4^4 + B_6^0 O_6^0 + B_6^2 O_6^2 + B_6^4 O_6^4 + B_6^6 O_6^6 \tag{1-27}$$

1.1.6.3 晶场哈密顿的其他表示

近年的文献中，为了分别突出晶场的立方部分和轴对称部分的贡献，常将轴对称晶场哈密顿按以下形式给出。

对四角对称，有

$$\begin{aligned}\hat{H}_{\text{CF}} &= B_A^2 C_0^2 + B_A^4[C_0^4 - \sqrt{7/10}(C_4^4 + C_{-4}^4)] + B_A^6[C_0^6 + \sqrt{1/14}(C_4^6 + C_{-4}^6)] \\ &\quad + B_C^4[C_0^4 + \sqrt{5/14}(C_4^4 + C_{-4}^4)] + B_C^6[C_0^6 - \sqrt{7/2}(C_4^6 + C_{-4}^6)]\end{aligned} \tag{1-28}$$

其中，立方晶场哈密顿的贡献为

$$\hat{H}_{\text{Oh}} = B_C^4[C_0^4 + \sqrt{5/14}(C_4^4 + C_{-4}^4)] + B_C^6[C_0^6 + \sqrt{7/2}(C_4^6 + C_{-4}^6)] \tag{1-29}$$

对三角对称，有

$$\begin{aligned}\hat{H}_{\text{CF}} &= B_A^2 C_0^2 + B_A^4[C_0^4 - \sqrt{7/10}/2(C_3^4 - C_{-3}^4)] \\ &\quad + B_A^6[\sqrt{11/42}(C_3^6 - C_{-3}^6) + \sqrt{5/12}(C_6^6 - C_{-6}^6)] \\ &\quad + B_A^6[C_0^6 + (4/7)\sqrt{10/21}(C_3^6 - C_{-3}^6) - (4/7)\sqrt{11/21}(C_6^6 - C_{-6}^6)] \\ &\quad + B_C^4[C_0^4 + \sqrt{10/7}(C_3^4 - C_{-3}^4)] \\ &\quad + B_C^6[C_0^6 - \sqrt{35/96}(C_3^6 - C_{-3}^6) + (1/8)\sqrt{77/3}(C_6^6 + C_{-6}^6)]\end{aligned} \tag{1-30}$$

其中，立方晶场哈密顿的贡献为

$$\begin{aligned}\hat{H}_{\text{Oh}} &= B_C^4[C_0^4 + \sqrt{10/7}(C_3^4 - C_{-3}^4)] \\ &\quad + B_C^6[C_0^6 - \sqrt{35/96}(C_3^6 - C_{-3}^6) + (1/8)\sqrt{77/3}(C_6^6 + C_{-6}^6)]\end{aligned} \tag{1-31}$$

其中张量的组合分别是在点群约化链 $SO_3 \to O \to D_4 \to C_4$ 和 $SO_3 \to O \to D_3 \to C_3$ 下的不变张量。这些哈密顿中的晶场参量可分为两组，含 $B_C^{(k)}$ 的项代表立方对称哈密顿，含 $B_A^{(k)}$ 的项代表四角对称和三角对称的非立方部分。它们与前述晶场参量的对应关系如下：对四角对称有

$$B_0^2 = B_A^2,\quad B_0^4 = B_A^4 + B_C^4,\quad B_0^6 = B_A^6 + B_C^6$$

$$B_4^4 = -\sqrt{7/10}\ B_A^4 + \sqrt{5/14}\ B_C^4,\quad B_4^6 = \sqrt{1/14}\ B_A^6 - \sqrt{7/2}\ B_C^6 \tag{1-32}$$

对三角对称有

$$B_0^2 = B_A^2,\quad B_0^4 = B_A^4 + B_C^4,\quad B_0^6 = B_A^6 + B_C^6$$

$$B_3^4 = -\sqrt{7/10}/2\, B_A^4 + \sqrt{10/7}\ B_C^4$$

$$B_3^6=\sqrt{11/42}\ B^6_{\text{A‰}}+(4/7)\sqrt{10/21}\ B_A^6-\sqrt{35/96}\ B_C^6$$

$$B_6^6=\sqrt{5/21}\ B^6_{\text{A‰}}-(4/7)\sqrt{11/21}\ B_A^6-(1/8)\sqrt{77/3}\ B_C^6 \qquad (1\text{-}33)$$

由此可见，这种表示方法能够较好反映晶场的轴对称畸变，缺点是晶场哈密顿形式较为复杂。

另外对四角晶场哈密顿，文献中还有其他一些表述[22]，例如：

$$\hat{H}_{\text{CF}}=\hat{H}_{\text{axial}}+\hat{H}_{\text{octa}}$$

$$\hat{H}_{\text{axial}}=B^0_{(2)}\ C_0^2+B^0_{(4)}\ C_0^4+B^0_{(6)}\ C_0^6$$

$$\hat{H}_{\text{octa}}=B^4\,[\,C_0^4+\sqrt{5/14}\,(C_4^4+C_{-4}^4)]+B^6\,[\,C_0^6-\sqrt{7/2}\,(C_4^6+C_{-4}^6)] \qquad (1\text{-}34)$$

其中，$\hat{H}_{\text{axial}}$ 和 $\hat{H}_{\text{octa}}$ 分别代表四角畸变和八面体对称部分。上述中的晶场参量与（1.1.16）式中参量的关系为：

$$B_0^2=B^0_{(2)}\,,\quad B_0^4=B^0_{(4)}+B^4\,,\quad B_0^6=B^0_{(6)}+B^6$$

$$B_4^4=\sqrt{5/14}\ B^4\,,\quad B_4^6=-\sqrt{7/2}\ B^6 \qquad (1\text{-}35)$$

体系哈密顿作用在基函数上便可得到与之对应的体系能量矩阵，其中晶体场算符 H_{CF} 所对应的部分称为晶场矩阵。在一级近似下，对角化晶场矩阵即可得顺磁离子在 H_{CF} 作用所产生的能级分裂（即晶场分裂），以及各晶场能级所对应的波函数。

1.2 电子顺磁共振基本理论

1.2.1 电子顺磁共振简介

电子顺磁共振，主要研究外磁场作用下未配对电子自旋能级间的跃迁及其规律，是磁共振波谱学的一个重要分支，在物理、化学、化工、生物、医学等诸多领域有广泛的应用。它能从各种体系中提取出顺磁中心电子态和周围的局部结构，以及有关分子运动等方面的动态行为的丰富信息，并具有很高的灵敏度[23-24]。

通过对 EPR 谱图的分析能获得下列信息：① 待测元素的价态和组态；② 杂质离子周围晶体场的对称性；③ 由自旋哈密顿参量（零场分裂、各向异性 g 因子和超精细结构常数 A 因子等）了解成键情况。电子顺磁共振不仅是凝聚态物理、固体化学、自由基化学、放射化学、高分子化学等基础研究领域的有力工具，而且在超大规模集成电路的质量管理、食品管理、石油勘探、血液和活体组织的临床检验和免疫学等众多的应用研究领域也有着日益广泛的应用。在科研中通过测定顺磁物质的 EPR 数据，将获得与物质结构有关的大量信息。为了探索更多的信息，顺磁体系的谱线经常在不同的温度、频率或微波功率等环境下进行记录。在化学分析和结构分析方面，从研究谱线的超精细结构和 g 值的不对称性可鉴别出未知的过渡金属离子或晶格的缺陷，或判别同一离子的几种价态。在单晶测定中可鉴别出晶格的位置和顺磁样品的对称性。此外，还可以从 EPR 研究中获得有关分子和晶体中的化学键、半导体中原子的有效质量和顺磁样品浓度的信息。从研究谱线的超精细结构还可以获得核自旋、核磁矩和核四极矩等数据。在动力学方面，例如，对三重态的检测可用来研究快速变动的情况。在实际应用方面也可以用来测量磁场强度（在 2~100 G）、检测杂质和研究辐照损伤等。此外 EPR 技术还在医学等方面有较多的应用。

1945 年 Zavoisky 首次观察到 $CuCl_2 \cdot 2H_2O$ 的射频吸收线，提出检测 EPR 信号的实验方法。随着应用科学发展的需要，对检测顺磁共振信号的灵敏度和分辨率等提出了越来越高的要求，从而推动电子顺磁共振的理论和实际应用都获得了极大的发展。例如，在发光物理、化学动力学和生物化学等方面都需要观察瞬态的 ESR 谱线，因而提出了快速记录等更高的要求。由于计算机技术的发展，利用电子计算机处理 EPR 数据，不仅可以成数量级地提高 EPR 波谱仪的灵敏度和分辨率，而且还解决了谱线随时间而变化的三维图像问题。值得指出的是，电子顺磁共振波谱法作为检测和分析生物自由基的最有效手段，已被广泛应用于生物医学研究等的许多方面，而随着自由基生物医学研究的深入开展，人们不仅需要了解各种生物活性自由基的性质与产额，并且还希望了解自由基等顺磁性物质在生物体特定组织、器官中或在生物整体中的空间分布，因此 EPR 成像技术已成为是目前世界各国致力发展的重要技术。当前 EPR 成像的主要是在微波波段，EPR 成像系统主要有 2D（平面），3D（立体）和 4D（立体加波谱）几种形式；时间分辨的 EPR 成像系统主要采用脉冲自旋回波成像[26-27]。

1.2.2 电子顺磁共振波谱仪

电子顺磁共振波谱仪主要由磁铁系统、微波系统、信号处理系统再加上低温系统等几部分组成[27-28]，如图 1-1 所示。

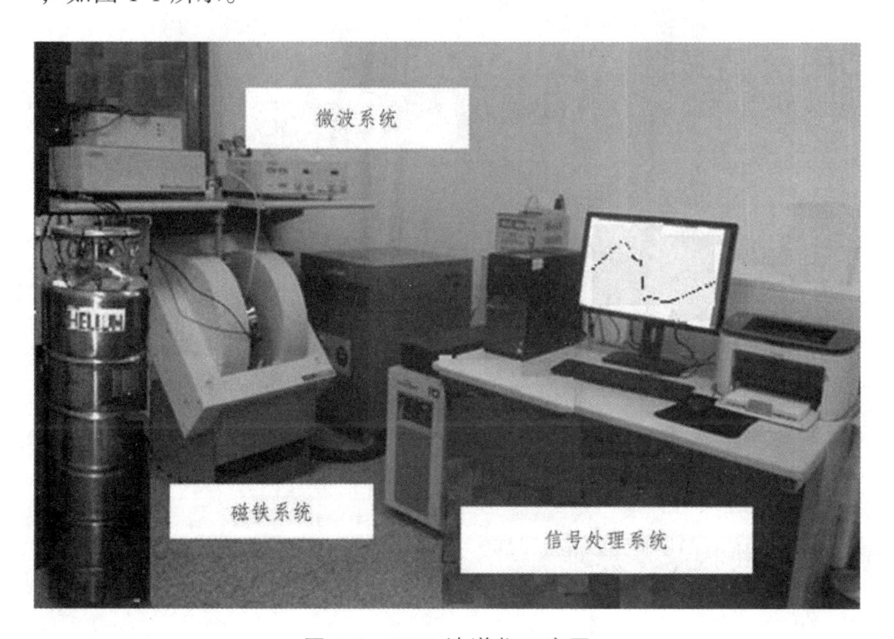

图 1-1 EPR 波谱仪示意图

EPR 谱仪中，采用电磁铁作为磁场源，对其要求是均匀、稳定，见图 1-2。对于比较高档仪器通常要求提供很高磁场强度，往往采用超导磁体作磁场源。电磁铁系统包括稳压和稳流装置。

微波系统主要由微波桥和谐振腔等构成。通常以速调管或耿氏二极管振荡器作为微波源；微波桥是由产生、控制和检测微波辐射的器件组成；谐振腔为矩形或圆柱形金属盒，是 EPR 谱仪的核心部件。为取得最佳 EPR 信号，要求谐振腔品质因数要高，能够存储能流密度较大的微波场。因与电场的相互作用会导致介质的非共振损耗，待测样品测试时要放置于腔内微波磁场最强而电场最弱位置。

信号处理系统主要由调制、放大、相敏检波等单元组成。其功能先是把经检波后很弱的直流 EPR 吸收信号调制成高频交流信号后，再经高频放大，将信噪比大大提高，相敏检波后得到原来共振吸收谱线的一次微商曲线，即 EPR 谱线。

EPR 谱仪主要性能指标包括：灵敏度（Sensitivity），即能够检测出自旋共振信号所需要的最少量，仪器能够检测的最小顺磁中心数；分辨率（Resolution），即能够分开两条谱线的最小距离；磁场稳定性（Magnet Stability）等。

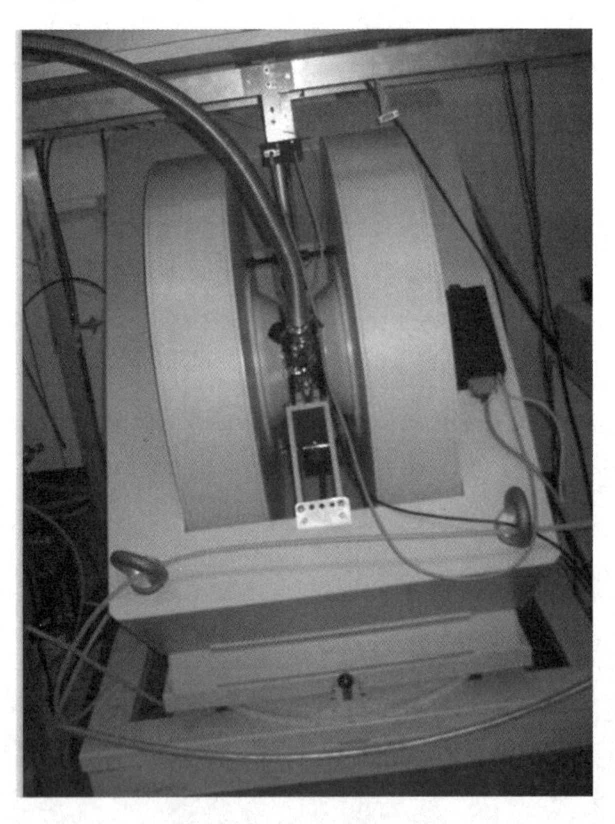

图 1-2　磁铁系统与谐振腔

1.2.3　电子顺磁共振基本原理

1.2.3.1　概　述

根据量子力学原理，描述分子（原子、离子）中电子的状态必须用四个量子数 n、l、m_l、m_s

才能完全确定，其中主量子数 n=1, 2, 3, ⋯ 决定电子的能量的主要部分；角量子数 l 决定电子轨道角动量，$L=\sqrt{l(l+1)}\hbar$；磁量子数 $m_l=0,\pm1,\pm2,\cdots,\pm l$，决定轨道角动量的空间取向，$L_Z=m_l\hbar$；自旋磁量子数 $m_s=\pm\frac{1}{2}$，决定自旋角动量的空间取向，$S_z=m_s\hbar$。

电子除了绕其原子核运动以外还有自旋运动，具有轨道角动量 L 和自旋角动量 s，因而同时具有轨道磁矩和自旋磁矩。一般说来，轨道磁矩的贡献很小，电子的磁矩绝大部分来自自旋磁矩的贡献。如果轨道中所有的电子都已成对，它们的自旋磁矩就会相互抵消，导致分子无顺磁性；如存在未成对电子，则会产生不为零的自旋磁矩，因此 EPR 研究的对象必须具有未成对电子。

若物质分子中存在未成对电子，则其自旋产生磁矩。一般情况下，该分子磁矩的方向是随机的，总体上不呈现顺磁性。当处于外加磁场中，分子的永久磁矩随外磁场发生取向，就会产生与外磁场同向的附加磁场，这就是物质的顺磁性。

若磁性物质的分子中存在未成对电子，其电子总自旋角动量 M_S 不为零。$M_S=\sqrt{S(S+1)}\hbar$，其中，S 是电子总自旋量子数。M_S 在 z 轴方向（磁场方向）的分量 M_{sz} 为 $M_{sz}=m_s\hbar$，其中：m_s 为电子自旋磁量子数，其值 $m_s=S, S-1, S-2, \cdots, -S$。电子的自旋运动产生磁场，其分子磁矩为 $\mu_s=\gamma M_s$。分子磁矩在 z 方向的分量：

$$\mu_{sz}=-\gamma M_{sz}=-\gamma m_s\hbar=-g\beta m_s \tag{1-36}$$

其中，负号表示分子磁矩在 z 方向的分量值与 m_s 符号相反；电子旋磁比 $\gamma=\frac{g_e e}{2cm_e}$；Bohr 磁子 $\beta=\frac{e\hbar}{2cm_e}=9.274\times10^{-24}$ J/T；而 g 无量纲，称为 g 因子，特别地对自由电子 g_e=2.0023。

将磁矩为 $\vec{\mu}$ 的含有未成对电子的分子置于一外磁场 $\vec{H}$ 中，则 $\vec{\mu}$ 与 $\vec{H}$ 之间发生相互作用，电子自旋能级在外磁场中产生能级分裂，即 Zeeman 分裂。由于自旋角动量取向的量子化，导致磁偶极子体系能量的量子化。当即得一组在磁场中电子自旋磁矩的能量值为：

$$E=-\vec{\mu}\cdot\vec{H}=-\mu_z H=g\beta m_s H \tag{1-37}$$

对于 S=1/2 的体系，沿磁场方向的两个定态的自旋角动量 z 分量量子数是 M_S=±1/2，不难得到对应能量为

$$E_\alpha=g\beta_e H/2,\ E_\beta=-g\beta_e H/2 \tag{1-38}$$

能级分裂的大小与 H 成正比。它们的能量差为

$$\Delta E=E_\alpha-E_\beta=g\beta H \tag{1-39}$$

当在垂直与外磁场 $\vec{H}$ 方向上加上频率为 ν 的电磁波，根据磁能级跃迁的选择定律 $\Delta m_s=\pm1$，如果 ν 和 H 满足下面条件（Planck's law）

$$h\nu=g\beta H \tag{1-40}$$

则自旋电子发生磁能级的跃迁，即发生顺磁共振吸收，上式称为 EPR 共振条件。

电子发生受激跃迁，即低能级电子吸收电磁波能量而跃迁到高能级中。由关系式 $\beta=\dfrac{eh}{2cm_e}$，即 β 与 m 成反比，故核磁共振 NMR 所使需的激发能（射频 MHz）比顺磁共振 EPR 的激发能（微波 GHz）要小得多。

EPR 分裂能级很小，故 EPR 实验时温度因素影响很大。电子自旋在 Zeeman 分裂能级 E_α、E_β 上的分布满足 Boltzmann 分布率，在常温下，高低能级自旋数差仅千分之一左右；降低温度，高低能级上的电子自旋差额增，ESR 信号增强。故对固体材料的 EPR 测量，往往在液氮甚至降低至液氦温度区。

通常检测顺磁离子共振吸收的方法有两种。一种方法是保持磁场强度不变，通过改变微波频率（扫频）来满足共振条件；另一种方法使保持微波频率不变，而改变直流磁场（扫场），这两种方法均可实现共振。由于磁场容易做到均匀、连续、细微地改变，技术上具有明显优势，故 EPR 谱仪通常采用扫场法。

微波为探索物质的基本性质提供了有效的研究手段，由于分子、原子与核系统所表现的共振现象都发生在微波的范围，EPR 波谱仪工作频率均在微波波段。微波通常是指频率范围在 300 MHz 到 300 GHz 间的电磁波，对应波长为 1 m 到 1 mm，介于红外线与普通无线电波之间。例如 10 cm 波段（S 波段）、3cm 波段（X 波段）、1.25 cm 波段（K 波段）、8 mm 波段（Q 波段）等，见表 1-1。由于技术上的原因，目前常用四种波段（S，X，K，Q 波段）的 EPR 波谱仪，其中最常用的是 X 波段 EPR 仪。

表 1-1　EPR 微波波段

微波波段	频率/GHz	磁场/Gs	测试对象
L	1.1	392	有机体、水溶液样品
S	3.0	1 070	生物、水溶液、过渡金属络合物
X	9.5	3 390	一般的液、固态样品
K	25.0	8 900	过渡金属络合物和多频率测
Q	34.0	12 000	小样品高灵敏度测量和多频率测量
W	94.0	34 000	极小样品和多频率的测量

1.2.3.2　线　宽

固定微波频率 γ，改变 H，当满足 EPR 共振条件时，即可产生 EPR 共振吸收线。电子受激跃迁产生的吸收信号经处理可以得到 EPR 吸收谱线，谱线的形状反映了共振吸收强度随磁场变化的关系。通常情况下，EPR 波谱仪并不是直接记录的吸收谱线，而是记录的吸收信号的一次微分曲线。

理论上，EPR 吸收谱线应该是无限窄的，而实际上 EPR 谱线都有一定的宽度，且不同的样品，线宽也不同。原因可分为寿命增宽和久期增宽两种机制。

1. 寿命增宽（Lifetime Broadening）：

EPR 谱线都有一定的线宽。由于电子停留自某一能级上的寿命 δt 只能是个有限值，根据量子力学中测不准关系式 $\delta t\cdot\delta E\sim\hbar$，能级也就不能是无限狭的，而必须有一定的能级宽度 δE。自旋-晶格作用越强，谱线越宽。因此，要尽可能减少自旋-晶格作用，可使用降温等方法。

2. 久期增宽（Secular Broadening）：

样品中有许许多多的小磁体，它们之间存在相互作用，称为“自旋-自旋耦合作用”。每个小磁体除了处在外加磁场 H 中之外，还处在由其他小磁体所形成的“局部磁场”H'中，所以真正的共振磁场实际上是 $H_r = |H + H'| = \dfrac{h\nu}{g\beta}$。由于局部磁场 H'有一个分布，即不同顺磁离子周围变化的局部磁场也不同，则 H 也因此有一个分布，因此得到的谱线实际上是许多无限窄谱线的包络。减小自旋-自旋耦合作用，可采用稀释方法。

1.2.3.3　弛豫时间

令 $\Delta H = \dfrac{\mathrm{h}}{g\beta}\left(\dfrac{1}{T}\right)$，式中 ΔH 是实际观察到的谱线宽度，T 称为弛豫时间。理论证明 $\dfrac{1}{T}$ 可以写成是两项之和，即 $\dfrac{1}{T} = \dfrac{1}{2T_1} + \dfrac{1}{T_2}$。这里，$T_1$称为“自旋-晶格弛豫时间”，$T_2$称为“自旋-自旋弛豫时间”。当满足共振条件时，微波辐射将导致受激跃迁，结果使自旋布居处于不平衡状态。但当辐射场取消时，自旋态的布居数最终也将恢复玻尔兹曼分布所给出的数值，即所谓热平衡状态。这个过程称为自旋-晶格弛豫。而自旋-晶格弛豫时间 T_1 则用来表征此弛豫过程的快慢，可定义为电子布居数 n 达到热平衡值 n_0 的 63%所需要的时间。温度越低，谱线变窄，分辨率越好。

1.2.3.4　线　形

从理论看，EPR 的线形可分为 Lorentz 线形和 Gauss 线形两种[4]。许多洛伦兹线形谱线的叠加，结果就趋于高斯线形。两种线形的解析式是：Lorentz 线形 $y = \dfrac{a}{1+bx^2}$；Gauss 线形 $y = a\exp\left(-bx^2\right)$。

1.3　自旋哈密顿理论

1.3.1　自旋哈密顿参量

电子顺磁共振信号需要转化为能反映出顺磁体系本质特征的物理量才能为研究者提供可靠的顺磁杂质或缺陷中心微观结构、性质和相互作用等的重要信息，这些物理量包括 g 因子、零场分裂 D 和 E 因子、超精细结构常数 A 因子等，它们被称为电子顺磁共振参量，或自旋哈密顿参量。

1.3.1.1　g 因子

过渡金属及稀土络合物的（EPR）谱含有许多有关配合物电子结构的信息，但是对它们的解释也比较复杂，这是由于过渡金属离子的 d 轨道或稀土金属离子的 f 轨道是非简并的，且通常含有多于一个的未成对电子。因而磁矩中含有轨道贡献，当被研究的原子处于晶体场中时，g 因子具有各向异性的特性。在晶体中有很强的电场作用在原子上，这些内电场作用于原子轨道能态上，使能级发生变化，因而由电子自旋共振谱线所观测到的 g 值也发生变化。

在前述理论部分可以看到，与（EPR）有关的一个主要参数是 g 因子，EPR 的共振吸收条件为 $h\nu_0=g\beta_e H_0$，g 表征 EPR 的共振位置。对于自由电子而言，其 g 值 g_s=2.0023。但是顺磁中心的未成对电子并非都是自由电子，否则 EPR 信号就应当都出现在 $H_0=h\nu_0/g_e\beta_e$ 处，这显然与实验事实相矛盾。因此应当重新定义 g 因子，使它在形式上仍满足 $h\nu_0=g\beta_e H_0$ 关系式，但此处 H_0 不是外磁场值而是共振磁场值 H_r，即 $h\nu_0=g\beta_e H_r$，$\vec{H}_r=\vec{H}+\vec{H}'$，故 H_r 实际上是外磁场 H 和分子内局部磁场 H' 叠加的结果，而 H' 值的大小取决于顺磁离子的局域结构。由于 g 因子在本质上反映出局部磁场的特性，因而成为能提供分子结构及其环境信息的一个重要参数，故 g 因子也称为系统常数。

顺磁性物质的 g 因子，数值变化很大，影响因素很多。大体上分三种情况：

（1）在分子场或晶体场轨道角动量基本上无贡献，体系可以用纯自旋角动量算符 S 描述，即 $g\approx g_s$。

（2）原子、离子不受任何分子场或晶体场的作用，此时对于非重原子，电子的总角动量和轨道角动量通过所谓“L-S 耦合”方案合成为总角动量 $J(=L+S)$即 $g\approx g_J$，g_J 为顺磁离子的 Lande 因子。

（3）中间情况。对于处在分子场或晶体场中的原子或离子，情况要复杂许多。实验发现，g 值与电子构型有关，这是因为在分子或晶体场中，电子的轨道运动强烈地受到微扰。这时处在晶体场中的顺磁离子其 g 值既不是 g_s，也不是 g_J，而是介于两者之间，并且与未成对电子所处的化学环境即化合物的结构有关，因此可以由 g 值探讨化合物的结构。

1.3.1.2　精细结构和零场劈裂

对于含有两个及两个以上的未成对电子体系，ESR 谱会表现出零场劈裂和精细结构。零场劈裂就是在未加外磁场时能级就已经引起分裂，正是这种分裂使得 EPR 谱中出现若干条谱线，称为精细结构，以示对超精细结构的区别。

产生零场劈裂的原因有两种：一是电子自旋磁矩间的偶极-偶极相互作用，其情形类似核磁矩和电子自旋磁矩间的超精细偶极-偶极作用。另一种就是通过自旋-轨道耦合作用引起的。对于有机双基和三重态分子纯粹是前一种原因引起的。对于过渡金属离子，后者是主要的，但可能两种作用都有。

零场分裂是各向异性的，它强烈地依赖于取向。所以观察零场分裂所引起的精细结构，最好采用单晶样品。多晶或液体样品，由于得到的包络线很宽，信号强度极低就可能看不到信号。

1.3.1.3　超精细结构

若顺磁分子在磁场中只有未成对电子和磁场的相互作用，那么所有的 ESR 谱线都只有一条谱线，它们的区别至多反映在 g 因子、线宽和线型上。但是，顺磁分子除了有未成对电子外，往往还有许多磁性核。未成对电子与磁性核之间有磁相互作用，称之为超精细相互作用。它能产生出许多谱线，称为超精细结构（hyperfine interactions）。对超精细谱线数目、谱线间隔及其相对强度的分析，有助于确定顺磁物质的分子结构。

很多原子核具有自旋运动，自旋角动量为 $I\hbar$ 。故核的自旋运动可以用核自旋量子数 I 来表征它。即

$$\mu_N = g_N \beta_N \boldsymbol{I} = \gamma_N \hbar \boldsymbol{I} \quad (1\text{-}41)$$

式中，g_N 称为核的 g 因子，γ_N 为核的旋磁比，β_N 称为核磁子。

各种核的自旋量子数 I 的取值为 0, 1/2, 1, 3/2, 2, …。对原子质量数及原子序数均为偶数的非磁性核（如 ^{12}C 和 ^{16}O），I 为零，不产生超精细劈裂；若原子质量数为偶数，原子序数为奇数，则 I 是个整数，如 ^{14}N 和 ^{2}H, I=1；若原子质量数为奇数，I 为半整数，如 ^{171}Yb, I=1/2, ^{173}Yb, ^{147}Sm, ^{149}Sm, ^{161}Dy 和 ^{163}Dy, I=5/2[23]。

在外磁场作用下，核自旋角动量的取向也是量子化的，核自旋的 z 分量可以用量子数 M_I 来表征。M_I 可以为 $-I$, $-I+1$, …, $I-1$，I 各个数值。这样，若核自旋为 I，则有（$2I+1$）个可能的核自旋态，局部磁场也可能有（$2I+1$）个值。这样就可以在（$2I+1$）个外磁场值中观察到共振，波谱劈裂成许多条谱线，这就是超精细劈裂，超精细谱线是核磁矩与自旋磁矩相互作用的结果。因为 M_I 是量子化的，核磁矩使谱线分裂，而非增宽；而电子自旋体的作用则是连续的，仅仅使谱线宽度增加。

未成对电子和磁性核之间的超精细相互作用有两种：一种称为偶极-偶极相互作用（与晶体中顺磁离子的偶极超精细结构常数 P 或 P' 有关），另一种称为费米接触超精细相互作用（与芯区极化常数 κ 有关）。对稀土离子而言，前者占主导地位。

1.3.2 电子顺磁共振的自旋哈密顿理论

1.3.2.1 顺磁体系的哈密顿量

对晶体中过渡金属（$3d^n$）和稀土（$4f^n$）离子的电子顺磁共振谱用自旋哈密顿参量（零场分裂 D，g 因子，超精细结构常数 A 因子等）进行研究，可以深刻了解这些顺磁离子基团的电学，磁学性质及其变化规律，通过分析 EPR 谱数据获得能级、物质结构、缺陷态及其中的相互作用等微观信息，因此，对自旋哈密顿参量的理论研究具有重要的理论及实用意义。

EPR 研究所涉及的顺磁体系总的相互作用哈密顿量可表示为[19]：

$$H=H_{C}+H_{CF}+H_{SO}+H_{Z}+H_{SS}+H_{SI}+H_{Q} \quad (1\text{-}42)$$

其中，$H_C=\sum[-\hbar^2\nabla_i^2/2m+U(r_i)]$表示自由离子中电子的动能和势能之和；$H_{CF}$ 为晶场相互作用；H_{SO} 为旋轨耦合相互作用；H_Z 为外磁场下的塞曼项；H_{SS} 为电子自旋-自旋相互作用；H_{SI} 为电子自旋与磁性核自旋之间的超精细相互作用；H_Q 为核四极矩 Q 和不均匀电场的相互作用。

1.3.2.2 自旋哈密顿理论简介

目前描述电子顺磁共振最有效的理论是自旋哈密顿理论，即在分析自旋体系各种相互作用的基础上，写出自旋哈密顿算符，求解久期方程，得到自旋体系的定态波函数及对应能量，然后再用微扰理论计算 g 因子及零场劈裂等参数。通常，自旋哈密顿算符写为[23, 24]：

$$H_S=\beta S\cdot g\cdot H+S\cdot D\cdot S+S\cdot A\cdot I+\sum S\cdot T_L\cdot I_L \quad (1\text{-}43)$$

其中，第一项代表塞曼项，即在外磁场作用下自旋简并解除的项，g 是二阶对称张量；第二项称为精细结构项，代表低对称晶场与旋轨耦合联合作用的结果，D 是零场分裂二阶对称张量；第三项为电子自旋与核自旋相互作用形成的超精细结构项，A 是超精细结构张量；第四项为电子自旋与配体核自旋相互作用的超超精细作用。上述的这些张量就被称为自旋哈密顿参量。

自旋哈密顿算符具有如下特点：① 可处理各种类型的参量，如零场分裂，g 因子和超精细结构常数等。② 只与自旋有关，故在建立能量矩阵时只需简单的自旋函数。③ 精确地反映了体系的对称性，晶体对称性下，描述体系真实哈密顿算符所需的较多的参量数目在可大大减少。

2 稀土离子光谱和自旋哈密顿理论

2.1 稀土材料研究的意义

化学元素周期表中镧系元素，即镧（La）、铈（Ce）、镨（Pr）、钕（Nd）、钷（Pm）、钐（Sm）、铕（Eu）、钆（Gd）、铽（Tb）、镝（Dy）、钬（Ho）、铒（Er）、铥（Tm）、镱（Yb）、镥（Lu），以及与镧系的 15 个元素物化学性质密切相关的两个元素——钪（Sc）和钇（Y），共 17 种元素，称为稀土元素（Rare Earth），简称稀土（RE 或 R）。

稀土元素是典型的金属元素；它们的金属活泼性仅次于碱金属和碱土金属元素，而比其他金属元素活泼；在 17 个稀土元素当中，按金属的活泼次序排列，由钪，钇、镧递增，由镧到镥递减；稀土元素能形成化学稳定的氧化物、卤化物、硫化物。稀土元素可以和氮、氢、碳、磷发生反应，易溶于盐酸、硫酸和硝酸中。

目前，稀土应用主要包括以下几大类：稀土金属（Ce、Nd、Sm、Dy 等）、稀土氧化物（Y_2O_3、CeO_2、La_2O_3、Eu_2O_3 等）、稀土盐类（$RE(NO_3)_3$、$RECl_3$、稀土钨酸盐如 $CaBa(WO_4)_2$：Tb 等）、稀土合金（YMg、NdFe、RESiFe 等）及稀土新材料（稀土光储存材料、稀土永磁材料、稀土荧光和激光材料、稀土储氢材料、稀土功能陶瓷、稀土纳米材料等）[29-32]。现列举几个具体应用如下：

稀土易和氧、硫、铅等元素化合生成熔点高的化合物，因此在钢水中加入稀土，可以起到净化钢的效果。由于稀土元素的金属原子半径比铁的原子半径大，很容易填补在其晶粒及缺陷中，并生成能阻碍晶粒继续生长的膜，从而使晶粒细化而提高钢的性能。稀土离子与羟基、偶氮基或磺酸基等形成结合物，使稀土广泛用于印染行业。而某些稀土元素具有中子俘获截面积大的特性，如钐、铕、钆、镝和铒，可用作原子能反应堆的控制材料和减速剂。而铈、钇的中子俘获截面积小，则可作为反应堆燃料的稀释剂。稀土具有类似微量元素的性质，可以促进农作物的种子萌发，促进根系生长，促进植物的光合作用。稀土元素具有未充满的 4f 电子层结构，并由此而产生多种多样的电子能级，被誉为“发光的宝库”。因此，稀土可以作为优良的荧光、激光和电光源材料以及彩色玻璃、陶瓷的釉料。

1. 铈（Ce）

铈广泛应用于：① 铈作为玻璃添加剂，能吸收紫外线与红外线，现已被大量应用于汽车玻璃。不仅能防紫外线，还可降低车内温度，从而节约空调用电。② 在灯用发光材料，阴极射线发光材料和闪烁体材料等发光材料领域已有现实的应用。③ 目前正将铈应用到汽车尾气净化催化剂中，可有效防止大量汽车废气排到空气中。④ 硫化铈可以取代铅、镉等对环境和人类有害的金属应用到颜料中，可对塑料着色，也可用于涂料、油墨和纸张等行业。⑤ 已研制出来的 Ce：LiSAF 固体激光器，通过监测色氨酸浓度可用于探查生物武器，还可用于医学。

铈应用领域非常广泛，几乎所有的稀土应用领域中都含有铈，如抛光粉、储氢材料、热电材料、压电陶瓷、汽油催化剂、某些永磁材料、各种合金钢及有色金属等。

2. 钕（Nd）

钕具有典型四能级激光系统，是稀土元素中作为激光工作物质应用最为广泛的材料。钕铁硼磁体磁能积高，被称作“永磁之王”。在镁或铝合金中添加钕，可提高合金的气密性、高温性能和耐腐蚀性，可用作航空航天材料。另外，掺钕的钇铝石榴石可产生短波激光束，在工业上广泛用于薄型材料的焊接和切削，掺钕钇铝石榴石激光器在在医疗上用于切割手术。钕可掺入各种玻璃中，可用于玻璃和陶瓷材料的着色以及橡胶制品的添加剂。

3. 钐（Sm）

钐呈浅黄色，是做钐钴系永磁体的原料，钐钴磁体是最早得到工业应用的稀土磁体。这种永磁体有 $SmCo_5$ 系和 Sm_2Co_{17} 系两类。20 世纪 70 年代前期发明了 $SmCo_5$ 系，后期发明了 Sm_2Co_{17} 系。现在是以后者的需求为主。钐钴磁体所用的氧化钐的纯度不需太高，从成本方面考虑，主要使用 95%左右的产品。此外，氧化钐还用于陶瓷电容器和催化剂方面。另外，钐还具有核性质，可用作原子能反应堆的结构材料、屏蔽材料和控制材料，使核裂变产生巨大的能量得以安全利用。

4. 镝（Dy）

镝目前在许多高技术领域起着越来越重要的作用，镝的最主要用途是：① 作为钕铁硼系永磁体的添加剂使用，在这种磁体中添加 2%~3%的镝，可提高其矫顽力，过去镝的需求量不大，但随着钕铁硼磁体需求的增加，它成为必要的添加元素，需求也在迅速增加。② 镝用作荧光粉激活剂，三价镝是一种有前途的单发光中心三基色发光材料的激活离子，它主要由两个发射带组成，一为黄光发射，另一为蓝光发射，掺镝的发光材料可作为三基色荧光粉。③ 镝是制备大磁致伸缩合金铽镝铁（Terfenol）合金的必要的金属原料，能使一些机械运动的精密活动得以实现。④ 镝金属可用做磁光存贮材料，具有较高的记录速度和读数敏感度。⑤ 用于镝灯的制备，在镝灯中采用的工作物质是碘化镝，这种灯具有亮度大、颜色好、色温高、体积小、电弧稳定等优点，已用于电影、印刷等照明光源；作为长余辉材料，可用于黑暗中的显示标志，也可用于光工艺和制品中；掺 Dy^{3+}的硼酸盐如 ZnB_4O_7 等受射线辐照后产生的热释光，可作为测量这些射线的固体计量计，用于环境监控。⑥ 由于镝元素具有中子俘获截面积大的特性，在原子能工业中用来测定中子能谱或做中子吸收剂。⑦ $Dy_3Al_{15}O_{12}$ 还可用作磁致冷用磁性工作物质。⑧ $DyBa_2Cu_3O_{6+x}$ 是优秀的高温超导材料。随着科学技术的发展，镝的应用领域将会不断地拓展和延伸。

5. 铒（Er）

Er^{3+}是最有效的光纤放大器激活离子，掺铒光纤放大器给光纤通信带来了一场革命。Er^{3+}是无机激光晶体和玻璃中有效且常用的发光中心。Er^{3+}也可用作探针离子来研究晶体的杂质、缺陷的局部结构等性质，这是由于 Er^{3+}具有较其他 $L \neq 0$ 的稀土离子更长的自旋晶格弛豫时间及较窄的线宽。可用于制玻璃、陶瓷等，亦用于制特种合金。陶瓷业中使用氧化铒产生一种粉红色的釉质，可加入玻璃和釉瓷中使其呈粉红色；在钒中掺入铒能够增强这些金属的加工性能和延展性能。对掺铒半导体材料的光致发光（PL）和电致发光（EL）研究已成为掺铒硅基材料领域的一个重要方面。

6. 镱（Yb）

镱的主要用途有：① 做热屏蔽涂层材料。镱能明显地改善电沉积锌层的耐蚀性，而且含镱镀层比不含镱镀层晶粒细小，均匀致密。② 做磁致伸缩材料。这种材料具有超磁致伸缩性即在磁场中膨胀的特性。该合金主要由镱/铁氧体合金及镝/铁氧体合金构成，并加入一定比例的锰，以便产生超磁致伸缩性。③ 用于测定压力的镱元件，试验证明，镱元件在标定的压力范围内灵敏度高，同时为镱在压力测定应用方面开辟了一个新途径。④ 磨牙空洞的树脂基填料，以替换过去普遍使用银汞合金。⑤ 日本学者成功地完成了掺镱钆镓石榴石埋置线路波导激光器的制备工作，这一工作的完成对激光技术的进一步发展很有意义。⑥ 可作为新一代的激光材料和上转换材料的优秀敏化剂。另外，镱还用于荧光粉激活剂、无线电陶瓷、电子计算机记忆元件（磁泡）添加剂、和玻璃纤维助熔剂以及光学玻璃添加剂等。

综上所述，稀土元素具有广泛的用途，而中国的稀土资源占世界稀土资源的 42%，迄今为止，我国的稀土资源、稀土生产和稀土出口均为全球之冠，而稀土应用仅次于美国，居世界第二，是一个名副其实的稀土资源大国。不仅稀土资源极为丰富，矿种和稀土元素齐全，稀土品位高，且分布也极其合理，这为中国稀土工业的发展奠定了坚实的基础。有鉴于此，有必要对稀土元素及其化合物进行深入研究，特别是从稀土新材料研究的角度，对联系到晶体中稀土离子微观结构（包括缺陷结构，电子结构或电子能级，自旋结构或自旋能级）有关的稀土离子光谱及自旋哈密顿参量的理论进行研究。

2.2 稀土离子光谱特点

2.2.1 自由稀土离子光谱

镧系稀土具有非常相似的化学性质，它们的电子结构形式相近，根据能量最低原理，镧系元素自由原子的基态电子组态可表示为$[Xe]4f^N6s^2$或$[Xe]4f^{N-1}5d^16s^2$，其中 N=1~14，[Xe]表示惰性元素氙的电子结构：$1s^22s^22p^63s^23p^63d^{10}4s^24p^64d^{10}5s^25p^6$，其中，La、Ce、Gd 和 Lu 为$[Xe]4f^{N-1}d^16s^2$，其余为$[Xe]4f^N6s^2$。

La 系元素自由离子的主要价态有二价、三价、四价，其中三价态为特征氧化态，在化合物中，三价稀土离子是最稳定的状态，故我们的讨论以 RE^{3+}为主。三价态离子的基态电子组态为$[Xe]4f^N$，由于能量相等的轨道上全满、全空或半满的状态较稳定，故 La^{3+}、Gd^{3+}和 Lu^{3+}的基态电子组态分别为$[Xe]4f^0$、$[Xe]4f^7$和$[Xe]4f^{14}$。处于 La、Gd 右侧的三价离子 Ce^{3+}、Pr^{3+}、Tb^{3+}比稳定态多一个或两个电子，容易出现四价态；而 Gd 和 Lu 左侧的 Sm、Eu、Yb 容易出现二价态[22,33]。

大多数的 La 系元素原子和离子的基组态中，在 4f 占有电子，因此与其他元素在开壳层的 nd、np、ns 的单电子位能上占有相同电子数时相比，状态数要多得多。稀土光谱项众多，能级结构复杂，如图 2-1 所示[34]。例如，np^2的状态数为 15，nd^2态含有 45 个状态数，$4f^2$却有 91 个能量相同的状态。由于稀土离子未满 f 电子及其不可忽略的自旋-轨道耦合作用，并且这些离子的 4f、5d、6s 等电子具有相近的能量，使其能级结构非常复杂。较低的$4f^N$、$4f^{N-1}5d^1$、$4f^{N-1}6s^1$、$4f^{N-1}6p^1$组态就产生了众多的能级，有些能级的重叠使它们的能级结构更加复杂[30,35]。

以 Gd^{3+}为例，可用角动量耦合方法计算出 J 能级数目，计算得出较低能量的 $4f^7$ 组态有 327 个能级，$4f^65d^1$ 组态有 2 725 个能级，$4f^66s^1$ 组态有 576 个能级，$4f^66p^1$ 组态有 1 095 个能级，总共 4723 个能级，允许的跃迁数目达 10^5 量级。通常 4f 组态的能量最低，因此也是在光谱研究中最重要的。

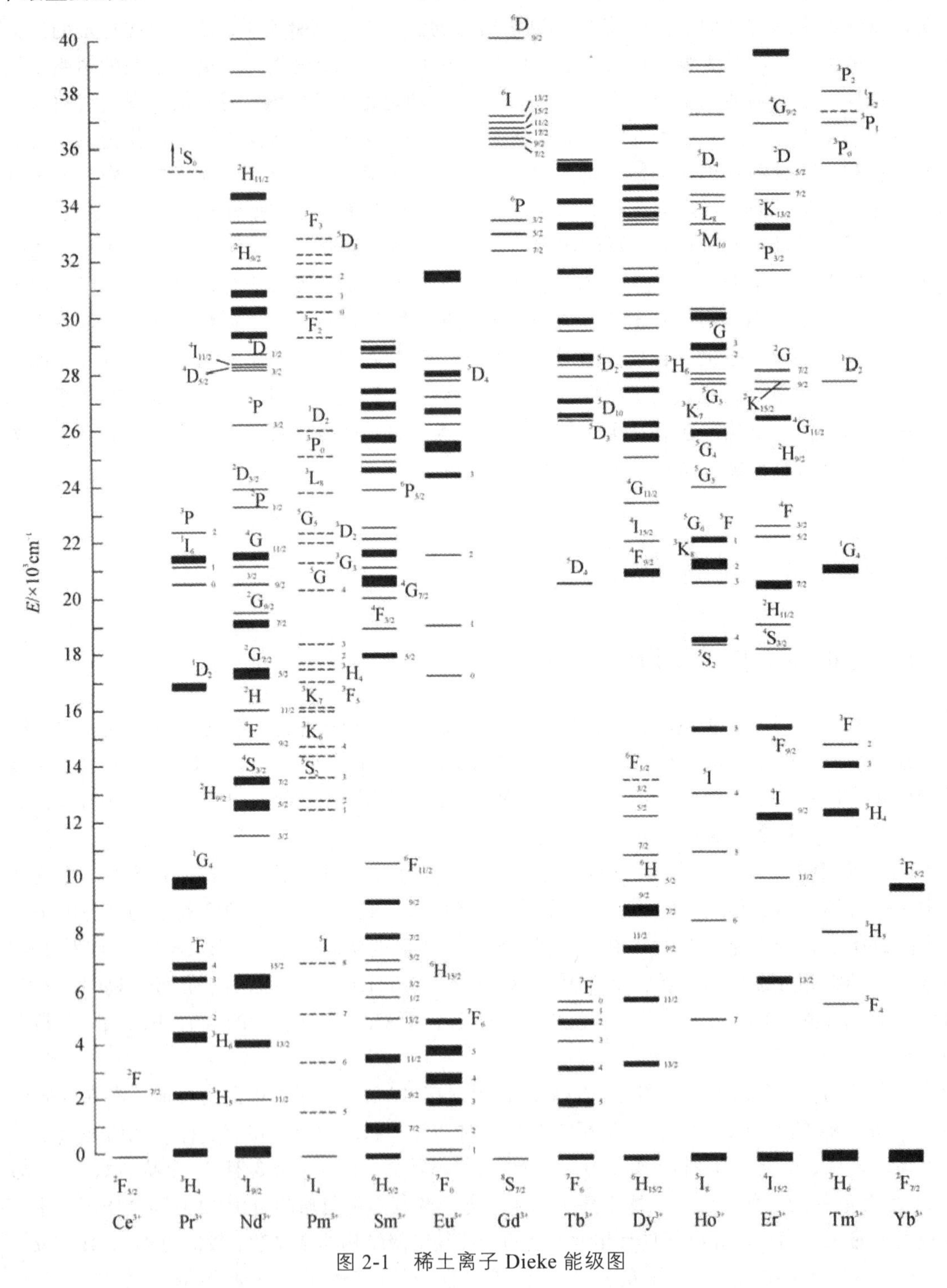

图 2-1　稀土离子 Dieke 能级图

稀土离子具有未充满的 f 壳层和 f 电子被外层的 $5s^2$、$6p^6$ 电子屏蔽的特性，使稀土离子具有极其复杂的类线形光谱，其光谱的复杂性是除锕系离子外的其他任何离子无法比拟的，而谱线的锐度（尤其是 4f 组态内的跃迁）提供了原子光谱与晶场光谱之间的重要桥梁，使得稀土光谱理论研究在整个光谱理论中占有独特的地位。近年来，稀土离子光学性质的研究，在理论上提供了稀土化合物的结构和价键方面重要信息，在应用上已成为荧光和激光工作物质的一族重要元素。

稀土离子吸收光谱的产生可归因于下面三种情况：f 组态内的跃迁，即 f→f 跃迁；组态间跃迁，即 f→d 跃迁；电荷转移跃迁，即配体向金属离子的电荷跃迁。

1. f→f 跃迁谱

$4f^N$ 组态内不同 J 能级之间跃迁所产生的光谱[35]。其特点是：属宇称禁戒跃迁，不能在气体状态下观测，而在溶液或晶体中虽能观测到相应的谱线，但较 d—d 跃迁来说相当弱，摩尔消光系数 ε 约为 0.5 l · mol^{-1} · cm^{-1}，振子强度为 10^{-6}~10^{-5}；f→f 跃迁为类线性光谱，由于受外层 $5s^2$，$5p^6$ 等电子的屏蔽，4f 电子受环境的影响较小，谱线尖锐（一般约为 100 cm^{-1}，而过渡金属 d→d 跃迁谱带分裂在 1 000~3 000 cm^{-1}）；谱带范围较广，可覆盖近红外、可见及近紫外的区域，例如 Ce^{3+}的吸收带一般位于紫外区 210~252 nm，无色；Nd^{3+}的吸收带在 3540 ~ 8680 nm 附近，常表现为微红的颜色。

2. f→d 跃迁谱

组态间的跃迁主要指 $4f^N \to 4f^{N-1}5d^1$ 间的跃迁，属宇称允许跃迁，因而较强，摩尔消光系数在 50~800 l · mol^{-1} · cm^{-1}，三价稀土离子的吸收带一般出现在紫外区。由于 5d 能级易受周围配体的影响，故 f→d 跃迁相对 f→f 跃迁谱线更宽。

通常，具有比全空或半满的 f 层多一个或两个电子的离子易发生 $4f^{N-1}5d^1 \to 4f^N$ 间的跃迁，如 Ce^{3+}，Pr^{3+}，Tb^{3+}等，一般在近紫外区出现。而二价 RE^{2+}在可见光区也有很强的 f→d 跃迁吸收带。

3. 电荷转移跃迁谱

指配体向稀土金属离子转移电荷而产生的光谱，是电荷密度从配体轨道向金属离子轨道进行重新分配的结果，它依赖于稀土金属离子的氧化性和配体的还原性。谱带的特点是有较大的强度和较宽的宽度。宽度一般比 f→d 跃迁带宽的宽约两倍，谱带的位置比 f→f 和 f→d 跃迁更依赖于配体。

2.2.2 稀土络合物光谱

晶体中稀土离子的 f 电子虽然受配体晶场的影响较小，但是晶体场对 f→f 跃迁的影响却是不可忽略的，并对 f→f 跃迁光谱的产生具有重要的意义，具体表现为以下几个方面[34,35]：

1. 谱带位移

在稀土离子络合物光谱中观察到，当同一中心稀土离子与不同配体结合时，其相同的 J 能级间的跃迁谱带位置略有移动。这是由于中心金属离子与配体之间存在共价效应，使得 f 电子的电子云在晶体中比自由离子中更为扩展一些，从而减小了 f 电子之间的排斥，这作用引起谱带位移，这种现象称为电子云重排效应（Nephelauxetic effect）。影响电子云重排的因素主要有配体性质（参数的次序基本与区过渡元素一致）、中心金属离子的性质、金属-配体间距和配位数等。

2. 谱带的强度

谱带的强度取决于能态间跃迁的可能性，即振子强度。振子强度可表示为：

$$f = 4.32\times10^{-9}\int\varepsilon_i(\sigma)\mathrm{d}\sigma \tag{2-1}$$

其中，ε_i 为能量为 σ 时谱带的吸收率。

根据现代光学模型，光谱的产生基于辐射能的吸收和释放，原则上可归纳为下列几种类型的跃迁：电偶极辐射跃迁、磁偶极辐射跃迁和电四极辐射跃迁，对 RE^{3+}而言，其振子强度分别为 10^{-5}~10^{-6}、10^{-8} 和 10^{-11}，因此实际观察到的跃迁是电偶极和磁偶极跃迁。

各类跃迁都要服从选择定则。上述跃迁类型都应满足 $\Delta S=0$ 的选择定则，但是由于自旋–轨道耦合的作用，$\Delta S\neq0$ 的禁阻通常被解除。另外稀土离子 f→f 跃迁虽是宇称禁阻（电偶极跃迁），但由于在晶体中金属离子的对称中心或晶格振动，使相反宇称的不同组态混入 f^n 组态中，因而宇称禁阻被解除，使电偶极跃迁成为可能，而且一般比 f^n 组态内的磁偶极跃迁强 1~2 个数量级。$\Delta J=0,1$ 的选择定则在晶体中也被部分解除。

理论上，f→f 跃迁的吸收强度一般是不大的，但是某些 f→f 跃迁的吸收带的振子强度，随稀土离子环境的变化而明显增大，并远远超过其他的跃迁，这种服从于电四极跃迁选择定则的跃迁称为超灵敏跃迁（Hypersensitive transition），如 Er^{3+}的 $^4I_{15/2}\to{}^2H_{11/2}$，$^4G_{11/2}$ 跃迁。其强度与离子的性质、配体的碱性和溶剂等因素有关。

3. 谱带的精细结构

用高分辨率的摄谱仪可发现低温下晶体中稀土离子的吸收和发射光谱是由若干组尖锐的谱线组成的，称为光谱的精细结构。例如，4.3 K 时所摄 $Er(C_2H_5SO_4)_3\cdot9H_2O$ 的谱带的谱图清晰地表明了 Er^{3+}的基态 $^4I_{15/2}$ 向激发态的跃迁谱所含的尖锐的谱线组成的线组、每组谱带间的距离和组中谱线的间距。

根据晶体场理论，原球形对称下的自由稀土离子每个 J 能级，在配体场的作用下，部分解除了（$2J+1$）重简并，J 能级分裂为若干 J_z 能级，在满足选择定则条件下，不同 J_z 能级间的跃迁，就产生了光谱的精细结构。（$2J+1$）重简并解除的程度，取决于稀土离子所处的晶体场的对称性和强度，例如对 Ce^{3+}的 $^2F_{5/2}$ 基态，在立方对称下分裂为 2 个能级，在轴对称（三角或四角）中分裂为 3 个能级，而在更低的斜方对称下则不再分裂。

因 RE 离子光谱精细结构相当复杂，有时同样的分裂模型可能得出一种以上的配体场对称性，故对谱精细结构的分析，通常都是非常困难的。只有对一些简单情况，谱带的分析才是可能的。当跃迁发生的能级含 J 为 0 或 1/2 时，就可能对谱带的谱精细结构进行分析。

2.3 稀土离子的光谱理论

稀土的晶体场理论发展较晚，1952 年 Elliot 和 Stevens 首先进行了稀土材料的晶体场计算工作，1955 年 Judd 开始用光谱数据进行计算[25]。目前，对稀土光谱的计算已有许多报道。

晶体中稀土离子体系的哈密顿量 $\hat{H}$ 可写为：

$$\hat{H} = \hat{H}_{\text{free}} + \hat{H}_{\text{cf}} \tag{2-2}$$

其中，H_{free} 为自由离子的部分，H_{cf} 为晶体场部分。

2.3.1　自由离子部分

自由离子部分的哈密顿量可写为

$$\hat{H}_{\text{free}} = \hat{H}_0 + \hat{H}_{\text{e}} + \hat{H}_{\text{SO}} + \hat{H}_{\text{ci}} + \hat{H}_{\text{ESO}} + \hat{H}_{\text{R}} \tag{2-3}$$

其中，各项依次代表中心场哈密顿量，库仑相互作用，自旋-轨道相互作用，组态相互作用，静电与自旋-轨道的关联作用，相对论效应。

1. 多电子体系的中心场哈密顿量

$$H_0 = \sum_i^N [-\frac{\text{h}^2}{2m}\nabla_i^2 + U(r_i)] \tag{2-4}$$

式中求和是对比 4f^N 组态的 N 个电子，其波函数为 Slater 行列式。该部分对能级跃迁无贡献。

2. 库仑作用

$$H_{\text{e}} = \sum_{i>j} \frac{e^2}{r_{ij}} \tag{2-5}$$

相应的矩阵元为 $< 4\text{f}^n\ \alpha SLJM | \frac{e^2}{r_{ij}} | 4\text{f}^n\ \alpha' S' L' J' M' >$，因 H_{e} 和角动量算符 L^2，S^2，J，M 对易，所以库仑矩阵关于 $SLJM_J$ 对角化。对 f^n 电子组态，能级可表示为

$$E = \sum_{k=0} f_k F^k = \sum_{k=0} f^k F_k \tag{2-6}$$

这里 k 为偶数（0，2，4，6）；F_κ 或 F^k 常称为 Slater 参量，f_k，f^k 为角度部分系数。

库仑作用的 Racah 参量表示可写为

$$E = \sum_{k=0}^{3} e_k E^k \tag{2-7}$$

其中，e_k 为对应的静电相互作用矩阵元，可由 Nielson-Koster 的表方便查得[36]。Racah 参量 E^k 与 Slater 参量 F_k 的关系为

$$\begin{aligned} &E^0 = F_0 - 10F_2 - 33F_4 - 286F_6 \\ &E^1 = (70F_2 + 231F_4 + 2002F_6)/9 \\ &E^2 = (F_2 - 3F_4 + 7F_6)/9 \\ &E^3 = (5F_2 + 6F_4 - 91F_6)/3 \end{aligned} \tag{2-8}$$

这样，库仑作用项中只有 E^k 或 F_k 是未知量，常作为调节参量处理。

3. 自旋-轨道耦合作用

稀土离子的旋-轨耦合作用很强，可表示为

$$H_{SO}=\sum_i \xi(r_i)(S_i \cdot l_i) \tag{2-9}$$

其中，$\xi(ri)$表示第 i 个电子的旋-轨耦合系数，定义为

$$\xi(r_i)=\frac{h^2}{2m^2c^2r_i}\frac{\mathrm{d}U(r_i)}{\mathrm{d}r_i} \tag{2-10}$$

H_{SO}的矩阵元为$<4\mathrm{f}^n\,\alpha SLJM\,|\,H_{SO}\,|\,4\mathrm{f}^n\,\alpha' S'L'J'M'>$，$H_{SO}$旋轨耦合矩阵部分关于 J 和 M_J 对角化，而对 L，S 不是对角化的。其中的约化矩阵元可查 Nielson 和 Koster 的表。$4f^N$离子的旋轨耦合系数可表示为

$$\zeta_{4f}=\int R_{4f}^2(r)\xi(r)\,\mathrm{d}r \tag{2-11}$$

4. 二体作用

二体作用本质为静电库仑作用。二体作用利用 Casimir 算符表示的哈密顿量可写为：

$$H_{ci=}\alpha L(L+1)+\beta G(G_2)+\gamma G(R_7) \tag{2-12}$$

这里 α, β 和 γ 可作为调节参量。$G(G_2)$和 $G(R_7)$为 Racah 群链中 G_2 群和 R_7 群的 Casimir 算符本征值，可查相关表格[22]。f^N组态的量子态分类一般使用 Racah 群链（$U_7 \supset R_7 \supset G_2 \supset R_3 \supset G_a \supset G_r \supset G_r$；其中 U_7 为七维幺正群，R_7 和 R_3 分别为七维和三维旋转群，G_2 为一特征李群，a, β, γ 分别为点群 G_a，G_r，G_r 的不可约表示），G_2 群和 R_7 群量子数 W 和 U 对一定状态而言为已知，因此，f^N组态的量子态应为$\left|4f^N\,WUSLJM\right\rangle$。如果再考虑三体作用，则

$$H'_{ci}=\sum_i T^i t_i \tag{2-13}$$

此处 i 为 2, 3, 4, 6, 7, 8；t_i是按 G_2 群和 R_7 群不可约表示变换的算符，可查 Judd 的表格；T^i 为调节参量。

5. 静电和自旋-轨道的关联作用

$$H_{ESO}=\sum_k P^k p_k \tag{2-14}$$

这里 p_k 是依赖于自旋的双电子算符，P^k（k=2, 4, 6）为调节参量。

6. 相对论作用

是由不同电子之间的旋-轨耦合作用引起，包括自旋-自旋作用，自旋-其他电子轨道的耦合作用，可表示为

$$H_R=\sum_k M^k m_k \tag{2-15}$$

M^k 是 Marvin 积分：

$$M^k=(\frac{eh}{2mc})^2\int_0^\infty \mathrm{d}rR_{4f}^2(r)\int_r^\infty \mathrm{d}r'R_{4f}^2(r')\cdot\frac{r^k}{r'^{k+3}}M^k \tag{2-16}$$

这里 m_k 为角度部分表达式，M^k（k=0, 2, 4）为调节参量。

综上所述，自由稀土离子的哈密顿包含上述贡献，其中至少含 20 个调节参量（$F^2, F^4, F^6, \alpha, \beta, \gamma, T^2, T^3, T^4, T^6, T^7, T^8, \zeta_{4f}, P^2, P^4, P^6, M^0, M^2, M^4$ 等）。各项贡献的相对大小次序为

$$H_e>H_{SO}>H_{ci}>H_{ci}'>H_{ESO}\geqslant H_R \tag{2-17}$$

因此根据具体情况，往往考虑最重要的部分，一般考虑计算前三项，计算量将大大减少，就可得到较好的结果。

对轻稀土离子，在库仑作用的基础上，采用 Russel-Sauders 耦合作微扰项，进而求出体系波函数；对旋-轨耦合较强的重稀土离子要用中间耦合方式，即将库仑作用和旋-轨耦合作用合起来考虑。采用矩阵对角化方法求 $H=H_e+H_{SO}$ 的本征函数，这些函数包括 $4f^N$ 组态中具有相同 J 的各种状态的线性组合。波函数可在给定 F_k 和 ζ_{4f} 参数的哈密顿 H 矩阵的对角化时求得；或采用拟合法，结合具体能级，在求能级参数的同时求出中间耦合波函数。

2.3.2 晶场部分

晶体中的稀土离子受周围配体的静电作用，晶体场哈密顿量 H_{cf} 可写为

$$H_{cf}=\sum_{i,j}\frac{Z_je^2}{|r_i-R_j|}=\sum_{k,q}B_{kq}C_q^k=\sum_{k,q}A_{kq}\langle r^k\rangle C_q^k$$

$$H_{CF}=\sum A_{kq}<r^k>C_q^k=\sum B_q^k\ C_q^k \tag{2-18}$$

式中，晶场参量 A_{kq}（或 B_{kq}）只与配体有关，可根据重叠模型由结构参数得出。由于稀土离子的 4f 电子受外层 s 和 p 电子的屏蔽. 不同$|JM_J>$态之间的晶场相互作用较弱，因此自由离子的光谱在晶场中仅发生少量的分裂和位移。考虑到晶场作用小于库仑作用及旋轨耦合作用，可把晶场作用看成是自由离子的状态的一种微扰，可对自由态的各$|JM_J>$态做晶场的微扰处理[22,33]：

$$\begin{aligned}&<4f^N\alpha SL\,J\,M_J|H_{CF}|4f^N\alpha'S'L'J'M_J'>=\\&\sum_{k,q}(-1)^{2J-M_J+S+L'+k}\begin{pmatrix}J&k&J'\\-M_J&q&M_J'\end{pmatrix}\begin{Bmatrix}J'&k&J\\L&S&L'\end{Bmatrix}[J,J']^{1/2}\\&\times<f\|c^{(k)}\|f><4f^N\,\alpha SL\|U^{(k)}\|4f^N\,\alpha'S'L'>B_q^k\delta_{SS'}\end{aligned} \tag{2-19}$$

这里，k=2，4，6；q=0，±3，±6，且 $q\leqslant k$。$\begin{pmatrix}J&k&J'\\-M_J&q&M_J'\end{pmatrix}$为 3-$j$ 符号，$\begin{Bmatrix}J'&k&J\\L&S&L'\end{Bmatrix}$为 6-$j$ 符号，约化矩阵元$<f\|c^{(k)}\|f>$和$<4f^N\,\alpha SL\|U^{(k)}\|4f^N\,\alpha'S'L'>$可查 Nielson-Koster 的数表。晶场矩阵元不为零的必要条件是 $S=S'$且 $q=M_J-M_J'$，及 J，J'和 k 满足三角形法则。不难看出，晶场矩阵关于 S 对角化。

波函数为$\left|4f^N \alpha SLJM_J\right\rangle$的自由离子的状态由量子数完全确定，能级由光谱支项表征。它们在晶体中按对称性分解，即自由离子的光谱支项 J 能级在点群对称下发生 Stark 劈裂。例如，自由离子 Nd^{3+}有 7 个 L–S 光谱项，41 个能级，在 C_2 对称的晶场（如 LaF_3：Nd^{3+}）下，劈裂为 182 个 Stark 子能级，按此法计算需要 34 个拟合参量（19 个自由离子参量，15 个晶体场参量）。各个$|JM_J>$态在晶场中将会按晶体对称群 G 的不可约表示$\Gamma\lambda$ 进行线形组合，从而得到群 G 的不可约表示$\Gamma\gamma$ 的基函数[36,37]

$$|\alpha SLJ\ \Gamma\gamma>=\sum_{M_J} C(\alpha SLJ;\Gamma\gamma M_J)\ |\alpha SLJM_J> \tag{2-20}$$

且变换系数满足正交归一条件

$$\sum_{M_J} C(\alpha SLJ;\Gamma\gamma M_J)^{*} C(\alpha SLJ;\Gamma'\gamma' M_J') = \delta_{\Gamma\Gamma'}\delta_{\gamma\gamma'} \tag{2-21}$$

自由稀土离子光谱十分复杂，在晶体场作用下子能级往往严重交叠，从实验上确定能级归属较为困难，对其光谱进行理论拟合很有必要，但由于稀土本身光谱复杂性远远超过过渡族离子，再加上稀土络合物对称性较低（常为斜方对称），因此，对稀土光谱的理论目前还不像过渡族那样成熟，进一步的处理应考虑磁学性质，如电磁顺磁共振参量（朗德 g 因子和超精细结构常数 A 因子），但结果并不那么令人满意。

2.4 稀土离子的自旋哈密顿理论

晶场中 Kramers 离子 $4f^n$（n=1, 3, 5, 9, 11, 13）的哈密顿量 $\hat{H}_m$ 可表示为：

$$\hat{H}_m = \hat{H}_{\text{free}}(F^k,\alpha,\beta,\gamma) + \hat{H}_{\text{SO}}(\zeta_{4f}) + \hat{H}_{\text{cf}}(B_{kq}) + \hat{H}_{\text{Zeeman}}(k,g_J) + \hat{H}_{\text{hyper}}(P,N_J) \tag{2-22}$$

其中，F^k 等为自由稀土离子的有关参量，α，β，γ 为二体作用参量，$\zeta\zeta_{4f}$ 为稀土离子的旋轨耦合系数，B_{kq} 为晶场参量，$\hat{H}_{Zeeman}$ 为磁相互作用项，g_J 为 4f 离子 ${}^{2S+1}L_J$ 态的朗德因子，其中 k 为轨道缩小因子，$\hat{H}_{\text{hyper}}$ 为超精细相互作用项，P 为晶体中稀土离子的偶极超精细结构常数，N_J 为超精细结构等价算符对 ${}^{2S+1}L_J$ 态的对角矩阵元，下面分别讨论。

2.4.1 Zeeman 项与 g 因子

一般说来 Zeeman 作用项 $\hat{H}_Z$ 可写为 $\hat{H}_Z = g_J\mu_\beta H\cdot(L+g_sS)$。稀土离子 ${}^{2S+1}L_J$ 态的 Lande 因子一般可由下式计算：

$$g_J = 1 + \frac{J(J+1)-L(L+1)+S(S+1)}{2J(J+1)} \tag{2-23}$$

利用 Zeeman 算子 $L+g_sS$，可写出三角或四角对称下 Kramers 双重态的 g 因子的一般式[7, 23]：

$g_{//}=2<\Gamma\gamma|L_z+g_sS_z|\Gamma\gamma>$，

$$g_{\perp}=2<\Gamma\gamma|L_x+g_sS_x|\Gamma\gamma'> \tag{2-24}$$

其中，$\Gamma\gamma$ 和 $\Gamma\gamma'$ 分别表示对应最低 Kramers 双重态。为了方便的处理 g 因子，通常引入与 L–S 耦合有关的算符 $g_J J$（即 $g_J J=L+g_sS$），这样

$$g_{//}=2g_J<\Gamma\gamma|J_z|\Gamma\gamma>,$$

$$g_{\perp}=2g_J<\Gamma\gamma|J_x|\Gamma\gamma'> \tag{2-25}$$

斜方对称下，有

$$g_z=g_{//},$$

$$g_x=2g_J<\Gamma\gamma|J_x|\Gamma\gamma'>,$$

$$g_y=2g_J<\Gamma\gamma|J_y|\Gamma\gamma'> \tag{2-26}$$

2.4.2 超精细相互作用项与 *A* 因子

晶体中稀土离子的超精细相互作用项 $\hat{H}_{\text{hyper}}$ 可写为[7,23]

$$\hat{H}_{\text{hyper}}=P[L\cdot I+\xi\{L(L+1)-\kappa\}(S\cdot I)-\frac{3}{2}\xi\{(L\cdot S)(L\cdot I)+(L\cdot I)(L\cdot S)\}]=P(N\cdot I) \tag{2-27}$$

式中，P 为晶体中稀土离子的偶极超精细结构常数，可表示为 $P=kP_0=g_sg_n\beta_e\beta_n<r^3>$，其中 P_0 为自由离子态的偶极超精细结构常数；I 为核磁偶极矩，κ 为芯区极化常数，表征价电子与 S 态间的组态相互作用；ξ 为与光谱项有关的常数[23,24]

$$\xi=\frac{2l+1-4S}{S(2l-1)(2l+3)(2L-1)} \tag{2-28}$$

N 为磁超精细结构的等效算符，可写为：

$$N=\sum_i\left\{l_i-s_i+3\frac{(r_i\cdot s_i)}{r_i^3}r_i\right\} \tag{2-29}$$

这样超精细结构相互作用 $\hat{H}_{\text{hf}}$ 可简单地表示为磁超精细结构等价算符的形式，即 $\hat{H}_{\text{hf}}=P\,N_J\,N$，这里 N_J 是 $^{2S+1}L_J$ 态相应的对角矩阵元，可写为：

$$N_J=<J\|N\|J>=\frac{1}{J(J+1)}\{(L\cdot J)+\xi L(L+1)(S\cdot J)-3\xi(L\cdot J)(L\cdot S)\} \tag{2-30}$$

各种稀土离子基态的 N_J 值可参见相关文献[23]。例如对 Dy^{3+} 的 $^6H_{15/2}$ 基态，$N_{15/2}=\frac{32}{45}$，对第一激发态 $^6H_{13/2}$，$N_{13/2}=\frac{424}{585}$。

利用磁超精细结构的等效算符 N 的性质，可写出 Kramers 双重态的 A 因子的一般式[7]：

$$A_{//}=2PN_J\langle\Gamma\gamma|N_z|\Gamma\gamma\rangle$$

$$A_{\perp}=2PN_J\langle\Gamma\gamma|N_x|\Gamma\gamma'\rangle \tag{2-31}$$

其中，P 为前面定义的晶体中稀土离子的偶极超精细结构常数，N_J 为算符 N 对 J 态的对角元，$\Gamma\gamma$ 表示 $\Gamma_6\alpha'$ 或 $\Gamma_7\alpha''$，$\Gamma\gamma'$ 表示对应的 $\Gamma_6\beta'$ 或 $\Gamma_7\beta''$。

斜方对称下，有

$$A_z=A_{//}$$

$$A_x=2PN_J\langle\Gamma\gamma|N_x|\Gamma\gamma'\rangle$$

$$A_y=2PN_J\langle\Gamma\gamma|N_y|\Gamma\gamma'\rangle \tag{2-32}$$

2.4.3 共价效应对 g_J 和 N_J 的修正

考虑到共价效应引入轨道缩小因子 k，这样，晶体中 $4f^{11}$ 离子的 g_J 和 N_J 值将不同于自由离子情况，而应当对公式（2-23）和（2-30）中的 g_J 和 N_J 做出如下修正：

$$g_J=2\frac{kJ+(1-k)S}{J}-\frac{k[J(J+1)+L(L+1)-S(S+1)]}{2J(J+1)}$$

$$N_J=(2-g_J)\{1-\frac{3}{2}\xi[J(J+1)-L(L+1)-S(S+1)]\}+\xi L(L+1)(g_J-1) \tag{2-33}$$

如令 k=1，即在不考虑共价效应对 g_J 和 N_J 的修正时，则上式回复到自由离子即前人[23,24]处理的情况。

3　$4f^1$ 或 $4f^{13}$ 离子的自旋哈密顿参量的微扰公式及其应用

3.1　轴对称晶场中 $4f^1$ 或 $4f^{13}$ 离子的自旋哈密顿参量微扰公式

自由的 $4f^{13}$ 离子具有 $^2F_{7/2}$ 基态和 $^2F_{5/2}$ 激发态。在轴对称（三角和四角）晶场中，它们分别劈裂成 4 和 3 个 Kramers 双重态[23]。一般只考虑晶场中基态 $^2F_{7/2}$ 的多重态，用由此得到的基（或最低）Kramers 双重态为基函数作一阶微扰计算。这样的计算结果常常不能解释实验事实。因此，需要考虑基态 $^2F_{7/2}$ 多重态与激发态 $^2F_{5/2}$ 多重态之间通过晶场作用的 J 混合，由此获得了一个 14×14 阶的能量矩阵（其中的矩阵元包含晶场参量和旋-轨耦合系数）。对角化这个能量矩阵，可以得到 7 个 Kramers 双重态Γx；其中最低双重态$\Gamma\gamma$ 可以是Γ_6或Γ_7。它可以写成：

$$|\Gamma\gamma(\gamma')>=\sum_{M_{J1}}C(^2F_{7/2};\Gamma\gamma(\gamma')M_{J1})\,|^2F_{7/2}M_{J1}>+\sum_{M_{J2}}C(^2F_{5/2};\Gamma\gamma(\gamma')M_{J2})\,|^2F_{5/2}M_{J2}> \tag{3-1}$$

这里 γ 和 γ' 表示Γ的不可约表示分量，M_{J1} 和 M_{J2} 分别是−7/2~7/2 和−5/2~5/2 之间的半整数。

Zeeman 相互作用可以写成 $H_Z=g_J\mu_B\hat{H}\cdot\hat{J}$，其中的符号均为它们通常的定义，可以参见相关文献。超精细相互作用项可写为 $\hat{H}_{hf}=P\boldsymbol{N}_J\hat{N}$，这里，$N_J$ 是 $^{2S+1}L_J$ 态的对角矩阵元，P 是偶极超精细结构常数[23]。

对处于外磁场中的 $4f^{13}$（Yb^{3+}）离子，包括晶体场相互作用 $\hat{H}_{CF}$、Zeeman 作用 $\hat{H}_Z$ 以及超精细结构相互作用 $\hat{H}_{hf}$ 的微扰哈密顿可写成[38]：

$$\hat{H}'=\hat{H}_{CF}+\hat{H}_Z+\hat{H}_{hf} \tag{3-2}$$

将微扰哈密顿作用于公式（3-1）中最低 Kramers 双重态$\Gamma\gamma$ 基函数，并利用 2.2 中算符 J 和 N 的性质，可得到 g 和 A 因子的一阶微扰公式。

根据文献，EPR 参量的主要贡献来源于一阶微扰项，但是，$^2F_{5/2}$ 和 $^2F_{7/2}$ 光谱项（14×14 能量矩阵）分裂成的除最低 Kramers 二重态Γ以外其他 6 个 Kramers 简并态Γ_x将通过晶体场和轨道角动量（或磁超精细结构等价算符）相互作用与最低 Kramers 二重态发生混合从而对自旋哈密顿参量产生二阶微扰贡献。[注意：由于最低 Kramers 二重态与其他 Kramers 简并态关于晶体场 $\hat{H}_{CF}$ 和 $\hat{J}$（或 $\hat{N}$）算符的 X 和 Y 分量之间没有非零的矩阵元，因此 $g_\perp$（或 $A_\perp$）的二阶贡献为零，即 $g_\perp^{(2)}=A_\perp^{(2)}=0$]。这样，我们得到轴对称（三角或四角对称）下 $4f^{13}$ 离子最低 Kramers 二重态自旋哈密顿参量 $g_{//}$，$g_\perp$，$A_{//}$和 $A_\perp$的二阶微扰公式

$$g_{//}=g_{//}^{(1)}+g_{//}^{(2)}$$

$$g_{//}^{(1)}=2g_J(^{2S+1}L_J)<\Gamma\gamma|J_z|\Gamma\gamma>$$

$$=2\{\sum_{M_{J1}}g_J(^2F_{7/2})|C(^2F_{7/2};\Gamma\gamma M_{J1})|^2 M_{J1}+\sum_{M_{J2}}g_J(^2F_{5/2})|C(^2F_{5/2};\Gamma\gamma M_{J2})|^2 M_{J2}\}$$

$$+4\sum_{M_{J2}}g_J'(^2F_{7/2},{}^2F_{5/2})[(\tfrac{5}{2}+1)^2-M_{J2}^2]^{1/2}C(^2F_{7/2};\Gamma\gamma M_{J2})C(^2F_{5/2};\Gamma\gamma M_{J2})$$

$$g_{//}^{(2)}=2\sum_X{}'\frac{<\Gamma\gamma|\hat{H}_{\rm CF}|\Gamma_X\gamma_X><\Gamma_X\gamma_X|\hat{J}_{\rm z}|\Gamma\gamma>}{E(\Gamma_X)-E(\Gamma)}$$

$$g_\perp=g_\perp^{(1)}+g_\perp^{(2)}$$

$$g_\perp^{(1)}=2g_J(^{2S+1}L_J)<\Gamma\gamma|J_x|\Gamma\gamma'>$$

$$=\sum_{M_{J1}}(-1)^{7/2-M_{J1}+1}[\tfrac{7\cdot 9}{4}-(M_{J1}-1)M_{J1}]^{1/2}g_J(^2F_{7/2})C(^2F_{7/2};\Gamma\gamma M_{J1})C(^2F_{7/2};\Gamma\gamma' M_{J1}-1)$$

$$+\sum_{M_{J2}}(-1)^{5/2-M_{J2}+1}[\tfrac{5\cdot 7}{4}-(M_{J2}-1)M_{J2}]^{1/2}g_J(^2F_{5/2})C(^2F_{5/2};\Gamma\gamma M_{J2})C(^2F_{5/2};\Gamma\gamma' M_{J2}-1)$$

$$+2\sum_{M_{J2}}[(\tfrac{5}{2}+M_{J2}+1)(\tfrac{5}{2}+M_{J2}+2)]^{1/2}g_J'(^2F_{7/2},{}^2F_{5/2})C(^2F_{7/2};\Gamma\gamma M_{J2})$$

$$C(^2F_{5/2};\Gamma\gamma' M_{J2}-1)$$

$$g_\perp^{(2)}=0 \tag{3-3}$$

$$A_{//}=A_{//}^{(1)}+A_{//}^{(2)}$$

$$A_{//}^{(1)}=2PN_J(^{2S+1}L_J)<\Gamma\gamma|N_z|\Gamma\gamma>$$

$$={\rm P}\{\sum_{M_{J1}}N_J(^2F_{7/2})|C(^2F_{7/2};\Gamma\gamma M_{J1})|^2 M_{J1}+\sum_{M_{J2}}N_J(^2F_{5/2})|C(^2F_{5/2};\Gamma\gamma M_{J2})|^2 M_{J2}\}$$

$$+2P\sum_{M_{J2}}N_J'(^2F_{7/2},{}^2F_{5/2})[(\tfrac{5}{2}+1)^2-M_{J2}^2]^{1/2}C(^2F_{7/2};\Gamma\gamma M_{J2})C(^2F_{5/2};\Gamma\gamma M_{J2})$$

$$A_{//}^{(2)}\approx 2P\sum_X{}'\frac{<\Gamma\gamma|\hat{H}_{\rm CF}|\Gamma_X\gamma_X><\Gamma_X\gamma_X|\hat{N}_{\rm z}|\Gamma\gamma>}{E(\Gamma_X)-E(\Gamma)}$$

$$A_\perp^{(1)}=A_\perp^{(1)}+A_\perp^{(2)}$$

$$A_\perp^{(1)}=2PN_J(^{2S+1}L_J)<\Gamma\gamma|J_x|\Gamma\gamma'>$$

$$=P\times\sum_{M_{J1}}(-1)^{7/2-M_{J1}+1}[\tfrac{7\cdot 9}{4}-(M_{J1}-1)M_{J1}]^{1/2}N_J(^2F_{7/2})C(^2F_{7/2};\Gamma\gamma M_{J1})$$

$$C(^2F_{5/2};\Gamma\gamma' M_{J2}-1)$$

$$+P\times\sum_{M_{J2}}(-1)^{5/2-M_{J2}+1}[\tfrac{5\cdot 7}{4}-(M_{J2}-1)M_{J2}]^{1/2}N_J(^2F_{5/2})C(^2F_{5/2};\Gamma\gamma M_{J2})$$

$$C(^2F_{5/2};\Gamma\gamma' M_{J2}-1)+{\rm P}\sum_{M_{J2}}[(\tfrac{5}{2}+M_{J2}+1)(\tfrac{5}{2}+M_{J2}+2)]^{1/2}$$

$$N_J'(^2F_{7/2},{}^2F_{5/2})C(^2F_{7/2};\Gamma\gamma M_{J2})C(^2F_{5/2};\Gamma\gamma' M_{J2}-1)$$

$$A_\perp^{(2)}=0 \tag{3-4}$$

这里 g_J，g_J'，N_J 和 N_J'（其中 g_J'，N_J'表示不同 J 之间的非对角元）可以从 A. Abragam 和 L. A. Sorin 等的著作中得到。

$4f^{13}$ 离子与 $4f^1$ 离子为互补态。自由的 $4f^1$ 离子具有 $^2F_{5/2}$ 基态和 $^2F_{7/2}$ 激发态，与 $4f^{13}$ 离子正好相反。在轴对称（三角和四角）晶场中，它们分别劈裂成三和四个 Kramers 双重态。因此，注意到能态之间的关系，上述公式也可用于 $4f^1$（Ce^{3+}）离子。

3.2 应 用

3.2.1 CaF_2 和 SrF_2 晶体中的四角 Ce^{3+} 中心

掺稀土离子的化合物可作为激光和发光材料，因此引起了人们的极大兴趣。其中，萤石结构的碱土氟化物（如 CaF_2、SrF_2、BaF_2 等）是很好的基质晶体。碱土氟化物晶体为体心立方结构，二价碱土离子（AE^{2+}）如 Ca^{2+}周围被位于立方体顶角的 8 个 F^-包围，Ca^{2+}局部对称性为 O_h 对称[39]。当三价稀土离子（Re^{3+}）掺入后可以替代 AE^{2+}，因 Re^{3+}比 AE^{2+}多出一个电子，由于电中性的要求，一定存在某种形式的电荷补偿，由此可以形成不同的对称中心，例如，当 F^-占据与 Re^{3+}在最近邻的体心 AE^{2+}的位置，将形成四角（C_{4v}）的 Re^{3+}–F^-对称中心，如 CaF_2:Re^{3+}晶体中 Re^{3+}的摩尔分数不超过 0.1%时，占主导地位的电荷补偿就为 C_{4v}(Re^{3+}–F^-）对称中心。当补偿负电荷处在<111>方向时，就会形成三角（C_{3v}）的 Re^{3+}–F^-对称中心，如 SrF_2:Re^{3+}，除了 C_{4v} 对称中心，还有 F^-占据与 Re^{3+}在<111>方向次近邻的体心 Ae^{2+}位置，将形成三角（C_{3v}）的 Ae^{2+}–F^-对称中心。

掺 Ce^{3+}的碱土氟化物晶体已经引起了人们的极大关注[40-43]，例如，Manthey 从实验得到了 CaF_2:Ce^{3+}晶体的 4f 跃迁光谱，并拟合了四角对称光谱，他们的工作并未考虑 $^2F_{5/2}$ 态和 $^2F_{7/2}$ 态之间的相互作用。Starostin 等对四角对称中心 Ce^{3+}的晶场能级劈裂曾做过计算，但结果与实验符合较差，且较低能级出现混乱现象。Walker 和 Mires 测得了 SrF_2: Ce^{3+}在四角（C_{4v}）的 Ca^{2+}–F^-对称中心的光谱。Kiel 等实验得到 CaF_2: Ce^{3+}晶体中四角对称 Ce^{3+}的自旋哈密顿参量 $g_{//}$和 $g_\perp$，对这一有用的结果至今仍缺乏合理解释。

为了解释这些四角对称 Ce^{3+}自旋哈密顿参量 $g_{//}$和 $g_\perp$的实验结果，一般都是假定其Γ_7 基态 Kramers 二重态为 J=5/2 多重态内基函数的线性组合，即基态具有如下形式[41]：

$$\Gamma_7(\pm)=\cos\theta|5/2, \pm5/2> \pm \sin\theta|5/2, \mp 3/2> \quad (3\text{-}5)$$

其中$\Gamma_7(\pm)$为Γ_7不可约表示的双重态。θ 为可调参量，波函数为$|J, M_j>$的形式。对 CaF_2 和 SrF_2 晶体，拟合四角 Ce^{3+}中心 g 因子 $g_{//}$和 $g_\perp$，得到的最佳结果分别为 $\cos\theta$=0.912 和 0.900，由此得到的两种晶体的 g 因子计算结果都大于实验值（表 3-1）。进一步考虑第一激发态$|7/2, \mp 5/2>$和$|7/2, \pm 3/2>$的混合，可以减小理论拟合值与实验值的差别。这样，考虑第一激发态 $^2F_{7/2}$ 与基态 $^2F_{5/2}$ 之间的 J 混效应后，新的最低 Kramers 双重态波函数应改写为

$$\Gamma_7(\pm)=p|5/2, \mp 5/2>+q\,|5/2, \pm 3/2> \pm r\,|7/2, \mp 5/2> \pm t\,|7/2, \pm 3/2> \quad (3\text{-}6)$$

且有归一化关系

$$p^2+q^2+r^2+t^2=1 \quad (3\text{-}7)$$

其中混合系数 p、q、r 和 t 通常取为可调参量。直接用 4 个可调参量加上归一化关系来拟合 2 个实验数据 $g_{//}$和 $g_{\perp}$很困难，具有很大的任意性。因此，对各种晶体中的四角 Ce^{3+}中心，采用了一些假定来确定这四个混合系数。即便如此，这种研究方法仍未用来研究 CaF_2 和 SrF_2 晶体中的四角 Ce^{3+}中心。自由 $4f^1(Ce^{3+})$离子由于旋轨耦合作用分裂为 $^2F_{5/2}$ 和 $^2F_{7/2}$，由于晶场作用，CaF_2 和 SrF_2 晶体中四角 Ce^{3+}中心的能级进一步分裂为 3 个和 4 个 Kramers 双重态，光谱如图 3-1 所示。

由于 J=5/2 多重态[即基态$\Gamma_7(^2F_{5/2}, \Gamma_8)$与次低$\Gamma_6(^2F_{5/2}, \Gamma_8)$和第三$\Gamma_7(^2F_{5/2}, \Gamma_7)$Kramers 双重态]中能级间距较小，从光谱测量得到这些能级比较困难。Manthey 用由他本人给出的晶场参量和实验 g 因子预测 CaF_2：Ce^{3+}能级$\Gamma_6(^2F_{5/2}, \Gamma_8) \approx 110\ cm^{-1}$，但是未给出具体计算细节。对 SrF_2：Ce^{3+}，Walker 和 Mires 过研究磁化率来估计两能级分别为$\Gamma_6(^2F_{5/2}, \Gamma_8) \approx 39\pm2\ cm^{-1}$，$\Gamma_7(^2F_{5/2}, \Gamma_7) \approx (1085\pm250) cm^{-1}$，其计算未考虑 J=7/2 和 J=5/2 态之间的混合，他们在该文中也认为磁化率方法并不是确定能级的好方法。另外，Starostin 等用 Hartree-Fock 方法对光谱进行了晶场研究，结果并不令人满意，$\Gamma_6(^2F_{5/2}, \Gamma_8)$和$\Gamma_7(^2F_{5/2}, \Gamma_7)$能级的相对大小与实验值相反（详见表 3-1）。

为了克服以上困难，我们用不可约张量算符法建立了包含 $^2F_{5/2}$ 和 $^2F_{7/2}$ 态的 $4f^1$ 完全能量矩阵。通过对角化 $4f^1$ 完全能量矩阵，可以得到晶场能级和基态波函数，由此给出能级与自旋哈密顿参量的统一解释。

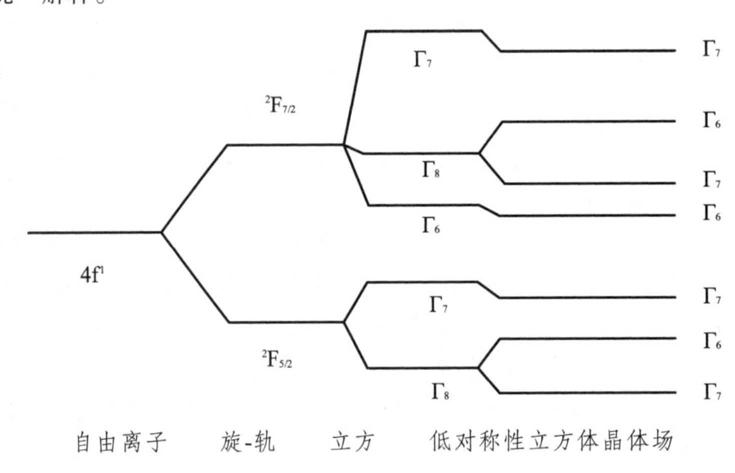

图 3-1　晶体中 $4f^1$ 离子的能级分裂示意图

自由 Ce^{3+}的旋-轨耦合系数 $\zeta_0 \approx 640\ cm^{-1}$，考虑到共价效应，晶体中旋-轨耦合系数 ζ 应略小于 ζ_0，这里我们取 $\zeta \approx 630\ cm^{-1}$，通过拟合实验光谱，我们得到如下晶场参量最佳值，对 CaF_2：Ce^{3+}为 $B_2^0 \approx 333\ cm^{-1}$，$B_4^0 \approx -2176\ cm^{-1}$，$B_6^0 \approx 725\ cm^{-1}$，$B_4^4 \approx -1573\ cm^{-1}$，$B_6^4 \approx -2872\ cm^{-1}$；对 SrF_2：Ce^{3+}为 $B_2^0 \approx 333 cm^{-1}$，$B_4^0 \approx -2349\ cm^{-1}$，$B_6^0 \approx 925\ cm^{-1}$，$B_4^4 \approx -1996\ cm^{-1}$，$B_6^4 \approx -619\ cm^{-1}$。将这些参量代入 $4f^1$ 完全能量矩阵，对角化矩阵所得能级与实验值都列于表 3-1。基态波函数对 CaF_2：Ce^{3+}为[44]

$$\Gamma_7(\pm) \approx \pm\ 0.9026\ |5/2, \pm5/2> \pm\ 0.4158\ |5/2,\ \mp 3/2>$$
$$+0.0595\ |7/2, \pm5/2> +0.0938\ |7/2,\ \mp 3/2> \qquad (3\text{-}8)$$

对 SrF_2：Ce^{3+}为

$$\Gamma_7(\pm) \approx \pm 0.8931\ |5/2, \pm 5/2\rangle \pm 0.4359\ |5/2,\ \mathrm{m}\,3/2\rangle$$
$$+0.0385\ |7/2, \pm 5/2\rangle + 0.0907\ |7/2,\ \mathrm{m}\,3/2\rangle \qquad (3\text{-}9)$$

现在，公式（3-6）中的 4 个可调参量由光谱计算得到，其中 $^2F_{7/2}$ 激发态的|7/2，±5/2>和|7/2，m 3/2>的混合系数较小，在物理上是合理的。将式（3-8）和（3-9）分别代入 g 因子计算公式，即可得到 g 因子 $g_{//}$和 $g_{\perp}$（表 3-2）。

表 3-1　CaF_2 和 SrF_2 晶体种的四角 Ce^{3+}中心（cm^{-1}）

能　级	CaF_2			SrF_2		
	Calc. A	Calc. B	Expt. C	Calc. A	Calc. B	Expt. D
$\Gamma_7(F_{7/2}, \Gamma_7)$	3395	3688	3559	3196	3458	3380
$\Gamma_6(F_{7/2}, \Gamma_8)$	3258	2488	2438	3090	2585	2393 F
$\Gamma_7(F_{7/2}, \Gamma_8)$	2770	2267	2304	2655	2406	2280
$\Gamma_6(F_{7/2}, \Gamma_6)$	2182	2188	2189	2190	2177	2215
$\Gamma_7(F_{5/2}, \Gamma_7)$	759	390	576	821	780	1085±250 G
$\Gamma_6(F_{5/2}, \Gamma_8)$	984	207	110 E	632	231	39±2 G
$\Gamma_7(F_{5/2}, \Gamma_8)$	0	0	0	0	0	0

注：A—Strrostin 1973；
B—本书计算结果；
C—Manthey1973；
D—Walker 1980；
E—估计值；
F—对比 Walker 1980 中 CaF_2：Ce^{3+}的估计值；
G—Walker1980 中由磁化率得到的估计值。

表 3-2　CaF_2 和 SrF_2 晶体中的四角 Ce^{3+}中心的 EPR 参量 $g_{//}$，$g_{\perp}$

		$g_{//}$	$g_{\perp}$
CaF_2	Calc. A	3.13	1.43
	Calc. B	3.036	1.394
	Expt. A	3.038(3)	1.396(2)
SrF_2	Calc. A	2.98	1.50
	Calc. B	2.921	1.466
	Expt. A	2.922(3)	1.465(3)

注：A—Manthey 1973；
B—本书计算值。

由此可见，本书计算所得到的 CaF_2 和 SrF_2 晶体中的四角 Ce^{3+}中心的自旋哈密顿参量 g 因子与实验值符合很好（表 3-2）。说明为了更好解释 Ce^{3+}中心的自旋哈密顿参量 g 因子，应该考虑 J=5/2 和 J=7/2 之间的混合（即 J 混效应）。本书计算所得到的 Ce^{3+}中心的能级与实验值的符合程度也好于前人的工作（见表 3-1，不包括估计的能级）。根据本书的计算，CaF_2：Ce^{3+}晶体的Γ_6（$F_{5/2}$，Γ_8）能级值约为 207 cm^{-1}，虽然该值大于文献[Manthey；1973]的估计值（见表 3-1），但是接近用该文所给出的晶场参量的计算结果（≈200 cm^{-1}）。另外，本书计算的Γ_7（$F_{5/2}$，Γ_7）能级接近该文结果，但Γ_6($F_{5/2}$, Γ_8)远大于前人用磁化率估计的值。由于① 磁化率测量并非确定能级的好方法；② 本书的能级是通过采用统一方法处理光谱和自旋哈密顿参量而得到的结果，因此本书给出的能级应更为合理，这一点有待用其他方法进一步验证。

3.2.2 CaF_2 晶体中的四角 Yb^{3+} –F 中心

CaF_2：Yb^{3+}晶体是一种良好的激光材料，对其光谱和电子顺磁共振谱已有不少报道。已经知道，Yb^{3+}掺入 CaF_2 晶体后，占据 Ca^{2+}的位置。由于 Yb^{3+}的电荷比它所替代的 Ca^{2+}多，为电荷平衡，一个负的电荷补偿是必须的[45]。其中一种补偿方式是一个填隙的 F^-占据最近邻的空立方体的中心，这样就形成了一个四角对称的 Yb^{3+}–F^-中心。这个四角中心的电子顺磁共振（EPR）谱参量（g 因子和超精细结构常数 A_i）和光谱已经报道[46]。对光谱，人们常利用晶体场理论用拟合晶场参量的方法来加以解释和分析。但对该中心的自旋哈密顿参量，至今还没有满意的理论解释。本书拟结合光谱数据，用更完整的二阶微扰方法对 CaF_2 中四角的 Yb^{3+}–F^-中心的自旋哈密顿参量进行理论计算[20,47]。

自由的 $Yb^{3+}(4f^{13})$离子具有 $^2F_{7/2}$ 基态和 $^2F_{5/2}$ 激发态。在四角晶场中，它们分别劈裂成 4 和 3 个 Kramers 双重态。一种最常见但又过于简化的方法是只考虑晶场中基态 $^2F_{7/2}$ 的多重态，用由此得到的基（或最低）Kramers 双重态为基函数作一阶微扰计算。这样的计算结果常常不能解释实验事实。因此，人们需要考虑基态 $^2F_{7/2}$ 多重态与激发态 $^2F_{5/2}$ 多重态之间通过晶场作用的 J 混合，由此获得了一个 14×14 阶的能量矩阵（其中的矩阵元包含晶场参量和旋-轨耦合系数）。对角化这个能量矩阵，可以得到 7 个 Kramers 双重态Γ_x；其中最低双重态$\Gamma\gamma$ 可以是Γ_6或Γ_7（对本书研究的情况，基双重态为Γ_7）。它可以写成：

$$|\Gamma\gamma(\gamma')\rangle=\sum_{M_{J1}}C(^2F_{7/2};\Gamma\gamma(\gamma')M_{J1})\,|^2F_{7/2}\,M_{J1}\rangle+\sum_{M_{J2}}C(^2F_{5/2};\Gamma\gamma(\gamma')M_{J2})\,|^2F_{5/2}M_{J2}\rangle \tag{3-10}$$

这里 γ 和 γ 表示Γ的不可约表示分量，M_{J1} 和 M_{J2} 分别是−7/2~7/2 和−5/2~5/2 之间的半整数。

Zeeman 相互作用可以写成 $H_Z=g_J\mu_B H\cdot J$；超精细相互作用项可写为 $H_{hf}=PN_J\hat{N}$，这里，N_J是 $^{2S+1}L_J$态的对角矩阵元，P 是偶极超精细结构常数。

对自旋哈密顿参量的贡献主要来自上述相互作用的一阶微扰项。但考虑到其他（7−1=6）双重态Γ_x 中有与基双重态$\Gamma\gamma$ 相同的不可约表示，它们之间通过晶场和轨道角动量算符（或超精细相互作用算符）有相互作用，故对自旋哈密顿参量也可能有贡献而出现二阶微扰项。

对角化上述 14×14 能量矩阵并拟合 CaF_2 中四角的 Yb^{3+}–F^-中心的光谱，可以得到晶场参量 B_k^q 和旋-轨耦合系数 ζ，这些值列于表 3-3。此外，用于计算 A 因子的 Yb^{3+}的二个同位素的偶极超精细结构常数 P 也列于表 3-3。表 3-4 则对比了计算和实验的光谱能级。可以看出，它们符合得较好。

上述对角化计算还可获得 7 个 Kramers 双重态的本征值和本征函数。其中基双重态 Γ_7 的本征函数为

$$\Gamma_7(\pm)>\approx -0.7743\ |7/2,\ \pm 5/2>+0.6312|7/2,\ \mathrm{m}\,3/2>$$

$$\mathrm{m}\,0.0206|5/2,\ \pm 5/2> \pm 0.0395|5/2,\ \mathrm{m}\,3/2> \quad (3\text{-}11)$$

将表 3-3 的参量和 $|\Gamma_7>$ 代入方程（3-3）和（3-4），利用 Yb^{3+} 在四角对称晶场中的自旋哈密顿参量的微扰计算公式，我们就可计算自旋哈密顿参量 g 因子和 A 因子。计算结果与实验值对比于表 3-5。

从表 3-5 可以看出，用从光谱获得的晶场参量和上述微扰公式，计算所得的 CaF_2 中四角 Yb^{3+}–F^- 中心的 g 因子 $g_{//}$，$g_\perp$ 和超精细结构常数 $A_{//}$，$A_\perp$（对 ^{173}Yb 同位素）与实验很好地符合，说明上述计算是合理的。对 ^{171}Yb 同位素，由于其超精细结构常数未见报道，这些计算值（表 3-5）有待于实验的进一步检验。

在计算中我们发现，二阶微扰项大约相当于一阶项的 17%，因此，对于准确的自旋哈密顿参量研究，二阶微扰贡献有时是应该考虑的。

表 3-3　CaF_2 中四角 Yb^{3+}–F^- 中心的晶场参量，旋–轨耦合系数及偶极超精细结构常数

B_0^2	B_0^4	B_4^4	B_0^6	B_4^6	ζ	$P(^{171}Yb)$	$P(^{173}Yb)$
318	–257	–563	652	–1595	2910	388.4(7)	–106.5(2)

注：B_q^k 和 ζ 的单位为 cm^{-1}，P 的单位为 $10^{-4}cm^{-1}$。

表 3-4　CaF_2 中四角 Yb^{3+}–F^- 中心的光谱能级（单位：cm^{-1}）

	1	2	3	4	5	6	7
计算	0	152	452	473	10381	10416	10619
实验 [a]	0	164(20)	435(50)	440(20)	10325(1)	10400(40)	10630(20)

注：a—Newman，1974；Ranon，1964。

表 3-5　CaF_2 中四角 Yb^{3+}–F^- 中心的自旋哈密顿参量（A 因子的单位为 $10^{-4}cm^{-1}$）

	$g_{//}$	$g_\perp$	$A_{//}(^{171}Yb)$	$A_\perp(^{171}Yb)$	$A_{//}(^{173}Yb)$	$A_\perp(^{173}Yb)$
计算	2.422	3.807	574	926	–158	–254
实验 [a]	2.420(2)	3.802	—	—	–169	–272

注：a—Ranon，1964。

3.2.3　RXO_4 锆石型晶体中的四角 Yb^{3+} 中心

晶体中引入稀土离子可以改变材料的性能，使其用作光学和电学器件。在氧化物材料中，锆石型（即 $ZrSiO_4$ 型）晶体是广泛应用于基础和应用研究的一类基质材料。稀土离子在锆石型化合物中的光谱和 EPR 谱已多有报道。例如，Yb^{3+} 在锆石型正磷酸盐 YPO_4，$LuPO_4$ 和 $ScPO_4$

晶体中的 EPRg 因子 $g_{//}$、$g_{\perp}$和同位素 $^{171}Yb^{3+}$与 $^{173}Yb^{3+}$的超精细结构常数 $A_{//}$、$A_{\perp}$已由实验测得[48–49]。但迄今为止，对这些有用的自旋哈密顿参量，仍无与 Yb^{3+}在锆石型晶体中的具体结构数据相联系的理论研究见诸报道。锆石型晶体具有四角对称结构，我们考虑① 基态 $^2F_{7/2}$与激发态 $^2F_{5/2}$之间由于晶场作用引起的 J 混效应；② 由于晶场作用和轨道角动量（或超精细结构算符）联合作用引起的最低 Kramers 双重态Γ_6或Γ_7与其他（7−1=6）Kramers 双重态Γ_x中与最低 Kramers 双重态具有相同不可约表示的部分之间相互作用引起的混合。③ 以及共价效应对四角 Yb^{3+}自旋哈密顿参量的贡献，来研究 Yb^{3+}在锆石型晶体中的自旋哈密顿参量[50–51]。

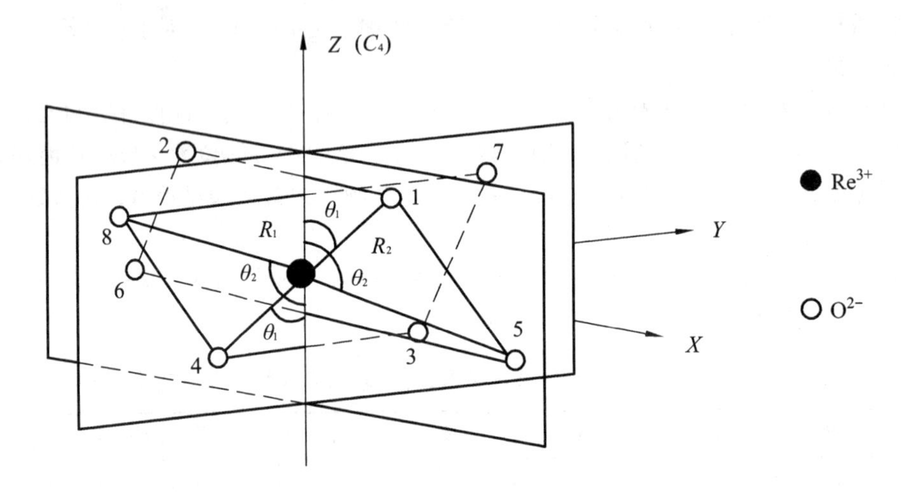

图 3-2　锆石型晶体杂质离子局域结构示意图

表 3-6　Yb^{3+}在锆石型晶体中的结构数据

化合物	R_1/pm		R_2/pm		θ_1	θ_2
	Ⅰ[a]	Ⅱ[b]	Ⅰ[a]	Ⅱ[b]		
YPO_4	231.3	2.29.6	237.4	235.7	103.67°	30.22°
$LuPO_4$	226.4	2.26.8	234.6	235.0	103.47°	30.95°
$ScPO_4$	215.0	2.21.3	227.7	234.0	103.17°	31.62°
YVO_4	229.1	2.27.4	243.3	241.6	101.90°	32.84°
$HfSiO_4$	210	2.13.9	226.0	229.9	101.37°	32.33°
$ThSiO_4$	246.0	2.28.9	250.0	232.9	104.48°	28.60°

注：a—母体值；

b—考虑晶格弛豫的结构数据。

根据所研究锆石型晶体 RXO_4：Yb^{3+}(R=Y, Lu, Zr, Hf, Sc, Th；X=P, As, V, Si)的 Yb^{3+}的因子平均值 $\overline{g}=(g_{//}+2g_{\perp})/3(\Gamma_6\approx2.67,\ \Gamma_7\approx3.43)$，可以判断最低 Kramers 双重态为$\Gamma_6$。四角 Yb^{3+}中心的晶场参量由重叠模型和 Yb^{3+}中心的结构数据得到。锆石型晶体具有四角对称结构。掺入晶体中的 Yb^{3+}替代 R^{3+}（如 Y^{3+}、Lu^{3+}、Sc^{3+}等），其局域对称性为非中心的 D_{2d}点群对称，每个 Yb^{3+}周围分布呈十二面体的 8 个氧原子，其中 4 个 O^{2-}键长为 R_1，另 4 个 O^{2-}键长为 R_2，R_1与 R_2略有不同（图 3-2）。所研究体系的各材料的结构数据 R_i和 θ_i（θ_i为 R_i与 C_4轴的夹角），见表 3-6。

表 3-7　Yb^{3+}在锆石型结构晶体中重叠模型参量和轨道缩小因子

材　料	k	A_2	A_4	A_6	R_i
YPO_4	0.941	285	33.2	22.5	0.893
$LuPO_4$	0.949		34.3	27	0.85
YVO_4	0.940		32.3	20.2	0.893
$HfSiO_4$	0.927		15.9	28.6	0.78
$ThSiO_4$	0.962		84.2	20	1.02
$ScPO_4$	0.941		28.2	27	0.732

表 3-8　Yb^{3+}在锆石型结构晶体中的自旋哈密顿参量 g 因子和超精细结构常数 $A(10^{-4}\ cm^{-1})$

	$g_{//}$			$g_{\perp}$			$A_{//}$			$A_{\perp}$			
	Cal.[a]	Cal.[b]	Expt.[c]	Cal.[a]	Cal.[b]	Expt.[c]	Cal.[a]	Cal.[b]	Expt.[c]	Cal.[a]	Cal.[b]	Expt.[c]	
YPO_4	1.492	1.584	1.526(1)	3.152	3.122	3.120(3)	381.8(6)	405.8(7)	408(4)	820.5(14)	813.5(13)	824(7)	E
							104.5(1)	111.2(1)	111(1)	224.6(4)	222.7(4)	235(2)	F
$LuPO_4$	1.361	1.387	1.338(10)	3.265	3.253	3.233(3)	347.2(6)	354.5(6)	360(3)	851.1(14)	847.9(14)	853(7)	E
							95.2(2)	97.3(2)	97(1)	233.4(4)	232.5(4)	243(3)	F
$ScPO_4$	0.965	0.973	0.973(2)	3.410	3.411	3.405(3)	240.9(4)	245.6(4)	263(3)	889.4(15)	889.2(15)	897(7)	E
							66.1(1)	67.4(1)	70(1)	243.9(4)	243.8(4)	257(1)	F
YVO_4		6.648	6.08(1)		0.987	0.85(5)		1677.9	1607		259.2	225(12)	E
								458.4	443(3)		69.9	63(5)	F
$HfSiO_4$		6.996	6.998(6)		0.676	0.4(3)		5427.1	—		537.4	—	E
								1488.3	—		147.4	—	F
$ThSiO_4$		0.946	0.91(3)		3.520	3.519(2)		717.9	—		2746.0	—	E
								196.8	—		753.1	—	F

注：a—采用基质晶体结构数据计算；b—考虑晶格弛豫计算；c—Abraham 1983，Reynolds 1972。E—^{171}Yb；F—^{173}Yb

由重叠模型，晶场参量可以写为：

$$B_2^0 = 2\,\bar{A}_2(R_0)\sum_{i=1}^{2}(3\cos 2\theta_i + 1)\left(\frac{R_0}{R_i}\right)^{t_2}$$

$$B_4^0 = 4\,\bar{A}_4(R_0)\sum_{i=1}^{2}(35\cos^4\theta_i - 30\cos^2\theta_i + 3)\left(\frac{R_0}{R_i}\right)^{t_4}$$

$$B_6^0 = 4\,\bar{A}_6(R_0)\sum_{i=1}^{2}(231\cos^6\theta_i - 315\cos^4\theta_i + 105\cos^4\theta_i - 5)\left(\frac{R_0}{R_i}\right)^{t_6}$$

$$B_4^4 = 2\sqrt{70}\,\bar{A}_4(R_0)\sum_{i=1}^{2}\sin^4\theta_i\left(\frac{R_0}{R_i}\right)^{t_4}$$

$$B_6^4 = 6\sqrt{14}\,\bar{A}_6(R_0)\sum_{i=1}^{2}\sin^4\theta_i(11\cos^2\theta_i - 1)\left(\frac{R_0}{R_i}\right)^{t_6} \tag{3-12}$$

其中，$\bar{A}_k(R_0)$为与某个参考距离 R_0（通常取各 R_i 的平均值）有关的本征参量，t_k 为$(YbO_8)^{13-}$基团的指数律因子。可用下述方法合理估算：指数律因子由类似稀土 Er^{3+}在锆石型晶体得到，$t_2=7$，$t_4=12$，$t_6=11$；而本征参量 $\bar{A}_K(R_0)$(R_0=234.3pm)作为可调参量根据拟合自旋哈密顿参量($g_{//}$, $g_\perp$, $A_{//}$, $A_\perp$)实验值得到。考虑共价效应，在计算中，Yb^{3+}自由离子的旋–轨耦合系数 ζ_{4f^0} (≈2950 cm^{-1})和偶极超精细结构常数 P_0(≈388.4(7)×10^{-4} cm^{-1} 和 106.5(2)×10^{-4} cm^{-1}，分别对应于同位素 $^{171}Yb^{3+}$和 $^{173}Yb^{3+}$)应分别乘以轨道缩小因子 k（这里，我们也把 k 取作可调参量），才是晶体中 Yb^{3+}的相应值。

这样，根据基质 RPO_4晶体结构数据拟合自旋哈密顿参量 $g_{//}$，$g_\perp$，$A_{//}$ 和 $A_\perp$，可以得到本征参量 $\bar{A}_K(R_0)$和轨道缩小因子 k（表 3-7）。正磷酸盐 RPO_4：Yb^{3+}的自旋哈密顿参量的理论计算值和实验值对比见表 3–8。

由表 3-7 可见，Yb^{3+}在各种正磷酸盐中的本征参量 $\bar{A}_4$（R_0）和 $\bar{A}_6$（R_0）相互接近，但 Yb^{3+}在 $ScPO_4$ 晶体中的 $\bar{A}_2$（R_0）却远远小于 YPO_4 和 $LuPO_4$ 的值。在这些非常类似的正磷酸盐中，Yb^{3+}在 $ScPO_4$ 晶体的 $\bar{A}_2$（R_0）值有如此大的不同，这一点颇令人惊奇。我们认为，其原因可能是忽略了引入杂质 Yb^{3+}造成的晶格弛豫。我们注意到，RPO_4：Yb^{3+}中，杂质 Yb^{3+}的离子半径 r_i（≈85.8pm）与 Y^{3+}（r_h≈89.3pm）和 Lu^{3+}（≈85pm）的离子半径相近，但远大于 Sc^{3+}（≈73.2pm）的离子半径。现在考虑离子大小失配引起的局部晶格弛豫，可合理假设角度 θ_i 保持不变，而杂质–配体间距 R_i 可用以下经验公式估算：

$$R=R_H+(r_i-r_h)/2 \tag{3-13}$$

其中 R_H 为基质晶体的相应值。这样，我们可估算出 Yb^{3+}在各种正磷酸盐中的 Yb^{3+}–O^{2-}间距 R_1 和 R_2，如表 3-6 所示。

将新的结构数据代入上述公式，拟合自旋哈密顿参量计算值与实验值，得到 RPO_4：Yb^{3+}的本征参量 $\bar{A}_K$（R_0），列于表 3-7。相应的自旋哈密顿参量的理论计算值和实验值的对比见表 3-8。

由表 3-7 可见，通过对 EPR 数据计算分析，在考虑局部晶格弛豫后，Yb^{3+}在各种锆石型正磷酸盐晶体中的重叠模型内禀参量 $\bar{A}_K$（R_0）不再像只考虑母体结构数据得到的内禀参量那样离散。因此，这样得到的参数 $\bar{A}_K$（R_0）在物理上更为合理，同时也说明我们采用的处理晶格弛豫的方法是合理的。对其他锆石型晶体（如 YVO_4，$HfSiO_4$ 和 $ThSiO_4$ 等），在考虑晶格弛豫后，结果也较为理想（详见表 3-8）。这表明，为了得到与合理的重叠模型参量数据，杂质离子替代晶体中的基质离子所引起的晶格弛豫应予考虑。

计算得到的 Yb^{3+}在各种锆石型结构晶体中的 EPR 参量 $g_{//}$，$g_\perp$和同位素 $^{171}Yb^{3+}$与 $^{173}Yb^{3+}$的超精细结构常数 $A_{//}$，$A_\perp$与实验值符合较好，说明本书的理论处理是合理的。同时我们也发现，对 $g_{//}$和 $A_{//}$，与一阶微扰项相比，二阶微扰的贡献在大小上大约占 15%。例如，YPO_4：Yb^{3+}中，$g_{//}^{(1)}$ ≈ 1.374，$g_{//}^{(2)}$ ≈ 0.210；对同位素 $^{171}Yb^{3+}$，$A_{//}^{(1)}$ ≈ 351.6×$10^{-4}cm^{-1}$，$A_{//}^{(2)}$ ≈ 52.2×$10^{-4}cm^{-1}$；对同位素 $^{173}Yb^{3+}$，$A_{//}^{(1)}$≈96.2×$10^{-4}cm^{-1}$，$A_{//}^{(2)}$≈14.8×$10^{-4}cm^{-1}$。可见，为了合理解释晶体中 Yb^{3+}的自旋哈密顿参量，应该考虑二阶微扰的贡献。

3.2.4 $LiNbO_3$与 $LiNbO_3$：MgO 共掺杂晶体中的三角 Yb^{3+}中心

由于 $LiNbO_3$ 晶体具有优秀的铁电，热电，压电以及非线性光学性质，是一种优质的多功能材料，因而在基础科学研究和应用领域都具有重大应用价值。而这些应用往往强烈依赖于掺入的光激活离子的存在，掺 Yb^{3+} 的 $LiNbO_3$：MgO（共掺杂 MgO 可避免激光器件的光折射损伤）晶体是固体激光器的一种优质自倍频激光材料。因此，已有许多工作来研究参 Yb^{3+} 的 $LiNbO_3$ 及共掺杂 $LiNbO_3$：MgO 晶体。三价稀土离子包括 Yb^{3+} 掺入 $LiNbO_3$ 主要占据晶格的 Li^+ 位置（位置 Ⅰ），但在共掺杂 $LiNbO_3$：MgO 晶体中，也可占据 Nb^{5+} 位置（位置Ⅱ），这一点已被广为接受。这两种杂质中心均为三角对称。两个三角 Yb^{3+} 中心的自旋哈密顿参量（g 因子 $g_{//}, g_{\perp}$ 和超精细结构常数 $A_{//}, A_{\perp}$）都已经由电子顺磁共振实验获得[52-53]，但迄今为止，这些有用的实验数据仍无理论解释见于报道。

考虑共价效应，J=7/2 和 J=5/2 之间的混合以及二阶微扰的贡献，我们将利用本书推导的 $4f^{13}$ 离子在三角对称下的二阶微扰公式来合理解释 $LiNbO_3$ 和共掺杂 $LiNbO_3$：MgO 中的三角 Yb^{3+} 中心的自旋哈密顿参量 $g_{//}, g_{\perp}, A_{//}$ 和 $A_{\perp}$，并得到中心 Ⅱ 的缺陷结构。

如前所述，自由 Yb^{3+} 具有 $^2F_{7/2}$ 基态和 $^2F_{5/2}$ 激发态。它们在三角晶场下分别分裂为 4 和 3 个 Kramers 双重态。最低 Kramers 双重态为 Γ_6（对应平均 g 因子 $\bar{g}\approx 2.667$）或 Γ_7（对应 g 因子 $\bar{g}\approx 3.429$）。通过对角化 $4f^{13}$ 离子在三角对称下的完全能量矩阵，可以得到 Γ_6 或 Γ_7 的波函数。

$LiNbO_3$ 的晶体结构属于 C_{3v}^6 空间群，Li^+ 和 Nb^{5+} 分别占据八面体中心，局域对称性具有 C_3（接近 C_{3v}）对称。与 C_{3v} 对称偏离的程度可用上面（也等价于下面）的 O^{2-} 三角和 σ_v 平面的夹角 α 描述。由于该角度很小（对 Li^+ 位置，α=3.82°；对 Nb^{5+} 位置，α=0.68°），多数情况下，对 $LiNbO_3$ 晶体中顺磁离子的晶场参量和自旋哈密顿参量的计算都忽略了该角度。为简明起见，本书也近似采用 C_{3v} 对称[54]，即取 α=0。$LiNbO_3$ 和共掺杂 $LiNbO_3$：MgO 中的 Yb^{3+} 占据 Li^+（位置 Ⅰ）和 Nb^{5+}（位置Ⅱ），实验因子的平均值 $\bar{g}$ 说明最低 Kramers 双重态对位置 Ⅰ 和 Ⅱ 分别为 Γ_6 和 Γ_7。在 $LiNbO_3$ 基质晶体中，金属–配体间距 R_i 和金属–配体键与轴的夹角 θ_i 对 Li^+ 位置为 $R_1\approx 0.2238$ nm，$R_2\approx 0.2068$ nm，$\theta_1\approx 44.57°$，$\theta_2\approx 69.74°$；对 Nb^{5+} 位置为 $R_1\approx 0.1899$ nm，$R_2\approx 0.2112$ nm，$\theta_1\approx 61.65°$，$\theta_2\approx 47.99°$，在 C_{3v} 近似下，对 Li^+ 和 Nb^{5+} 的 6 个配体的配位角为 0，120°，240°，60°，180°，300°。对 Yb^{3+} 的中心 Ⅰ，Rutherford 背景散射谱（RBS）和隧道技术发现 Yb^{3+} 并不是占据准确的 Li^+ 位置，而是沿 C_3 轴远离氧八面体中心向外的方向移动一段距离 $\Delta Z_{\mathrm{I}}\approx -0.03$ nm（注：这里向八面体中心的位移方向定义为正方向）。Yb^{3+} 中心 Ⅰ 的缺陷结构参数可由上述 $LiNbO_3$ 基质中 Li^+ 位置的结构数据和位移 ΔZ_{I} 得到。

晶场参量 B_k^q 可用重叠模型表示：

$$B_k^q=\sum_{j=1}^{n}\bar{A}_k(R_0)(R_0/R_j)^{t_k}K_k^q(\theta_j,\varphi_j) \tag{3-14}$$

配位因子 $K_k^q(\theta_j,\phi_j)$ 可由所研究体系的局部结构参数得到，t_k 为指数律因子，$\bar{A}_k(R_0)$ 为与参考键长 R_0 有关的内禀参量。参考键长 R_0 常取顺磁离子在化合物中的典型键长，根据的 Yb^{3+} 和 O^{2-} 的离子半径，对 Yb^{3+}–O^{2-} 组合，本书取 $R_0\approx 0.2178$ nm。由于（YbO_6）$^{9-}$ 基团的重叠模型参量尚未见报道，本书用下述方法来合理估算它们：指数律因子 t_k 用类似三价稀土离子在氧八面体中的数据替代，即 $t_2\approx 3.4$，$t_4\approx 7.3$ 和 $t_6\approx 2.8$；内禀参量 $\bar{A}_k(R_0)$ 当作可调参量，用计算拟合自旋哈密顿参量（$g_{//}$, $g_{\perp}$, $A_{//}$ 和 $A_{\perp}$）实验值来得到。由于共价效应，对 $LiNbO_3$ 晶体中 Yb^{3+} 的两位置的 Yb^{3+}–O^{2-} 键，都应考虑轨道缩小因子 k 的影响。因此，Yb^{3+} 在 $LiNbO_3$ 晶体中的旋轨耦合系数和超精细结构常数可写为 $\zeta_{4f}=k\,\zeta_{4f}^0$（其中自由离子值 $\zeta_{4f}^0\approx 2950\ \mathrm{cm^{-1}}$）和

$P=kP_0$（其中同位素 ^{171}Yb 自由离子值 $P_0\approx388.4\times10^{-4}$ cm^{-1}，利用上述公式和参数，可得到中心Ⅰ的 Yb^{3+}的内禀参量：

$$\bar{A}_2(R_0)\approx705\,cm^{-1},\quad \bar{A}_4(R_0)\approx260.3\,cm^{-1}$$

$$\bar{A}_6(R_0)\approx132.7\,cm^{-1},\quad k\approx0.962 \tag{3-15}$$

自旋哈密顿参量的计算值（包括一阶和二阶微扰项）和实验值的比较详见表 3-3。

为了检验这些参数 t_k，$\bar{A}_k(R_0)$ 和 k 的合理性，我们将这些参量应用于立方 CaO：Yb^{3+}晶体（这里 $R\approx0.24$ nm）中类似的（YbO_6）$^{9-}$基团，来计算 EPR 参量 g 和 A，可得到 $g\approx2.588$，$A\approx697\times10^{-4}$ cm^{-1}，与相应的实验值 $g\approx2.585$（3）和 $A\approx697$（6）$\times10^{-4}$ cm^{-1} 相符，说明上述参量合理的。

现在将上述参量用来研究 $LiNbO_3$：MgO 晶体中的 Yb^{3+}中心Ⅱ的自旋哈密顿参量。目前仍无 Yb^{3+}中心Ⅱ的缺陷结构报道，我们用 $LiNbO_3$ 基质中的 Nb^{5+}位置的结构数据来计算中心Ⅱ的自旋哈密顿参量，结果见表 3-9。可以看出，计算结果与实验符合得不好。因此，Yb^{3+}并不是占据准确 Nb^{5+}的位置，中心Ⅱ缺陷的结构数据与基质晶体有所不同，这一点可与中心Ⅰ对照理解。既然 Yb^{3+}中心Ⅱ为三角对称，用基质结构数据计算的 g 因子的各向异性（用 $\Delta g=g_{//}-g_{\perp}$表示）大于实验值，那么 Yb^{3+}需要沿 C_3 轴向氧八面体中心位移一段距离 $\Delta Z_{\text{Ⅱ}}$，这样将会使 Yb^{3+}中心的三角畸变减小，相应地 Δg 的计算值也会减小。通过拟合 Yb^{3+}中心Ⅱ的自旋哈密顿参量的理论计算值和实验值，得到位移为

$$\Delta Z_{\text{Ⅱ}}\approx0.021\ \text{nm} \tag{3-16}$$

自旋哈密顿参量的理论计算和实验值的对比也见表 3-9。

由表 3-9 可见，同时考虑一阶和二阶微扰的贡献，$LiNbO_3$ 和共掺杂 $LiNbO_3$：MgO 晶体中两种 Yb^{3+}中心的 $g_{//}$，$g_{\perp}$和中心Ⅰ的 $A_{//}$，$A_{\perp}$与实验值符合较好。与相应的一阶微扰相比，$g_{//}$和 $A_{//}$的二阶微扰的贡献约为 10%，符号相同。因此，为了更好地解释晶体中 Yb^{3+}的自旋哈密顿参量，应该考虑二阶微扰的贡献。

$LiNbO_3$：MgO 中 Yb^{3+}中心Ⅱ的超精细结构常数未见报道，上述计算结果（表 3-9）有待进一步的实验验证。

Zheng 提出了 $LiNbO_3$ 晶体中的杂质离子位移模型，即沿 C_3 轴的氧八面体的中心按 Li^+，Nb^{5+}和一个空位依次排列，由于静电排斥作用，相邻的 Li^+和 Nb^{5+}都要偏离其所在的氧八面体中心，因此这些阳离子是非中心对称的，并且都靠近最近邻的空位。如果八面体中心的基质阳离子（Li^+，Nb^{5+}）被更高价态的杂质离子替代，则上述排斥作用应该增大，杂质离子就会更加远离所在八面体中心。反之，如果杂质离子的价电荷数少于被替代的基质离子，则由于静电作用变小，杂质将向其所在的八面体中心移动一段距离。当 Yb^{3+}或其他三价稀土离子（Pr^{3+}，Nd^{3+}，Eu^{3+}，Dy^{3+}，Ho^{3+}和 Er^{3+}）以及过渡金属离子（Fe^{3+}）替代 $LiNbO_3$晶体中的 Li^+位置（位置Ⅰ），Rutherford 背景散射谱（RBS）/隧道效应，X 射线驻波法（XSW）和扩展 X 射线谱（EXAFS）等的测量结果均支持上述模型。另外，对 Cr^{3+}和 Er^{3+}替代共掺杂 $LiNbO_3$：MgO 晶体中的 Nb^{5+}位置（中心Ⅱ）的情况，电子–核双共振（ENDOR）实验和自旋哈密顿参量理论计算结果都说明 Cr^{3+}和 Er^{3+}应分别向其所在八面体中心位移 0.012 nm 和 0.03 nm。这些位移方向都与该模型的预期相符合，充分说明这一位移模型是合理的。既然由本书得到的

$LiNbO_3$：MgO 中的 Yb^{3+}中心Ⅱ的杂质位移方向不仅与上述模型的预期一致，而且与实验以及由 $LiNbO_3$ 中的其他三角顺磁杂质离子得到的计算结果相符，这一结论（以及中心Ⅱ的缺陷结构）可以认为是合理的。

表 3-9　$LiNbO_3$ 和 $LiNbO_3$：MgO 中两种三角 Yb^{3+}中心的 EPR 参量 $g_{//}$, $g_{\perp}$, $A_{//}$和 $A_{\perp}$

	中心Ⅰ					中心Ⅱ				
	Cal.$^{(1)}$	Cal.$^{(2)}$	Cal.$^{(TOT)}$	Expt.$^{a)}$		Cal.$^{(h)}$	Cal.$^{(1)}$	Cal.$^{(2)}$	Cal.$^{(TOT)}$	Expt.
$g_{//}$	4.279	0.467	4.745	4.70(3)$^{c)}$	4.53 $^{b)}$	1.038	1.802	0.175	1.977	1.9(1)$^{c)}$
$g_{\perp}$	2.698		2.698	2.70(2)$^{c)}$	2.74 $^{b)}$	3.397	2.898		2.898	2.8(1)$^{c)}$
$A_{//}/10^{-4}cm^{-1\ a}$	1092.4	119.6	1212.		1200.8 $^{b)}$	288.6	452.0	45.5	497.5	
$A_{\perp}/10^{-4}cm^{-1\ a}$	702.3		702.3		720.5 $^{b)}$	875.5	756.4		756.4	

注：a—^{171}Yb 的超精细结构常数 $A_{//}$和 $A_{\perp}$。

b—Malovichko，2000；Bonardi，2001。

Cal.$^{(1)}$和 Cal.$^{(2)}$分别为考虑缺陷结构的一阶和二阶微扰项，Cal.$^{(h)}$为使用基质 $LiNbO_3$ 晶体的结构数据的计算值。

3.2.5　$Bi_4Ge_3O_{12}$ 晶体中的三角 Yb^{3+}中心

掺三价稀土离子的 $Bi_4Ge_3O_{12}$ 晶体具有广泛的用途，如闪烁探测器，非线性光学器件和固态激光。$BBi_4Ge_3O_{12}$ 晶体中 RE^{3+}掺杂的一个有吸引力的方面，通过基质吸收和传递能量给稀土离子，有可能增强激活离子的光泵浦。特别是 Yb^{3+}可以作为 $Bi_4Ge_3O_{12}$ 单晶红中红外到可见光上转换的激活离子 Er^{3+}，Ho^{3+}，Tm^{3+}的强敏化剂。杂质离子局部结构性质如离子占位和局部晶格畸变在光学性质及应用方面扮演着重要角色。众所周知，三价稀土离子如占据 Bi^{3+}位置，具有 C_3 点群对称。多年来，已经报道了许多 $Bi_4Ge_3O_{12}$ 中稀土离子的理论和实验研究工作。$Bi_4Ge_3O_{12}$ 中的 Yb^{3+}的 EPR 参数 g 因子和 $^{171}Yb^{3+}$及 $^{173}Yb^{3+}$超精细结构常数已经测得[55-56]。但迄今为止，没有与结构相关的合理理论解释，也未确定 BGO 中杂质离子 Yb^{3+}的局部结构。本书拟结合晶体结构，用更完整的二阶微扰方法对 $Bi_4Ge_3O_{12}$ 中三角 Yb^{3+}中心的自旋哈密顿参量进行理论计算[57]。

BGO 晶体结构属于 $I\bar{4}3d$ 立方空间群，每个原胞含 4 个分子。其中，每个 $Ge^{4+}S_4$ 点群对称；每个 Bi^{3+}与 6 个 O^{2-}配位，形成强畸变八面体，具有 C_3 对称性。当三价 Yb^{3+}掺入 BGO 中，由于相同的电荷和相近离子半径，它替代 Bi^{3+}而保持三角对称性。

自由的 $Yb^{3+}(4f^{13})$离子具有 $^2F_{7/2}$ 基态和 $^2F_{5/2}$ 激发态。在三角晶场中，它们分别劈裂成 4 和 3 个 Kramers 双重态。最低双重态为Γ_6或Γ_7，对应 $\bar{g}\,[=(g_{//}+2g_{\perp})/3]$平均值分别约为 2.667 或 3.429。由实验观测值 $\bar{g}\,(\approx 2.859)$，可将 BGO 中 Yb^{3+}的最低双重态归属于Γ_6。考虑基态 $^2F_{7/2}$ 多重态与激发态 $^2F_{5/2}$ 多重态之间通过晶场作用的 J 混合，由此获得了一个 14×14 阶的能量矩阵。对角化这个能量矩阵，可以得到 7 个 Kramers 双重态Γ_x；可以写成：

$$|\Gamma\gamma(\gamma')\rangle=\sum_{M_{J1}}C(^2F_{7/2};\Gamma\gamma(\gamma')M_{J1})\,|^2F_{7/2}M_{J1}\rangle+\sum_{M_{J2}}C(^2F_{5/2};\Gamma\gamma(\gamma')M_{J2})\,|^2F_{5/2}M_{J2}\rangle \tag{3-17}$$

这里γ和γ'表示Γ的不可约表示分量，M_{J1} 和 M_{J2} 分别是$-7/2$~$7/2$ 和$-5/2$~$5/2$ 之间的半整数。

Zeeman 相互作用可以写成 $H_Z=g_J\mu_B H\cdot J$；超精细相互作用项可写为 $H_{hf}=PN_J\hat{N}$，这里，N_J是 $^{2S+1}L_J$态的对角矩阵元，P 是偶极超精细结构常数，$P(^{171}Yb)=388.4(7)\times10^{-4}cm^{-1}$，$P(^{173}Yb)=-106.5(2)\times10^{-4}cm^{-1}$。

对自旋哈密顿参量的贡献主要来自上述相互作用的一阶微扰项。但考虑到其他（7−1=6）双重态Γ_x中有与基双重态$\Gamma\gamma$相同的不可约表示，它们之间通过晶场和轨道角动量算符（或超精细相互作用算符）有相互作用，故对自旋哈密顿参量也可能有贡献而出现二阶微扰项。

根据重叠模型，晶场参量 $B_k^q=\sum_{j=1}^{n}\bar{A}_k(R_0)(R_0/R_j)^{t_k}K_k^q(\theta_j,\varphi_j)$，其中配位因子 $K_k^q(\theta_j,\varphi_j)$可由研究体系的结构数据推出，$t_k$ 指数律因子和 $\bar{A}_k(R_0)$为本征参量，取自相同基质中类似的稀土 Kramers 离子 Nd^{3+}，即 $t_2=3.5$，$t_4=6$，$t_6=6$，$\bar{A}_2(R_0)\approx522\,cm^{-1}$，$\bar{A}_4(R_0)\approx66.3\,cm^{-1}$，$\bar{A}_6(R_0)\approx4.1\,cm^{-1}$。

$Bi_4Ge_3O_{12}$中 Bi^{3+}位置结构数据为 $R_1^0\approx214.9$ pm，$\theta_1^0\approx51.38°$，$R_2^0\approx262.0$ pm，$\theta_2^0\approx104.62°$，R_j^0为基质金属−配体键长，θ_j^0为 C_3 轴与 R_j^0之间夹角。一般说来，由于杂质 Yb^{3+}与基质 Bi^{3+}半径不同，杂质−配体间距 R_j 和键角 θ_j不同于基质的 R_j^0 和 θ_j^0。新的 R_j 可由经验公式 $R_j\approx R_j^0+(r_i-r_h)/2$ 估算，此处对 $Bi_4Ge_3O_{12}$：Yb^{3+}，$r_i\approx0.858$ pm，$r_h\approx0.96$pm。

当杂质离子替代基质离子后，由于晶格弛豫，杂质离子并不刚好占据基质位置，而是沿 C_3 轴移动一定距离 ΔZ。现将这一偏心位移取为可调参量。因此新的键长和键角几何关系为

$$R_1=[(R_1^0\mathrm{Sin}\theta_1^0)^2+(R_1^0\mathrm{Cos}\theta_1^0+\Delta Z)^2]^{1/2}$$

$$R_2=[(R_2^0\mathrm{Sin}\theta_2^0)^2+(R_1^0\mathrm{Cos}\theta_1^0-\Delta Z)^2]^{1/2}$$

$$\theta_1=\arctan[(R_1^0\mathrm{Sin}\theta_1^0)/(R_1^0\mathrm{Cos}\theta_1^0+\Delta Z)]$$

$$\theta_2=\pi-\arctan[(R_2^0\mathrm{Sin}\theta_2^0)/(R_2^0\mathrm{Cos}(\pi-\theta_2^0)-\Delta Z)] \quad (3\text{-}18)$$

代入上述数据，拟合 EPR 实验数据，可以得到：

$$\Delta Z\approx31.7\mathrm{pm} \quad (3\text{-}19)$$

EPR 参量计算值与实验对比见表 3-10。

表 3-10　$Bi_4Ge_3O_{12}$ 中三角 Yb^{3+}中心 EPR 参数

	$g_{//}$	$g_\perp$	$A_{//}(^{171}Yb)$	$A_\perp(^{171}Yb)$	$A_{//}(^{173}Yb)$	$A_\perp(^{173}Yb)$
Cal.	2.1123	3.2234	557.58	834.4	152.9	228.79
Expt.*	2.113(2)	3.233(1)	546.1(5)	845.0(5)	−151.0(4)	−233.3(8)

注：* Bravo，1998。

从表中可见，基于重叠模型，采用微扰公式计算 EPR 参量 $g_{//}$、$g_\perp$、$A_{//}$、$A_\perp$值理论与实验符合较好，能够解释实验数据，说明公式和使用参量是合理的。

通过研究，发现 Yb^{3+}替代 Bi^{3+}位置后，会沿轴向移动 $\Delta Z\approx31.7$pm。通常情况下，确定晶体中杂质离子的局域结构是很困难的，因为这需要涉及杂质和基质晶体的各种物理和化学性质。这一理论结果仍需要进一步的实验验证。

3.2.6　$SrCeO_3$ 晶体中的斜方 Pr^{4+} 中心

在镧系和锕系元素的化合物研究中，在高温区域不同的氧化物产生长程磁序的与强烈的超交换相互作用的机制相关问题在理论和应用领域都存在重要价值。在镧系元素中，三价氧化态是最稳定的，有趣的是，只有铈、镨和铽中具有四价状态。对 Pr^{4+} 的情况下，只有一个电子在 4f 壳，最有实验和理论研究吸引力。ABO_3 类钙钛矿型氧化物，A 为二价离子（如 Mg^{2+}, Sr^{2+}, Ba^{2+} 等），B 为四价金属离子（如 Ce^{4+}, Zr^{4+}, Sn^{4+} 等）。钙钛矿型氧化物中 Pr^{4+} 已经引起广泛关注，例如，SrCeO3 晶体中斜方 Pr^{4+} 中心的 EPR 参量各向异性 g 因子 g_x, g_y, g_z 和超精细结构参数 A 因子 A_x, A_y, A_z 已见报道，但缺乏合理理论解释[58]。我们首先建立斜方对称下 $4f^1$ 离子 EPR 参数的二阶微扰公式，其中晶场参量由重叠模型得到，并使用这套公式解释这些 EPR 实验数据，对结果进行了讨论[59]。

$4f^1$ 电子组态具有 $^2F_{5/2}$ 自由离子基态和 $^2F_{7/2}$ 激发态，斜方对称性下，分裂为 3 和 4 个 Kramers 双重态。首先建立斜方对称的 14×14 阶能量矩阵，最低双重态 $\Gamma\gamma$ 基函数可通过对角化能量矩阵得到。

对斜方对称，晶场相互作用 $\hat{H}_{\rm CF}$ 可写为

$$\hat{H}_{\rm CF}=B_2^0\,C_2^0+B_2^2(C_2^2+C_2^{-2})+B_4^0\,C_4^0+B_4^2(C_4^2+C_4^{-2})+B_4^4(C_4^4+C_4^{-4})+B_6^0\,C_6^0$$
$$+B_6^2(C_6^2+C_6^{-2})+B_6^4(C_6^4+C_6^{-4})+B_6^6(C_6^6+C_6^{-6}) \qquad (3\text{-}20)$$

这里 B_k^q 为晶场参量，C_k^q 球张量算符。Zeeman 相互作用 $\hat{H}_Z$ 为

$$\hat{H}_{\rm Z}=g_J\mu_{\rm B}\,\hat{H}\cdot\hat{J} \qquad (3\text{-}21)$$

超精细相互作用 $\hat{H}_{\rm hf}=PN_J\hat{N}$，其中 P 为偶极超精细结构常参数，N_J 为 $^{2S+1}L_J$ 态对角矩阵元。由此可以建立斜方对称下 $4f^1$ 离子 EPR 参数的二阶微扰公式：

$$g_x=g_x^{(1)}+g_x^{(2)},$$
$$g_x^{(1)}=g_J<\Gamma\gamma|\hat{J}_X|\Gamma\gamma'>,\ g_x^{(2)}=0$$
$$g_y=g_y^{(1)}+g_y^{(2)}$$
$$g_y^{(1)}=g_J<\Gamma\gamma|\hat{J}_Y|\Gamma\gamma'>,\ g_y^{(2)}=0$$
$$g_z=g_z^{(1)}+g_z^{(2)}$$
$$g_z^{(1)}=2g_J<\Gamma\gamma|\hat{J}_Z|\Gamma\gamma>,\quad g_z^{(2)}=2\sum_X{}'\frac{<\Gamma\gamma|\hat{H}_{\rm CF}|\Gamma_X\gamma_X><\Gamma_X\gamma_X|\hat{J}_{\rm Z}|\Gamma\gamma>}{E(\Gamma_X)-E(\Gamma)} \qquad (3\text{-}22)$$
$$A_x=A_x^{(1)}+A_x^{(2)}$$
$$A_x^{(1)}=2P\,N_J<\Gamma\gamma|\hat{N}_X|\Gamma\gamma'>,\ A_x^{(2)}=0$$
$$A_y=A_y^{(1)}+A_y^{(2)}$$
$$A_y^{(1)}=2P\,N_J<\Gamma\gamma|\hat{N}_Y|\Gamma\gamma'>,\ A_y^{(2)}=0$$

$$A_z=A_z^{(1)}+A_z^{(2)}$$

$$A_z^{(1)}=2PN_J<\Gamma\gamma|\hat{N}_Z|\Gamma\gamma'>,$$

$$A_z^{(2)}=2P\sum_X{}'\frac{<\Gamma\gamma|\hat{H}_{\rm CF}|\Gamma_X\gamma_X><\Gamma_X\gamma_X|\hat{N}_{\rm Z}|\Gamma\gamma>}{E(\Gamma_X)-E(\Gamma)} \tag{3-23}$$

这里 g_J，g_J'，N_J 和 $N_{J'}$（其中 g_J'，N_J'为不同 J 之间的非对角元）可以从 A. Abragam 和 L. A. Sorin 等的著作中得到。

$SrCeO_3$晶体具有畸变钙钛矿结构，属于Pbnm空间群，Ce^{4+}被6个近邻O^{2-}配体包围。$SrCeO_3$为斜方晶体结构，晶格为 $a'=c'=430.10$ pm，$b'=429.36$ pm，$\beta=91.36°$。由于 Pr^{4+}和 Ce^{4+}化学性质和离子半径（$r_i\approx92$pm，$r_h\approx90$pm）类似，杂质 Pr^{4+}取代 Ce^{4+}，无电荷补偿。

晶场参量 B_k^q 可由 Newman 重叠模型写为

$$B_k^q=\sum_{j=1}^{n}\bar{A}_k(R_0)(R_0/R_j)^{t_k}K_k^q(\theta_j,\varphi_j) \tag{3-24}$$

对（PrO_6）$^{8-}$基团，未发现重叠模型相关数据。我们按此方法估计：We estimate 指数 t_k 取自氧化物中类似四价锕族离子 Pa^{4+}，U^{4+}和 Np^{4+}，即 $t_2\approx7$，$t_4\approx11$，$t_6\approx8$（Newman，2000），$\bar{A}_k(R_0)$作为调节参量，自由离子，$\zeta_0\approx865$ cm^{-1}，轨道缩小因子 $k\approx0.936$。

Pr^{4+}离子同位素的偶极超精细结构常数未见报道，但文献给出自由 Pr^{3+}值 $P_0(^{141}Pr^{3+})\approx270.28\times10^{-4}$ cm^{-1}。我们用下述方法由 $P_0(^{141}Pr^{3+})$推导 $P_0(^{141}Pr^{4+})$，我们知道 P_0 正比于$<r^{-3}>$期望值，即 $P\propto<r^{-3}>$，但 $^{141}Pr^{4+}$仍未见报道。一般说来$<r^{-3}>$可用 Dirac–Fock（DF）方法推导，但这一方法计算相当繁琐，这里我们给出一个近似关系

$$<r^{-3}>({\rm Re}^{(n+1)+})\approx\frac{123}{199}+\frac{73}{74}<r^{-3}>({\rm Re}^{n+})+\frac{1}{643}[<r^{-3}>({\rm Re}^{n+})]^2 \tag{3-25}$$

由上式，代入试验值$<r^{-3}>(Pr^{3+})(\sim5.0$a.u.)，可得到$<r^{-3}>(Pr^{4+})\approx5.589$；可推出 $P_0(^{141}Pr^{4+})\approx302.1\times10^{-4}$ cm^{-1}。

将上述参量数据对角化斜方对称下 14×14 能量矩阵，并拟合 g_i 与 A_i 因子实验结果，可以得到本征参量

$$\bar{A}_2\approx570\ {\rm cm}^{-1},\ \bar{A}_4\approx273\ {\rm cm}^{-1},\ \bar{A}_6\approx13\ {\rm cm}^{-1} \tag{3-26}$$

EPR 参量理论计算和试验值对比如表 3-11 所示。

表 3-11　$SrCeO_3$ 晶体中 Pr^{4+}的 EPR 参量（A_i 单位 10^{-4} cm^{-1}）

	g_x	g_y	g_z	A_x	A_y	A_z
Cal.	0.8624	0.7907	0.7388	712.6	669.6	619.3
Expt. *	0.875	0.790	0.755	712	643	614

注：* Hinatsu，1997。

可以看出，Pr^{4+}掺入 $SrCeO_3$ 中，斜方 Pr^4 中心各向异性 g 因子 g_x，g_y, g_z 和超精细结构参

数 A 因子 A_x，A_y，A_z理论计算和实验结果符合较好，说明计算方法和采用参数是合理的，计算公式也可以用于其他类似体系。

一些二价和三价稀土离子的 Dirac-Fock 期望值$\langle r^{-3}\rangle$可见表 3-12。可以发现，由上述近似关系导出的 Re^{3+}期望值$\langle r^{-3}\rangle$与 Dirac-Fock 方法结果极为吻合。实际上，这一近似关系就是由Re^{2+}与 Re^{3+}期望值数据导出的。用这一近似关系从 Pr^{3+}的$\langle r^{-3}\rangle$导出 Pr^{4+}的期望值，能够成功解释 EPR 实验数据，这一近似关系也可认为是合理和有效的。

表 3-12　二价和三价稀土离子的$\langle r^{-3}\rangle$期望值（a.u.）

	Nd	Sm	Eu	Gd	Tb	Dy	Ho	Er	Tm	Yb
[a] Re^{2+}[*]	5.039	6.297	6.961	7.651	8.370	9.119	9.897	10.71	11.56	12.43
[a] Re^{3+}[*]	5.627	6.886	7.555	8.254	8.983	9.742	10.53	11.36	12.22	13.12
[b] Re^{3+}	5.628	6.891	6.756	8.256	8.984	9.742	10.533	11.361	12.229	13.119

注：a—The $\langle r^{-3}\rangle$ expectation values from the Dirac–Fock method。

b—The calculated $\langle r^{-3}\rangle$ values for Re^{3+}ions from Re^{2+}based on Eq.（3.2.18）。

* Freeman，1979。

4　$4f^3$ 离子的自旋哈密顿参量微扰公式及其应用

4.1　三角和四角场中 $4f^3$ 离子的 EPR 参量微扰公式

$4f^3$ 离子具有 $^4I_{9/2}$ 自由电子基态。在轴对称（四角或三角）晶场下 $^4I_{9/2}$ 劈裂为 5 个 Kramers 双重态，最低 Kramers 双重态是 Γ_6 或 Γ_7。考虑到基态 $^4I_{9/2}$ 与第一激发态 $^4I_{11/}$的晶场 J 混效应。这样，最低 Kramers 双重态 $\Gamma\gamma(\gamma=6$ 或 7)和其他 10 个 Kramers 双重态的波函数可通过对角化轴对称场中 $4f^3$ 离子的 22×22 阶矩阵得到。另外，考虑具有相同 J 的态（即 $^4I_{9/2}$，$^2H_{9/2}$ 和 $^4G_{9/2}$；$^4I_{11/2}$，$^2H_{11/2}$ 和 $^2I_{11/2}$ 之间的混合）之间由于旋–轨耦合作用而引起的混合，最低 Kramers 双重态 $\Gamma\gamma$ 的波函数可写为

$$|\Gamma\gamma(\gamma')\rangle=\sum_{M_{J1}}C(^4I_{9/2};\Gamma\gamma(\gamma')M_{J1})\,N_{9/2}(|^4I_{9/2}M_{J1}\rangle+\lambda_{\mathrm{H}}|^2H_{9/2}M_{J1}\rangle+\lambda_G|^4G_{9/2}M_{J1}\rangle)$$

$$+\sum_{M_{J2}}C(^4I_{11/2};\Gamma\gamma(\gamma')M_{J2})\,N_{11/2}(|^4I_{11/2}M_{J2}\rangle+\lambda_{\mathrm{H}}'|^2H_{11/2}M_{J2}\rangle+\lambda_I|^2I_{11/2}M_{J2}\rangle) \quad (4\text{-}1)$$

这里 N_i 和 λ_i 分别为归一化因子和混合系数，可由旋–轨耦合矩阵元和微扰方法得到，M_{J1} 和 M_{J2} 分别为–9/2~9/2 和–11/2~11/2 范围内的半整数，可由旋–轨耦合矩阵元和微扰方法得到。

对处于外磁场中的 $4f^3$（Nd^{3+}）离子，同理可得到 g 和 A 因子的一阶微扰公式。EPR 参量的主要贡献来源于一阶微扰项，但是，$^4I_{9/2}$ 和 $^4I_{11/2}$ 光谱项（22×22 能量矩阵）分裂成的除最低 Kramers 二重态Γ以外其他 10 个 Kramers 简并态Γ_x将通过晶体场和轨道角动量(或磁超精细结构等价算符）相互作用，与最低 Kramers 二重态发生混合从而对自旋哈密顿参量产生二阶微扰贡献。[注意：由于最低 Kramers 二重态与其他 Kramers 简并态关于晶体场 $\hat{H}_{\mathrm{CF}}$ 和 $\hat{L}$（或 $\hat{N}$）算符的 X 和 Y 分量之间没有非零的矩阵元，因此 $g_\perp$(或 $A_\perp$)的二阶贡献为零，即 $g_\perp^{(2)}=A_\perp^{(2)}=0$]。这样，我们得到三角或四角对称下 $4f^9$ 离子最低 Kramers 二重态的自旋哈密顿参量 $g_{//}$，$g_\perp$，$A_{//}$ 和 $A_\perp$的二阶微扰公式

$$g_{//}=g_{//}^{(1)}+g_{//}^{(2)}$$

$$g_{//}^{(1)}=2g_J\langle\Gamma\gamma|\,\hat{J}_Z\,|\Gamma\gamma\rangle,\quad g_{//}^{(2)}=2\sum_X{}'\frac{\langle\Gamma\gamma|\,\hat{H}_{\mathrm{CF}}\,|\,\Gamma_X\gamma_X\rangle\langle\Gamma_X\gamma_X|\,\hat{J}_Z|\,\Gamma\gamma\rangle}{E(\Gamma_X)-E(\Gamma)}$$

$$g_{//}^{(1)}=2\,g_J(^{2S+1}L_J)\langle\Gamma\gamma|J_z|\Gamma\gamma\rangle$$

$$=2\Big\{\sum_{M_{J1}}|C(^4I_{9/2};\Gamma\gamma M_{J1})|^2\,N_{9/2}^2M_{J1}[g_J(^4I_{9/2})+\lambda_H^2g_J(^2H_{9/2})+\lambda_G^2g_J(^4G_{9/2})]$$

$$+\sum_{M_{J2}}|C(^4I_{11/2};\Gamma\gamma M_{J2})|^2\,N_{11/2}^2M_{J2}[g_J(^4I_{11/2})+\lambda_H'^2g_J(^2H_{11/2})+\lambda_I^2g_J(^2I_{11/2})]\Big\}$$

$$+4\{\sum_{M_{J1}}[(\tfrac{9}{2}+1)^2-M_{J1}^2]^{1/2}C(^4I_{9/2};\Gamma\gamma M_{J1})C(^4I_{11/2};\Gamma\gamma M_{J1})N_{9/2}N_{11/2}\times[g'_J(^4I_{9/2},{}^4I_{11/2})$$

$$+\lambda_H\lambda'_H g'_J(^2H_{9/2},{}^2H_{11/2})]$$

$$g_\perp=g_\perp^{(1)}+g_\perp^{(2)}$$

$$g_\perp^{(1)}=2\,g_J<\Gamma\gamma|\,\hat{J}_X\,|\Gamma\gamma'>,\ g_\perp^{(2)}=0$$

$$g_\perp^{(1)}=2\,g_J(^{2S+1}L_J)<\Gamma\gamma|J_x|\Gamma\gamma'>$$

$$=\sum_{M_{J1}}(-1)^{9/2-M_{J1}+1}[\tfrac{9\cdot11}{4}-(M_{J1}-1)M_{J1}]^{1/2}C(^4I_{9/2};\Gamma\gamma M_{J1})C(^4I_{9/2};\Gamma\gamma' M_{J1}-1)N_{9/2}^2$$

$$\times[g_J(^4I_{9/2})+\lambda_H^2 g_J(^2H_{9/2})+\lambda_G^2 g_J(^4G_{9/2})]$$

$$+\sum_{M_{J2}}(-1)^{11/2-M_{J1}+1}[\tfrac{11\cdot13}{4}-(M_{J2}-1)M_{J2}]^{1/2}C(^4I_{11/2};\Gamma\gamma M_{J2})C(^4I_{11/2};\Gamma\gamma' M_{J2}-1)N_{11/2}^2$$

$$\times[g_J(^4I_{11/2})+\lambda_H'^2 g_J(^2H_{11/2})+\lambda_I^2 g_J(^2I_{11/2})]$$

$$+2\{\sum_{M_{J1}}[(\tfrac{9}{2}+M_{J1}+1)(\tfrac{11}{2}+M_{J1}+2)]^{1/2}C(^4I_{9/2};\Gamma\gamma M_{J1})C(^4I_{11/2};\Gamma\gamma' M_{J1}-1)N_{9/2}N_{11/2}$$

$$\times[g'_J(^4I_{9/2},{}^4I_{11/2})+\lambda_H\lambda'_H g'_J(^2H_{9/2},{}^2H_{11/2})]\} \qquad (4\text{-}2)$$

$$A_{//}=A_{//}^{(1)}+A_{//}^{(2)}$$

$$A_{//}^{(1)}=2P\,N_J<\Gamma\gamma|\,\hat{N}_Z\,|\Gamma\gamma>$$

$$A_{//}^{(2)}=2\,P\sum_X{}'\frac{<\Gamma\gamma|\,H_{CF}|\,\Gamma_X\gamma_X><\Gamma_X\gamma_X|\,\hat{N}_Z|\,\Gamma\gamma>}{E(\Gamma_X)-E(\Gamma)}$$

$$A_{//}^{(1)}=2\,PN_J(^{2S+1}L_J)<\Gamma\gamma\,|\,N_z\,|\,\Gamma\gamma>$$

$$=2P\{\sum_{M_{J1}}|\,C(^4I_{9/2};\Gamma\gamma M_{J1})\,|^2\,N_{9/2}^2M_{J1}[\hat{N}_J(^4I_{9/2})+\lambda_H^2N_J(^2H_{9/2})+\lambda_G^2N_J(^4G_{9/2})]$$

$$+\sum_{M_{J2}}|\,C(^4I_{11/2};\Gamma\gamma M_{J2})\,|^2\,N_{11/2}^2M_{J2}[N_J(^4I_{11/2})+N_H'^2g_J(^2H_{11/2})+N_I^2g_J(^2I_{11/2})]\}$$

$$+4P\{\sum_{M_{J1}}[(\tfrac{9}{2}+1)^2-M_{J1}^2]^{1/2}C(^4I_{9/2};\Gamma\gamma M_{J1})C(^4I_{9/2};\Gamma\gamma M_{J1})N_{9/2}N_{11/2}$$

$$\times[N'_J(^4I_{9/2},{}^4I_{11/2})+\lambda_H\lambda'_H g'_J(^2H_{9/2},{}^2H_{11/2})]\}$$

$$A_\perp=A_\perp^{(1)}+A_\perp^{(2)}$$

$$A_\perp^{(1)}=P\,N_J<\Gamma\gamma|\,\hat{N}_+\,|\Gamma\gamma'>,\ A_\perp^{(2)}=0,$$

$$A_\perp=2\,P\,N_J(^{2S+1}L_J)<\Gamma\gamma\,|\,J_x\,|\,\Gamma\gamma'>$$

$$=P\{\sum_{M_{J1}}(-1)^{9/2-M_{J1}+1}[\tfrac{9\cdot11}{4}-(M_{J1}-1)M_{J1}]^{1/2}C(^4I_{9/2};\Gamma\gamma M_{J1})C(^4I_{9/2};\Gamma\gamma' M_{J1}-1)N_{9/2}^2$$

$$\times[N_J(^4I_{9/2})+\lambda_H^2N_J(^2H_{9/2})+\lambda_G^2N_J(^4G_{9/2})]$$

$$+\sum_{M_{J2}}(-1)^{11/2-M_{J1}+1}[\tfrac{11\cdot13}{4}-(M_{J2}-1)M_{J2}]^{1/2}C(^4I_{11/2};\Gamma\gamma M_{J2})C(^4I_{11/2};\Gamma\gamma' M_{J2}-1)N_{11/2}^2$$

$$\times[N_J(^4I_{11/2})+\lambda_H'^2N_J(^2H_{11/2})+\lambda_I^2N_J(^2I_{11/2})]\ \}$$

$$+2P\{\sum_{M_{J1}}[(\tfrac{9}{2}+M_{J1}+1)(\tfrac{9}{2}+M_{J1}+2)]^{1/2}C(^4I_{9/2};\Gamma\gamma M_{J1})C(^4I_{9/2};\Gamma\gamma' M_{J1}-1)N_{9/2}N_{11/2}$$

$$\times[N_J'(^4I_{9/2},{}^4I_{11/2})+\lambda_H\lambda_H'N_J'(^2H_{9/2},{}^2H_{11/2})]\}\tag{4-3}$$

各态的 g_J, g_J', N_J 和 N_J' 可从 A. Abragam 和 L. A. Sorin 等[23,24]的著作中得到。

需要指出的是，前人对 EPR 参量的处理都是局限在一阶微扰的框架下的，在很多理论工作中计算与实验符合较差，而二阶微扰对 EPR 参量产生贡献则被忽略。

4.2 应 用

4.2.1 CdS 晶体中的三角 Nd^{3+} 中心

掺 Nd^{3+} 的 CdS 具有良好的热扩散、能量转移、光学光谱、光致发光和光敏性质。众所周知，在这些应用中杂质发挥重要作用依赖于其在基质中的局域结构和电子态，而电子顺磁共振（EPR）工具可方便地研究局域结构和电子态。在 1.4 K 温度下 Morigaki 对 CdS 中三角 Nd^{3+} 中心的 EPR 谱已经进行了测量[60]，并得到了 EPR 参数各向异性 g 因子和超精细结构常数 $A_\perp$。然而，直到现在，除了这个中心被归属于杂质 Nd^{3+} 占据 Cd^{2+} 位置外，上述实验结果还没有从理论得到解释，局部结构信息也尚未获得。通常情况下，杂质的局部结构信息将有助于了解这种掺杂稀土离子材料的属性（或者其他类似Ⅱ~Ⅵ B 族化合物半导体）。因此，对 CdS 中 Nd^{3+} 局部结构和 EPR 谱的在理论上进一步深入研究具有在基础和应用意义[61]。

CdS 为六角纤锌矿型晶体结构，空间群 C_{6v}^4 ($C6mc$)。每个 Cd^{2+} 含 4 个近邻 S^{2-} 配体，形成三角畸变四面体。当杂质 Nd^{3+} 掺杂到 CdS 中时占据 Cd^{2+} 晶格位置。由于杂质的 Nd^{3+} 大于离子半径（≈995 pm）和电荷均大于基质 Cd^{2+} 例子杂质的离子半径（≈97 pm）和电荷，由于大小和电荷失配必然出现局域张力。这意味着 Nd^{3+} 不会占据完全理想的 Cd^{2+} 格位，而是沿硫化三角形三次轴（C_3）出现一个位移 Δ，以消除上述局部张力。

在 CdS 中基质 Cd^{2+} 的结构可以这样描述：周围 4 个键长，沿 C_3 轴一个键长 $R_{1H}\approx253.8$ pm；另外 3 个键长 $R_{2H}\approx252.5$pm，与 C_3 轴夹角 θ_H(≈108.93°)。杂质离子半径 r_i(≈99.5 pm)大于基质 Cd^{2+} 半径 r_h(≈97pm)，大小失配引起的键长变化仍可由 $R_j\approx R_{jH}+(r_i-r_h)/2$ 估算。

如前所述，杂质 Nd^{3+} 会出现远离配体三角形的轴向移位以消除由于杂质以基质间离子半径大小和电荷失配引起的局部张力。这一观点以被 CdS（或其他纤锌矿型族化合物半导体）

中各种杂质（如 Mn^{2+}, Fe^{3+}, Mg^{2+}）的研究所证实，还发现了由于大小或电荷失配造成的类似的杂质轴向移动。相应地，由于杂质轴向位移 $\varDelta$ 引起的局部杂质–配体键长 R_j'和键角 θ'可表示如下：

$$R_1'=R_1-\varDelta$$
$$R_2'=[R_2^2\sin^2\theta+(R_2\cos\theta+\varDelta)^2]^{1/2}$$
$$\theta'=\pi+\arctan[R_2\sin\theta/(R_2\cos\theta+\varDelta)] \quad (4\text{-}4)$$

由文献[Vishwamittar，1974]，可得 Nd^{3+}–O^{2-}基团重叠模型参量[62]：$t_2\approx3.5$，$t_4\approx t_6\approx6$，$\bar{A}_2\approx522\ \text{cm}^{-1}$，$\bar{A}_4\approx66.3\ \text{cm}^{-1}$，$\bar{A}_6\approx4.1\ \text{cm}^{-1}$。通常指数律因子对配体不敏感，可假定是不变的，根据光谱化学序，对同一中心离子，S^{2-}配体的晶场强度比 O^{2-}要弱约 16%。因此，可得到所研究体系 CdS：Nd^{3+}的内禀参量 $\bar{A}_2\approx440.0\ \text{cm}^{-1}$，$\bar{A}_4\approx55.8\ \text{cm}^{-1}$ 和 $\bar{A}_6\approx3.5\ \text{cm}^{-1}$。

能量矩阵中，自由离子参量如下：Coulomb 排斥（$F^2\approx71090\ \text{cm}^{-1}$，$F^4\approx50917\ \text{cm}^{-1}$，$F^6\approx34173\ \text{cm}^{-1}$），二体相互作用（$\alpha\approx20.8\ \text{cm}^{-1}$，$\beta\approx-651\text{cm}^{-1}$，$\gamma\approx1868\ \text{cm}^{-1}$），旋–轨耦系数（$\zeta_{4f}\approx875\ \text{cm}^{-1}$）。轨道缩小因子 $k\approx0.84$。偶极超精细结构常数 $P\approx kP_0$，对自由 Nd^{3+}，同位素 ^{143}Nd 和 ^{145}Nd，P_0 分别为 $54.2\times10^{-4}\ \text{cm}^{-1}$ 和 $33.7\times10^{-4}\ \text{cm}^{-1}$。

现在，只有一个未知量即杂质轴向位移 $\varDelta$，代入上述参量并拟合 EPR 实验数据，得到：

$$\varDelta\approx31\ \text{pm} \quad (4\text{-}5)$$

注意：此处取远离配体三角性方向为正向。相应的结果见表 4-1，为了对比，Nd^{3+}占据 Cd^{2+}位置即杂质位移 $\varDelta=0$ 对应的结果也列于表中。

表 4-1　CdS 中三角 Nd^{3+}中心的 EPR 参量.

	$g_{//}$	$g_\perp$	$A_{//}(^{143}Nd^{3+})$	$A_\perp(^{143}Nd^{3+})$	$A_{//}(^{145}Nd^{3+})$	$A_\perp(^{145}Nd^{3+})$
Calc. a	1.565	2.726	117	285	72	178
Calc. b	0.509	3.427	50	334	31	206
Expt. *	0.43(5)	3.409(5)	—	342(5)	—	213(3)

注：a—基于 Nd^{3+}占据基质 Cd^{2+}位置；b—考虑杂质轴向位移；*Morigaki，1963。

从表 4-1 可以发现，基于杂质轴向移位的 EPR 参数的理论与实验值符合较好。考虑杂质局部结构，能够较好地定量解释 CdS：Nd^{3+}实验数据。

如果不考虑轴向移位，即 Nd^{3+}占据基质 Cd^{2+}位置，则 EPR 参数（Calc. a）与实验值相差甚远，特别是各向异性 Δg 远小于观测值。这意味着基于 Cd^{2+}位置的基质结构数据不能反映实际三角畸变，不能用来分析 CdS：Nd^{3+}的 EPR 谱和缺陷结构。根据公式（4-4），随杂质轴向位移 $\varDelta$ 增加，三角畸变变大（主要是由于键角 θ'偏离规则四面体键角 $\theta_0\approx109.47°$），Δg 相应变大。实际上，由于较大的 Nd^{3+}替代较小的 Cd^{2+}引起的大小失配会导致局部晶格张力，而 Nd^{3+}多余的电荷会增加 Nd^{3+}与配体 S^{2-}之间静电相互作用，这都会造成杂质 Nd^{3+}在理想 Cd^{2+}位置时处于不稳定状态，结果 Nd^{3+}倾向于沿 C_3 轴远离配位三角性移动以消除上述不稳定。基于同步加速 X 射线测量和隧道发射研究，类似远离配位三角性位移以见报道。特别地，由隧道发射研究发现 GaN 中部分稀土离子出现轴向位移 20~30 pm。如果杂质位移 $\varDelta$ 取负值即向配体三角形方向移动，理论计算结果比基质 Cd^{2+}结构数据处的计算更差，这更进一步支持 CdS 中杂

质 Nd^{3+}的远离轴向位移。本质上，分析晶体中稀土离子包括杂质位移在内的缺陷结构是一个复杂又困难的问题，其中涉及杂质与基质深层次的物理和化学性质。因此，本工作得到的杂质位移 Δ 需要得到更多的理论和实验验证。

4.2.2 白钨矿 ABO_4 化合物晶体中的四角 Nd^{3+} 中心

由于其优良的光学与激光性能，掺稀土离子白钨矿型 ABO_4 化合物（A=Cd, Ca, Pb, Ba; B=Mo, W 等）得到了极大的关注。EPR 研究也广泛应用于这一体系，例如，$CdMoO_4$、$CaWO_4$、$PbMoO_4$、$BaWO_4$ 中掺杂 Nd^{3+}的各向异性 g 因子已由实验测得，Sattler 等将这些 EPR 数据归属于 $4f^3$ 组态的最低 $\Gamma_{7,8}$ 双重态，但迄今为止，这些所以尽管仍未得到系统理论解释。现在我们应用上述四角对称下微扰公式来理论研究这些实验数据。

白钨矿化合物中，杂质 Nd^{3+}占据基质 A^{2+}位置，形成四角畸变$[NdO_8]^{13-}$基团。四角对称下 $4f^3$ 离子基态 ${}^4I_{9/2}$ 分裂为 5 个 Kramers 双重态。白钨矿中，A^{2+}周围 8 个最近邻 O^{2-}，这些 O^{2-} 组成一个轻微畸变十二面体，具有 S_4 点群对称性。业已证明，用 D_{2d} 替代 S_4 对称是较好近似，如对类似白钨矿型 $LiYF_4$ 中三价稀土离子的许多研究者都这样处理的。所以为简便计我们也采用 D_{2d} 近似。对 D_{2d} 对称，四角 Nd^{3+}中心的晶场参量由重叠模型和 Nd^{3+}中心的结构数据得到。掺入晶体中的 Nd^{3+}离子替代 A^{2+}，每个 Nd^{3+}周围分布呈十二面体的 8 个氧原子，其中 4 个 O^{2-}键长为 R_1，另 4 个 O^{2-}键长为 R_2，R_1 与 R_2 略有不同。所研究体系的各材料的结构数据 R_i 和 θ_i（θ_i 为 R_i 与 C_4 轴的夹角）见表 4-2。

考虑到 Nd^{3+}的 4f 轨道与 O^{2-}的 2p 轨道间 Nd^{3+}–O^{2-}键的共价性，由于 O^{2-}与 F^-的共价性比较接近，轨道缩小因子 $k\approx0.9818$，可采用 CaF_2：Nd^{3+}里 Nd^{3+}–F^-键的数据，其他自由离子参量采用前述数据。重叠模型数据由 $CaWO_4$ 中$[NdO_8]^{13-}$基团得到（$R_0\approx2.466$ A），即指数律因子 $t_2\approx3.5$，$t_4\approx t_6\approx6$ 和内禀参量 $\bar{A}_2\approx522\ cm^{-1}$，$\bar{A}_4$ 和 $\bar{A}_6$ 作为可调参量。

拟合 ABO_4：Nd^{3+}实验 g 因子，可得本征参量 $\bar{A}_4$ 和 $\bar{A}_6$，见表 4-3，相应的 g 因子见表 4-4。为了对比，各向异性Δg 也列于该表中。

表 4-2　白钨矿结构数据

	r_i	r_h	R_1^H	R_2^H	R_1	R_2	θ_1	θ_2
$CdMoO_4$		2.440	2.400	2.453	2.413	2.413	66.69	139.83
$CaWO_4$	0.995	0.99	2.479	2.438	2.484	2.443	66.73	139.88
$PbMoO_4$		1.20	2.632	2.608	2.530	2.506	68.10	141.63
$BaWO_4$		1.34	2.778	2.738	2.606	2.566	69.05	143.00

表 4-3　白钨矿中 Nd^{3+}重叠模型参量

	t_2	t_4	t_6	$\bar{A}_2$	$\bar{A}_4$	$\bar{A}_6$
$CdMoO_4$					80.4	44.6
$CaWO_4$	3.5	6	6	522	86.5	39.2
$PbMoO_4$					89.8	45.6
$BaWO_4$					110.8	64.6

表 4-4　白钨矿中 Nd^{3+} g 因子

	$g_{//}$		$g_{\perp}$		$\Delta g(=g_{//}-g_{\perp})$	
	Cal.	Exp.[* #]	Cal.	Exp.[* #]	Cal.	Exp.[* #]
$CdMoO_4$	2.296	2.302	2.511	2.492	0.215	0.190
$CaWO_4$	2.062	2.305	2.580	2.537	0.518	0.502
$PbMoO_4$	1.556	1.351	2.619	2.592	1.063	1.241
$BaWO_4$	1.332	0.820	2.588	2.563	1.256	1.743

注：* Kurkin，1966；# Mason，1967。

从表 4-4 可以发现，基于微扰公式和重叠模型，ABO_4：Nd^{3+}体系的 g 因子理论计算值与实验值较为符合。说明公式和采用数据是合理的。与 $CaWO_4$：Nd^{3+}相比（$\bar{A}_4 \approx 66.3\ cm^{-1}$，$\bar{A}_6 \approx 4.1\ cm^{-1}$），$\bar{A}_4$本表中稍大些，但 $\bar{A}_6$要大一个数量级。但表中各 ABO_4化合物的 $\bar{A}_4$与 $\bar{A}_6$相互比较接近，应该是计较合理的。与 $CdMoO_4$和 $CaWO_4$相比，$BaWO_4$和 $PbMoO_4$的各向异性Δg理论计算值较大，与其较大的四角畸变（较大极角 θ_j，见表 4-2）相对应。

5　$4f^5$ 离子的自旋哈密顿参量微扰公式及其应用

5.1　轴对称晶场中 $4f^5$ 离子的自旋哈密顿参量微扰公式

$4f^5$ 离子具有 $^6H_{5/2}$ 自由电子基态。在轴对称(四角或三角)晶场下 $^6H_{5/2}$ 劈裂为 3 个 Kramers 双重态，最低 Kramers 双重态是 Γ_6 或 Γ_7。我们考虑了基态 $^6H_{5/2}$ 与第一激发态 $^6H_{7/2}$ 以及第二激发态 $^6H_{9/2}$ 三者之间的晶场 J 混效应。这样，最低 Kramers 双重态 $\Gamma\gamma$（γ=6 或 7）和其他 11 个 Kramers 双重态的波函数可通过对角化四角场中 $4f^5$ 离子的 24×24 阶矩阵得到。另外，考虑具有相同 J 的态（即 $^6H_{5/2}$, $^4G1_{5/2}$ 和 $^4G4_{5/2}$；$^6H_{7/2}$, $^4G1_{7/2}$ 和 $^4G4_{7/2}$；$^6H_{9/2}$, $^4G1_{9/2}$ 和 $^4G4_{9/2}$）之间由于旋–轨耦合作用存在混合，最低 Kramers 双重态 $\Gamma\gamma$ 的波函数可写为

$$|\Gamma\gamma(\text{或 }\gamma')>=$$

$$\sum_{M_{J1}} C(^6H_{5/2};\Gamma\gamma(\text{或 }\gamma')M_{J1})\, N_{5/2}(|^6H_{5/2}M_{J1}>+\lambda_{G1}|^4G1_{5/2}M_{J1}>+\lambda_{G4}|^4G4_{5/2}M_{J1}>)$$

$$+\sum_{M_{J2}} C(^6H_{7/2};\Gamma\gamma(\text{或 }\gamma')M_{J2})\, N_{7/2}(|^6H_{7/2}M_{J2}>+\lambda_{G1}'|^4G1_{7/2}M_{J2}>+\lambda_{G4}'|^4G4_{7/2}M_{J2}>)$$

$$+\sum_{M_{J3}} C(^6H_{9/2};\Gamma\gamma(\text{或 }\gamma')M_{J3})\, N_{9/2}(|^6H_{9/2}M_{J3}>+\lambda_{G1}''|^4G1_{9/2}M_{J3}>+\lambda_{G4}''|^4G4_{9/2}M_{J3}>)$$

（5-1）

这里 N_i 和 λ_i 分别为归一化因子和混合系数，可由旋–轨耦合矩阵元和微扰方法得到，M_{J1}，M_{J2} 和 M_{J3} 分别为–5/2~5/2，–7/2~7/2 和–9/2~9/2 范围内的半整数。

对处于外磁场中的 $4f^5$（Sm^{3+}）离子，同样可得到 g 和 A 因子的一阶微扰公式。

EPR 参量的主要贡献来源于一阶微扰项，但是，$^6H_{5/2}$，$^6H_{7/2}$ 和 $^6H_{9/2}$ 光谱项（24×24 能量矩阵）分裂成的除最低 Kramers 二重态 Γ 以外，其他 11 个 Kramers 简并态 Γ_x 将通过晶体场和轨道角动量（或磁超精细结构等价算符）相互作用与最低 Kramers 二重态发生混合，从而对自旋哈密顿参量产生二阶微扰贡献[注意：由于最低 Kramers 二重态与其他 Kramers 简并态关于晶体场 $\hat{H}_{CF}$ 和 $\hat{J}$ (或 $\hat{N}$)算符的 X 和 Y 分量之间没有非零的矩阵元，因此 $g_\perp$(或 $A_\perp$)的二阶贡献为零，即 $g_\perp^{(2)}=A_\perp^{(2)}=0$]。这样，我们推导了三角或四角对称下 $4f^5(Sm^{3+})$离子低 Kramers 二重态自旋哈密顿参量 $g_{//}$，$g_\perp$，$A_{//}$和 $A_\perp$的二阶微扰公式：

$$g_{//}=g_{//}^{(1)}+g_{//}^{(2)}$$

$$g_{//}^{(1)}=2g_J<\Gamma\gamma|\hat{J}_Z|\Gamma\gamma>,$$

$$g_{//}^{(2)}=2{\sum_X}'\frac{<\Gamma\gamma|\hat{H}_{CF}|\Gamma_X\gamma_X><\Gamma_X\gamma_X|\hat{J}_Z|\Gamma\gamma>}{E(\Gamma_X)-E(\Gamma)}$$

$$g_{//}^{(1)}=2g_J(^{2S+1}L_J)<\Gamma\gamma|J_z|\Gamma\gamma>$$

$$=2\{\sum_{M_{J1}}|C(^6H_{5/2};\Gamma\gamma M_{J1})|^2\ N_{5/2}^2M_{J1}[g_J(^6H_{5/2})+\lambda_1^2g_J(^4G1_{5/2})+\lambda_4^2g_J(^4G4_{5/2})]$$

$$+\sum_{M_{J2}}|C(^6H_{7/2};\Gamma\gamma M_{J2})|^2\ N_{7/2}^2M_{J2}[g_J(^6H_{7/2})+\lambda_1^{2'}g_J(^4G1_{7/2})+\lambda_4^{2'}g_J(^4G4_{7/2})]$$

$$+\sum_{M_{J3}}|C(^6H_{9/2};\Gamma\gamma M_{J3})|^2\ N_{9/5}^2M_{J3}[g_J(^6H_{9/2})+\lambda_1^{2''}g_J(^4G1_{9/2})]+\lambda_4^{2''}g_J(^4G4_{9/2})]\}$$

$$+4\{\sum_{M_{J1}}[(\frac{5}{2}+1)^2-M_{J1}^2]^{1/2}C(^6H_{5/2};\Gamma\gamma M_{J1})C(^6H_{7/2};\Gamma\gamma M_{J1})N_{5/2}N_{7/2}$$

$$\times[g_J'(^6H_{5/2},{}^6H_{7/2})+\lambda_1\lambda_1'g_J'(^4G1_{5/2},{}^4G1_{7/2})+\lambda_4\lambda_4'g_J'(^4G4_{5/2},{}^4G4_{7/2})]$$

$$+\sum_{M_{J2}}[(\frac{7}{2}+1)^2-M_{J2}^2]^{1/2}C(^6H_{9/2};\Gamma\gamma M_{J2})C(^6H_{7/2};\Gamma\gamma M_{J2})N_{7/2}N_{9/2}$$

$$\times[g_J'(^6H_{7/2},{}^6H_{9/2})+\lambda_1'\lambda_1''g_J'(^4G1_{7/2},{}^4G1_{9/2})+\lambda_4'\lambda_4''g_J'(^4G4_{7/2},{}^4G4_{9/2})]\}$$

$$g_{\perp}=g_{\perp}^{(1)}+g_{\perp}^{(2)}$$

$$g_{\perp}^{(1)}=2g_J<\Gamma\gamma|\hat{J}_X|\Gamma\gamma'>,\quad g_{\perp}^{(2)}=0$$

$$g_{\perp}^{(1)}=2g_J(^{2S+1}L_J)<\Gamma\gamma|J_x|\Gamma\gamma'>$$

$$=\sum_{M_{J1}}(-1)^{5/2-M_{J1}+1}[\frac{5.7}{4}-(M_{J1}-1)M_{J1}]^{1/2}C(^6H_{5/2};\Gamma\gamma M_{J1})C(^6H_{5/2};\Gamma\gamma' M_{J1}-1)N_{5/2}^2$$

$$\times[g_J(^6H_{5/2})+\lambda_1^2g_J(^4G1_{5/2})+\lambda_4^2g_J(^6G4_{5/2})]$$

$$+\sum_{M_{J2}}(-1)^{7/2-M_{J1}+1}[\frac{7.9}{4}-(M_{J2}-1)M_{J2}]^{1/2}C(^6H_{7/2};\Gamma\gamma M_{J2})C(^6H_{7/2};\Gamma\gamma' M_{J2}-1)N_{7/2}^2$$

$$\times[g_J(^6H_{7/2})+\lambda_1^{2'}g_J(^4G1_{7/2})+\lambda_4^{2'}g_J(^6G4_{7/2})]$$

$$+\sum_{M_{J3}}(-1)^{9/2-M_{J3}+1}[\frac{9.11}{4}-(M_{J3}-1)M_{J3}]^{1/2}C(^6H_{9/2};\Gamma\gamma M_{J3})C(^6H_{9/2};\Gamma\gamma' M_{J3}-1)N_{9/5}^2$$

$$\times[g_J(^6H_{5/2})+\lambda_1^2g_J(^4G1_{5/2})+\lambda_4^2g_J(^4G4_{5/2})]$$

$$+2\{\sum_{M_{J1}}[(\frac{5}{2}+M_{J1}+1)(\frac{5}{2}+M_{J1}+2)]^{1/2}C(^6H_{5/2};\Gamma\gamma M_{J1})C(^6H_{7/2};G\gamma' M_{J1}-1)N_{5/2}N_{7/2}$$

$$\times[g_J'(^6H_{5/2},{}^6H_{7/2})+\lambda_1\lambda_1'g_J'(^4G1_{5/2},{}^4G1_{7/2})+\lambda_4\lambda_4'g_J'(^4G4_{5/2},{}^4G4_{7/2})]$$

$$+\sum_{M_{J2}}[(\frac{7}{2}+M_{J2}+1)(\frac{7}{2}+M_{J2}+2)]^{1/2}C(^6H_{7/2};\Gamma\gamma M_{J2})C(^6H_{9/2};\Gamma\gamma' M_{J2}-1)N_{7/2}N_{9/2}$$

$$\times[g_J'(^6H_{7/2},{}^6H_{9/2})+\lambda_1'\lambda_1''g_J'(^4G1_{7/2},{}^4G1_{9/2})+\lambda_4'\lambda_4''g_J'(^4G4_{7/2},{}^4G4_{9/2})]\}$$

（5-2）

$$A_{//}=A_{//}^{(1)}+A_{//}^{(2)}$$

$$A_{//}^{(1)}=2P\, N_J<\Gamma\gamma|\,\hat{N}_z\,|\Gamma\gamma>,\quad A_{//}^{(2)}=2P{\sum_X}'\frac{<\Gamma\gamma|\,H_{CF}|\,\Gamma_X\gamma_X><\Gamma_X\gamma_X|\,\hat{N}_Z|\,\Gamma\gamma>}{E(\Gamma_X)-E(\Gamma)}$$

$$A_{//}^{(1)}=2\,P\,N_J(^{2S+1}L_J)<\Gamma\gamma\,|\,N_z\,|\,\Gamma\gamma>$$

$$=2P\{\sum_{M_{J1}}|\,C(^6H_{5/2};\Gamma\gamma M_{J1})\,|^2\;N_{5/2}^2M_{J1}[N_J(^6H_{5/2})+\lambda_1^2N_J(^4G1_{5/2})+\lambda_4^2N_J(^4G4_{5/2})]$$

$$+\sum_{M_{J2}}|\,C(^6H_{7/2};\Gamma\gamma M_{J2})\,|^2\;N_{7/2}^2M_{J2}[N_J(^6H_{7/2})+\lambda_1^{2'}N_J(^4G1_{7/2})+\lambda_4^{2'}N_J(^4G4_{7/2})]$$

$$+\sum_{M_{J3}}|\,C(^6H_{9/2};\Gamma\gamma M_{J3})\,|^2\;N_{9/5}^2M_{J3}[N_J(^6H_{9/2})+\lambda_1^{2''}N_J(^4G1_{9/2})]+\lambda_4^{2''}N_J(^4G4_{9/2})]\}$$

$$+4P\{\sum_{M_{J1}}[(\frac{5}{2}+1)^2-M_{J1}^2]^{1/2}C(^6H_{5/2};\Gamma\gamma M_{J1})C(^6H_{7/2};\Gamma\gamma M_{J1})N_{5/2}N_{7/2}$$

$$\times[\,N_J'(^6H_{5/2},{}^6H_{7/2})+\lambda_1\lambda_1'N_J'(^4G1_{5/2},{}^4G1_{7/2})+\lambda_4\lambda_4'N_J'(^4G4_{5/2},{}^4G4_{7/2})\,]$$

$$+\sum_{M_{J2}}[(\tfrac{7}{2}+1)^2-M_{J2}^2]^{1/2}C(^6H_{9/2};\Gamma\gamma M_{J2})C(^6H_{7/2};\Gamma\gamma M_{J2})N_{7/2}N_{9/2}$$

$$\times[\,N_J'(^6H_{7/2},{}^6H_{9/2})+\lambda_1'\lambda_1''N_J'(^4G1_{7/2},{}^4G1_{9/2})+\lambda_4'\lambda_4''N_J'(^4G4_{7/2},{}^4G4_{9/2})\,]\}$$

$$A_\perp=A_\perp^{(1)}+A_\perp^{(2)}$$

$$A_\perp^{(1)}=PN_J<\Gamma\gamma|\,\hat{N}_+\,|\Gamma\gamma'>,\quad \mathrm{A}_\perp^{(2)}=0$$

$$A_\perp=2PN_J(^{2S+1}L_J)<\Gamma\gamma|J_x|\Gamma\gamma'>$$

$$=\mathrm{P}\{\sum_{M_{J1}}(-1)^{5/2-M_{J1}+1}[\frac{5.7}{4}-(M_{J1}-1)M_{J1}]^{1/2}C(^6H_{5/2};\Gamma\gamma M_{J1})C(^6H_{5/2};\Gamma\gamma' M_{J1}-1)N_{5/2}^2$$

$$\times[N_J(^6H_{5/2})+\lambda_1^2N_J(^4G1_{5/2})+\lambda_4^2N_J(^6G4_{5/2})]$$

$$+\sum_{M_{J2}}(-1)^{7/2-M_{J1}+1}[\frac{7.9}{7}-(M_{J2}-1)M_{J2}]^{1/2}C(^6H_{7/2};\Gamma\gamma M_{J2})C(^6H_{7/2};\Gamma\gamma' M_{J2}-1)N_{7/2}^2$$

$$\times[N_J(^6H_{7/2})+\lambda_1^{2'}N_J(^4G1_{7/2})+\lambda_4^{2'}N_J(^6G4_{7/2})]$$

$$+\sum_{M_{J3}}(-1)^{9/2-M_{J3}+1}[\frac{9.11}{7}-(M_{J3}-1)M_{J3}]^{1/2}C(^6H_{9/2};\Gamma\gamma M_{J3})C(^6H_{9/2};\Gamma\gamma' M_{J3}-1)N_{9/5}^2$$

$$\times[N_J(^6H_{5/2})+\lambda_1^2N_J(^4G1_{5/2})+\lambda_4^2N_J(^4G4_{5/2})]\}$$

$$+2P\{\sum_{M_{J1}}[(\tfrac{5}{2}+M_{J1}+1)(\tfrac{5}{2}+M_{J1}+2)]^{1/2}C(^6H_{5/2};\Gamma\gamma M_{J1})C(^6H_{7/2};\Gamma\gamma' M_{J1}-1)N_{5/2}N_{7/2}$$

$$\times[\,N_J'(^6H_{5/2},{}^6H_{7/2})+\lambda_1\lambda_1'N_J'(^4G1_{5/2},{}^4G1_{7/2})+\lambda_4\lambda_4'N_J'(^4G4_{5/2},{}^4G4_{7/2})\,]$$

$$+\sum_{M_{J2}}[(\tfrac{7}{2}+M_{J2}+1)(\tfrac{7}{2}+M_{J2}+2)]^{1/2}C(^6H_{7/2};\Gamma\gamma M_{J2})C(^6H_{9/2};\Gamma\gamma' M_{J2}-1)N_{7/2}N_{9/2}$$

$$\times[N_J'(^6H_{7/2},{}^6H_{9/2})+\lambda_1'\lambda_1''N_J'(^4G1_{7/2},{}^4G1_{9/2})+\lambda_4'\lambda_4''N_J'(^4G4_{7/2},{}^4G4_{9/2})\,]\}\qquad(5\text{-}3)$$

各态的 g_J，g_J'，N_J 和 N_J' 可从 A. Abragam 和 L. A. Sorin 等的著作[23, 24]中得到。

5.2　应　用

5.2.1　KY_3F_{10}和 $LiYF_3$ 晶体中的四角 Sm^{3+}中心

掺 Sm^{3+}的氟化物晶体可用作激光晶体，因而引起了人们的极大关注。关于这些材料的谱学研究已有不少报道。例如，Sm^{3+}在 KY_3F_{10} 和 $LiYF_4$ 晶体中四角对称 Sm^{3+}离子的光谱和自旋哈密顿参量（g 因子 $g_{//}$，$g_{\perp}$和超精细结构常数 $A_{//}$，$A_{\perp}$）已见报道[66-68]。对这两种晶体进行了晶体场分析，计算能级与实验值较为相符。对 KY_3F_{10}：Sm^{3+}晶体的自旋哈密顿参量，考虑基态 $^6H_{5/2}$第一激发态 $^6H_{7/2}$两多重态之间的晶场 J 混合，M. Yamaga 等计算了 $g_{//}$和 $g_{\perp}$（注：超精细结构常数未见报道），但他们计算的 $g_{//}$值远远大于实验观察值（表 5-1）。因此，他们建议 $g_{//}$值的大小对更高级激发态 ^6H_J的多重态的混合系数的符号和大小非常敏感。通过同时对角化晶场和磁场（该项与 Zeeman 项 H_Z 有关）微扰矩阵，Wells 等计算了 $LiYF_4$：Sm^{3+}晶体的 $g_{//}$和 $g_{\perp}$，其结果与实验值相近（表 5-1），但他们未计算 $LiYF_4$ 晶体中 $^{147}Sm^{3+}$和 $^{149}Sm^{3+}$的超精细结构常数 $A_{//}$和 $A_{\perp}$。为了证实上述假定，并合理解释 KY_3F_{10}:Sm^{3+}的 $g_{//}$和 $g_{\perp}$，同时计算出 $LiYF_4$:Sm^{3+}晶体中的超精细结构常数 $A_{//}$和 $A_{\perp}$，下面，我们将利用本书建立的四角对称中的 $4f^5$ 离子的自旋哈密顿参量 $g_{//}$，$g_{\perp}$，$A_{//}$和 $A_{\perp}$的微扰公式（5-2）与（5-3）来合理解释它们[69]。这些微扰公式考虑了：① 基态 $^6H_{5/2}$，第一激发态 $^6H_{7/2}$和第二激发态 $^6H_{9/2}$之间的晶场 J 混效应，② 具有相同 J 值的态之间通过旋轨耦合相互作用引起的混合。③ 最低 Kramers 双重态$\Gamma\gamma$ 与其他 11 个 Kramers 双重态Γ_x 中具有与$\Gamma\gamma$ 相同的不可约表示的态之间通过晶场和轨道角动量算符（或超精细结构等价算符）联合作用而发生的相互作用，此外也考虑了共价效应的影响。

Sm^{3+}具有 $4f^5$ 电子组态，具有 $^6H_{5/2}$ 自由电子基态。四角晶场下 $^6H_{5/2}$ 劈裂为 3 个 Kramers 双重态，最低 Kramers 双重态是Γ_6 或Γ_7。Yamaga 等只考虑基态 $^6H_{5/2}$ 与第一激发态 $^6H_{7/2}$之间的 J 混合，与其不同的是，我们考虑了基态 $^6H_{5/2}$ 与第一激发态 $^6H_{7/2}$ 以及第二激发态 $^6H_{9/2}$ 三者之间的晶场 J 混效应。这样，最低 Kramers 双重态$\Gamma\gamma$（γ=6 或 7）和其他 11 个 Kramers 双重态的波函数可通过对角化四角场中 $4f^5$ 离子的 24×24 阶矩阵得到。

对所研究的 KY_3F_{10}：Sm^{3+}和 $LiYF_4$：Sm^{3+}晶体，由相应的光谱得到的晶场参量和自由离子参量（即 Coulomb 排斥项 F^K，二体相互作用 α，β，γ 和旋轨耦合系数 ζ_{4f}）列于表 5-2 和表 5-3，另外，同位素 ^{147}Sm 和 ^{149}Sm 的偶极超精细结构常数 P 也列于表 5-3。将这些参量代入上述 $4f^5$ 的能量矩阵和微扰公式（5-2）和式（5-3），就可以计算出 Sm^{3+}在这两种晶体中的自旋哈密顿参量 $g_{//}$, $g_{\perp}$, $A_{//}$和 $A_{\perp}$。理论计算结果与实验值的对比见表 5-1。

从上述计算，得到的 KY_3F_{10}：Sm^{3+}的基态波函数[69]：

$$\Gamma_7(\pm)=-0.0622\,|5/2,\ \pm 3/2>+0.9715\,|5/2,\ m5/2>\pm 0.0170\,|7/2,\ \pm 3/2>$$
$$m0.2087\,|7/2,\ m5/2>+0.0813\,|9/2,\ m5/2> \qquad (5\text{-}4)$$

和 $LiYF_4$：Sm^{3+}的基态波函数：

$$\Gamma_6(\pm)=\pm 0.9919\,|5/2,\ \pm 1/2>+0.0524\,|7/2,\ \pm 1/2>-0.0603\,|7/2,\ m7/2>$$
$$m0.0324\,|9/2,\ \pm 1/2>\pm 0.0931\,|9/2,\ m7/2>\pm 0.0037\,|9/2,\ \pm 9/2> \qquad (5\text{-}5)$$

研究表明，二阶微扰项 $g_{//}^{(2)}$（或 $A_{//}^{(2)}$）对自旋哈密顿参量的贡献较小（≈4%），对自旋哈密顿参量贡献最大的部分为多重态 $^6H_J(J=5/2, 7/2$ 和 $9/2)$之间的晶场 J 混效应。

对 KY_3F_{10}：Sm^{3+}，只考虑基态 $^6H_{5/2}$ 与第一激发态 $^6H_{7/2}$ 之间的 J 混合，用从光谱得到的自由离子和晶场参量计算出的 $g_{//}$值远大于实验值（表 5-1）。除非直接将 J 多重态的混合系数取为可调参量，而不是由光谱得到，$g_{//}$才有可能接近实验值。我们的研究表明，J 混合中再多考虑一个激发态（即第二激发态）$^6H_{9/2}$，使用从光谱得到的自由离子和晶场参量计算的 $g_{//}$和 $g_{\perp}$与实验较好的符合（其中，$A_{//}$和 $A_{\perp}$的实验值尚未见报道，故我们的计算结果有待进一步的实验验证）。考虑 $^6H_{5/2}$ 与 $^6H_{7/2}$ 之间的 J 混合，K. Su 利用从光谱得到的自由离子和晶场参量得到的最低双重态 Γ_7 的波函数为

$$\Gamma_7(\pm)=0.0617\,|5/2,\ \pm 3/2\rangle-0.9805\,|5/2,\ \mp 5/2\rangle$$
$$\mp 0.0133\,|7/2,\ \pm 3/2\rangle \pm 0.1699\,|7/2,\ \mp 5/2\rangle \tag{5-6}$$

比较方程（5-4）与方程（5-6）发现，$g_{//}$对更高激发多重态的混合系数的符号和大小非常敏感，这一推测是合理的。

对 $LiYF_4$：Sm^{3+}晶体，本书计算的 $g_{//}$和 $g_{\perp}$与文献[Wells，1999]通过同时对角化晶场和磁场微扰矩阵得到的值相近（表 5-1），且本书计算的同位素 ^{147}Sm 和 ^{149}Sm 的 $A_{//}$和 $A_{\perp}$也与实验值相符。因此，本书的基于 ^6H_J（J=5/2，7/2 和 9/2）之间的晶场 J 混合二阶微扰的计算方法是有效并且合理的。

另一方面，文献[Wells, 1999]和本书的 $g_{//}$和 $g_{\perp}$计算值略大于实验值。我们认为，其原因可能是由于忽略了晶体中 Sm^{3+}–F^-键的共价性。上述公式中的轨道角动量 $\hat{L}$ 应乘以轨道缩小因子。对 $LiYF_4$：Sm^{3+}，我们取 k=0.99（如果共价性很小，可以忽略，则 k=1，如 KY_3F_{10}：Sm^{3+}的情况），计算的 $g_{//}$和 $g_{\perp}$与实验值符合较好。正如 Yamaga 所指出的，$LiYF_4$：Sm^{3+}的晶场参量 B_4^n（n=4, 6）大于 KY_3F_{10}:Sm^{3+}的晶场参量，显示 $LiYF_4$:Sm^{3+}的立方场部分保留得比 KY_3F_{10}:Sm^{3+}多。既然对 $4f^n$ 离子 $B_4^n \propto R^{-t_n}$（这里 $t_n>0$），$LiYF_4$:Sm^{3+}晶体中 Sm^{3+}–F^-间距应略小于 KY_3F_{10}:Sm^{3+}。晶体中 $4f^n$ 离子与自由离子的压力关系说明共价性随金属–配体间距的减小而增大，与 KY_3F_{10}：Sm^{3+}相比，$LiYF_4$：Sm^{3+}的共价性大，因而轨道缩小因子较小就不难理解了。

表 5-1　KY_3F_{10}：Sm^{3+}和 $LiYF_4$：Sm^{3+}晶体中的 EPR g 因子和超精细结构常数 $A_i(10^{-4}\ cm^{-1})$

	KY_3F_{10}：Sm^{3+}			$LiYF_4$：Sm^{3+}			
	Cal.[a]	Cal.[b]	Expt.*]	Cal.[c]	Cal.[b]	Cal.[d]	Expt.[#]
$g_{//}$	2.13	0.716	0.714(2)	0.450	0.459	0.440	0.410(5)
$g_{\perp}$	0.135	0.124	0.11(1)	0.728	0.695	0.644	0.644(2)
$A_{//}(^{147}Sm)$		439(6)	—		64(1)	63(1)	68(2)
$A_{\perp}(^{147}Sm)$		17(1)	—		246(3)	242(3)	245(2)
$A_{//}(^{149}Sm)$		355(5)	—		52(1)	51(1)	55(2)
$A_{\perp}(^{149}Sm)$		14(1)	—		200(3)	196(3)	202(2)

注：a—文献[*] 考虑 $^6H_{5/2}$ 和 $^6H_{7/2}$ 态的 J 混合的计算值；

b—本书考虑 $^6H_{5/2}$, $^6H_{7/2}$ 和 $^6H_{9/2}$ 态之间的 J 混效应的计算值；

c—文献[#]通过同时对角化晶场和磁场的微扰矩阵的计算值；

d—同 Cal.[b]，但轨道缩小因子取 k=0.99。

* Yamaga，2000；# Wells，Yamaga，1999。

表 5-2 KY_3F_{10}：Sm^{3+}和 $LiYF_4$：Sm^{3+}晶体中的晶场参量 B_q^k (cm^{-1})

	B_0^2	B_0^4	B_4^4	B_0^6	B_4^6
KY_3F_{10}：Sm^{3+}*	−600	−1388	410	596	127
$LiYF_4$：Sm^{3+}#	368	−755	−938	−64	−898

注：* Wells，Sugiyama A，1999；#Wells，Yamaga M，1999。

表 5-3 KY_3F_{10}：Sm^{3+}和 $LiYF_4$：Sm^{3+}晶体中的自由离子参量（cm^{-1}）

	F^2	F^2	F^2	α	β	γ	ζ_{4f}	$P_0(^{147}Sm)^c$	$P_0(^{149}Sm)^c$
KY_3F_{10}：$Sm^{3+a)}$	78749	57785	39557.6	20.16	−566.9	1500	1172	$-51.7(6)\times10^{-4}$	$-41.8(6)\times10^{-4}$
$LiYF_4$：$Sm^{3+b)}$	79533	56768	40087	20.16	−566.9	1500	1170	$-51.7(6)\times10^{-4}$	$-41.8(6)\times10^{-4}$

注：a—Wells，Sugiyama. 1999；

b—Wells，Yamaga.1999；

c—Abragam，1970。

5.2.2 $La_2Mg_3(NO_3)_{12}\cdot24H_2O$ 晶体中的三角 Sm^{3+}中心

$La_2Mg_3(NO_3)_{12}\cdot24H_2O$ 晶体(LMN)可用作磁性温度计材料、绝热退磁材料、质子自旋极化靶材。$La_2Mg_3(NO_3)_{12}\cdot24H_2O$ 属于通式为 $3[X(H_2O)_6]2[Y(NO_3)_6]\cdot6H_2O$ 的同晶型系列，其中 X 为三价阳离子，Y 为二价阳离子。通常情况下，二价过渡金属离子占据 X 位置和三价稀土离子占据 Y 位置。其中存在一个三价阳离子(A)位置，具有 C_{3i} 局域对称性；二个不同的二价阳离子(B)位置（位置Ⅰ和位置Ⅱ），分别具有 D_{3d} 与 C_{3i} 局域对称性。研究这些杂质在其中的局部结构是很有意义的，鉴于 EPR 实验是研究杂质中心局域对称性的一种有力工具，关于此类系列晶体中过渡或稀土金属杂质的许多理论与实验 EPR 研究工作见于报道。尤其是理论工作多集中过渡离子，稀土离子方面较为少见。例如，LMN 中 Sm^{3+}的电子顺磁共振参数 g 因子和超精细结构常数已由实验测得，然而，直到现在，上面的 EPR 实验结果仍未得到与晶体结构相联系的合理的理论解释。基于 Newman 重叠模型，这里我们采用三角对称下 $4f^5$ 离子的 EPR 微扰公式来解释这些实验结果。

在 LMN 中，La^{3+}周围 6 个最近邻$(NO_3)^-$配体，其中 3 个键长 R_1^H，键角 θ_1；另 3 个约有不同键长 R_2^H，和键角 θ_2，此处 θ_j 为 R_j^H 三次晶轴的夹角。掺入杂质离子 Sm^{3+}替代 La^{3+}，因而具有 C_{3i} 点群对称性。

根据重叠模型晶场参量 $B_k^q=\sum_{j=1}^{n}\overline{A}_k(R_0)(R_0/R_j)^{t_k}K_k^q(\theta_j,\varphi_j)$，对$[Sm(NO_3)_6]^3$ 基团，重叠模型参量未见报道，按此方法估算：指数律因子取自类似氧化物中三价稀土离子，即 $t_2\approx7$，$t_4\approx12$，$t_6\approx11$；$\overline{A}_k(R_0)$ 作为可调参量，拟合 EPR 实验数据得到。

LMN 中基质 La^{3+}的结构数据为 $R_1^H\approx309.3(5)$pm，$\theta_1\approx55.45(14)°$；$R_2^H\approx307.3(5)$pm，$\theta_2\approx57.54(14)°$。考虑离子大小失配引起的局部晶格弛豫，杂质–配体间距 R_i 可用以下经验公式 $R=R_H+(r_i-r_h)/2$ 估算，其中 R_H 为基质晶体的相应值，其中 $r_i\approx96.4$pm，$r_h\approx106.1$pm。

自由离子参量包括 Coulomb 排斥项 $F^2\approx78749\ cm^{-1}$，$F^4\approx57785\ cm^{-1}$，$F^6\approx39557.6\ cm^{-1}$；

二体相互作用 $\alpha \approx 20.16\ cm^{-1}$，$\beta \approx -566.9\ cm^{-1}$，$\gamma \approx 1500\ cm^{-1}$；同位素 ^{147}Sm 和 ^{149}Sm 的偶极超精细结构常数 $P(^{147}Sm) \approx -51.7(6) \times 10^{-4} cm^{-1}$，$P(^{149}Sm) \approx -41.8(6) \times 10^{-4} cm^{-1}$。

对角化 $4f^5$ 离子在三角对称下 24×24 阶能量矩阵，将上述参数代入微扰公式，拟合 EPR 参量计算值与实验值，得到 $La_2Mg_3(NO_3)_{12}$：Sm^{3+}的本征参量 $\bar{A}_K\ (R_0)$：

$$\bar{A}_2 \approx 674\ cm^{-1},\quad \bar{A}_4 \approx 35.4\ cm^{-1},\quad \bar{A}_6 \approx 72.2\ cm^{-1}$$

相应的自旋哈密顿参量的理论计算值和实验值的对比见表 5-4。

表 5-4　$La_2Mg_3(NO_3)_{12} \cdot 24H_2O$ 晶体中三角 Sm^{3+}中心 EPR 参量

	$g_{//}$	$g_{\perp}$	$A_{//}(^{147}Sm)$	$A_{\perp}(^{147}Sm)$	$A_{//}(^{149}Sm)$	$A_{\perp}(^{149}Sm)$
Cal.	0.758	0.402	339.0	10.7	281.5	8.6
Expt. *	0.76(1)	0.4(5)	346(5)	≤100	287(5)	≤100

注：* Abragam，1970。

可以看出，$La_2Mg_3(NO_3)_{12} \cdot 24H_2O$ 晶体中三角 Sm^{3+}中心 EPR 参量($g_{//}$、$g_{\perp}$、$A_{//}(^{147}Sm$ 与 $^{149}Sm)$理论计算结果与实验值符合较好。可以认为三角对称下 $4f^5$ 微扰公式可计算方法是合理的，该方法对其他类似体系也是有效的。

文献中，LMN 晶体中同位素 ^{147}Sm 和 ^{149}Sm 的 $A_{\perp}$实验值列出不超过 $100 \times 10^{-4}\ cm^{-1}$，具体数值未给出。根据本工作，建议 $A_{\perp}(^{147}Sm) \approx 10.7 \times 10^{-4}\ cm^{-1}$，$A_{\perp}(^{149}Sm) \approx 8.6 \times 10^{-4}\ cm^{-1}$，这一结果当然还有待更进一步的实验验证。

6 $4f^9$ 离子的自旋哈密顿参量微扰公式及其应用

6.1 轴对称（三角和四角）场中 $4f^9$ 离子的自旋哈密顿参量微扰公式

$4f^9$ 离子具有 $^6H_{15/2}$ 自由电子基态。在轴对称（四角或三角）晶场下 $^6H_{15/2}$ 劈裂为 8 个 Kramers 双重态，最低 Kramers 双重态是 Γ_6 或 Γ_7。我们考虑了基态 $^6H_{15/2}$ 与第一激发态 $^6H_{13/2}$ 以及第二激发态 $^6H_{11/2}$ 三者之间的晶场 J 混效应。这样，最低 Kramers 双重态 $\Gamma\gamma$（γ=6 或 7）和其他 20 个 Kramers 双重态的波函数可通过对角轴对称场中 $4f^9$ 离子的 42×42 阶矩阵得到。另外，考虑具有相同 J 的态（即 $^6H_{15/2}$，$^4I_{11/2}$ 和 $^2K_{15/2}$，$^6H_{13/2}$，$^4I_{13/2}$ 和 $^4H_{13/2}$，$^6H_{11/2}$，$^4I_{11/2}$，$^6F_{11/2}$ 和 $^4G_{11}/2$ 之间的混合）之间由于旋–轨耦合作用而引起的混合，最低 Kramers 双重态 $\Gamma\gamma$ 的波函数可写为

$$
\begin{aligned}
|\Gamma\gamma(\text{或 }\gamma')\rangle = & \sum_{M_{J1}} C({}^6H_{15/2};\Gamma\gamma(\text{或 }\gamma')M_{J1})\, N_{15/2}(|{}^6H_{15/2}\, M_{J1}\rangle + \lambda_{\mathrm{I}}|{}^4I_{15/2}M_{J1}\rangle + \lambda_{\mathrm{I}}'|{}^4I_{15/2}M_{J1}\rangle) \\
& + \sum_{M_{J2}} C({}^6H_{13/2};\Gamma\gamma(\text{或}\gamma')M_{J2})\, N_{13/2}(|{}^6H_{13/2}\, M_{J2}\rangle + \lambda_{\mathrm{I}}''|{}^4I_{13/2}M_{J2}\rangle + \lambda_H|{}^4H_{13/2}M_{J2}\rangle) \\
& + \sum_{M_{J3}} C({}^6H_{11/2};\Gamma\gamma(\text{或 }\gamma')M_{J3})\, N_{11/2}(|{}^6H_{11/2}M_{J3}\rangle + \lambda_{\mathrm{I}}'''|{}^4I_{11/2}M_{J3}\rangle + \lambda_F\, {}^6F_{11/2}M_{J3}\rangle \\
& + \lambda_G|{}^4G_{11/2}M_{J3}\rangle)
\end{aligned}
\quad (6\text{-}1)
$$

这里 N_i 和 λ_i 分别为归一化因子和混合系数，可由旋–轨耦合矩阵元和微扰方法得到，M_{J1}，M_{J2} 和 M_{J3} 分别为–15/2~15/2，–13/2~13/2 和–11/2~11/2 范围内的半整数，可由旋–轨耦合矩阵元和微扰方法得到。

对处于外磁场中的 $4f^9(Dy^{3+})$ 离子，同理可得到 g 和 A 因子的一阶微扰公式。EPR 参量的主要贡献来源于一阶微扰项，但是，$^6H_{15/2}$，$^6H_{13/2}$ 和 $^6H_{11/2}$ 光谱项（42×42 能量矩阵）分裂成的除最低 Kramers 二重态 Γ 以外其他 20 个 Kramers 简并态 Γ_x 将通过晶体场和轨道角动量（或磁超精细结构等价算符）相互作用，与最低 Kramers 二重态发生混合，从而对自旋哈密顿参量产生二阶微扰贡献[注意：由于最低 Kramers 二重态与其他 Kramers 简并态关于晶体场 $\hat{H}_{\mathrm{CF}}$ 和 $\hat{L}$（或 $\hat{N}$）算符的 X 和 Y 分量之间没有非零的矩阵元，因此 $g_\perp$(或 $A_\perp$)的二阶贡献为零，即 $g_\perp^{(2)}=A_\perp^{(2)}=0$]。这样，我们得到三角或四角对称下 $4f^9$ 离子最低 Kramers 二重态的自旋哈密顿参量 $g_{//}$，$g_\perp$，$A_{//}$ 和 $A_\perp$ 的二阶微扰公式

$$g_{//}=g_{//}^{(1)}+g_{//}^{(2)}$$

$$g_{//}^{(1)}=2g_J<\Gamma\gamma|\hat{J}_Z|\Gamma\gamma>,\quad g_{//}^{(2)}=2\sum_X{}'\frac{<\Gamma\gamma|\hat{H}_{\mathrm{CF}}|\Gamma_X\gamma_X><\Gamma_X\gamma_X|\hat{J}_Z|\Gamma\gamma>}{E(\Gamma_X)-E(\Gamma)}$$

$$g_{//}^{(1)}=2g_J(^{2S+1}L_J)<\Gamma\gamma|J_z|\Gamma\gamma>$$

$$=2\{\sum_{M_{J1}}|C(^6H_{15/2};\Gamma\gamma M_{J1})|^2N_{15/2}^2M_{J1}[g_J(^6H_{15/2})+\lambda_I^2g_J(^4I_{15/2})+\lambda_K^2g_J(^6K_{15/2})]$$

$$+\sum_{M_{J2}}|C(^6H_{13/2};\Gamma\gamma M_{J2})|^2N_{13/2}^2M_{J2}[g_J(^6H_{13/2})+\lambda_I^{2'}g_J(^4I_{13/2})+\lambda_H^2g_J(^4H_{13/2})]$$

$$+\sum_{M_{J3}}|C(^6H_{11/2};\Gamma\gamma M_{J3})|^2N_{11/5}^2M_{J3}[g_J(^6H_{11/2})+\lambda_I^{2''}g_J(^4I_{11/2})+\lambda_F^2g_J(^6F_{11/2})$$

$$+\lambda_G^2g_J(^4G_{11/2})]\}+4\{\sum_{M_{J2}}[(\tfrac{13}{2}+1)^2-M_{J2}^2]^{1/2}C(^6H_{15/2};\Gamma\gamma M_{J2})C(^6H_{13/2};\Gamma\gamma M_{J2})N_{15/2}N_{13/2}$$

$$\times[g_J'(^6H_{13/2},{}^6H_{15/2})+\lambda_I\lambda_I'g_J'(^4I_{13/2},{}^4I_{15/2})]$$

$$+\sum_{M_{J3}}[(\tfrac{11}{2}+1)^2-M_{J3}^2]^{1/2}C(^6H_{13/2};\Gamma\gamma M_{J2})C(^6H_{11/2};\Gamma\gamma M_{J3})$$

$$\times[g_J'(^6H_{11/2},{}^6H_{13/2})+\lambda_I'\lambda_I''g_J'(^4I_{11/2},{}^4I_{13/2})]\}$$

$$g_\perp=g_\perp^{(1)}+g_\perp^{(2)}$$

$$g_\perp^{(1)}=g_J<\Gamma\gamma|\hat{J}_+|\Gamma\gamma'>,\quad g_\perp^{(2)}=0$$

$$g_\perp^{(1)}=2g_J(^{2S+1}L_J)<\Gamma\gamma|J_x|\Gamma\gamma'>$$

$$=\sum_{M_{J1}}(-1)^{15/2-M_{J1}+1}[\tfrac{15\cdot17}{4}-(M_{J1}-1)M_{J1}]^{1/2}C(^6H_{15/2};\Gamma\gamma M_{J1})C(^6H_{15/2};\Gamma\gamma'M_{J1}-1)N_{15/2}^2$$

$$\times[g_J(^6H_{15/2})+\lambda_I^2g_J(^4I_{15/2})+\lambda_K^2g_J(^6K_{15/2})]+$$

$$\sum_{M_{J2}}(-1)^{13/2-M_{J2}+1}[\tfrac{13\cdot15}{4}-(M_{J2}-1)M_{J2}]^{1/2}C(^6H_{13/2};\Gamma\gamma M_{J2})C(^6H_{13/2};\Gamma\gamma'M_{J2}-1)N_{13/2}^2$$

$$\times[g_J(^6H_{13/2})+\lambda_I^{2'}g_J(^4I_{13/2})]+\lambda_H^2g_J(^6H_{13/2})]+$$

$$\sum_{M_{J3}}(-1)^{11/2-M_{J3}+1}[\tfrac{11\cdot13}{4}-(M_{J3}-1)M_{J3}]^{1/2}C(^6H_{11/2};\Gamma\gamma M_{J3})C(^6H_{11/2};\Gamma\gamma'M_{J3}-1)N_{11/5}^2$$

$$\times[g_J(^6H_{11/2})+\lambda_I^{2''}g_J(^4I_{11/2})+\lambda_F^2g_J(^6F_{11/2})+\lambda_G^2g_J(^4G_{11/2})]$$

$$+2\{\sum_{M_{J2}}[(\tfrac{13}{2}+M_{J2}+1)(\tfrac{13}{2}+M_{J2}+2)]^{1/2}C(^6H_{15/2};\Gamma\gamma M_{J2})C(^6H_{13/2};\Gamma\gamma' M_{J2}-1)$$

$$\times N_{15/2}N_{13/2}[g_J'(^6H_{13/2},{}^6H_{15/2})+\lambda_I\lambda_I'g_J'(^4I_{13/2},{}^4I_{15/2})]$$

$$\sum_{M_{J3}}[(\tfrac{11}{2}+M_{J3}+1)(\tfrac{11}{2}+M_{J3}+2)]^{1/2}C(^6H_{13/2};\Gamma\gamma M_{J3})C(^6H_{11/2};\Gamma\gamma' M_{J3}-1)N_{13/2}N_{11/2}$$

$$\times[g_J'(^6H_{11/2},{}^6H_{13/2})+\lambda_I'\lambda_I''g_J'(^4I_{11/2},{}^4I_{13/2})]\} \qquad (6\text{-}2)$$

$A_{//}=A_{//}^{(1)}+A_{//}^{(2)}$

$A_{//}^{(1)}=2N_J\langle\Gamma\gamma|\hat{N}_Z|\Gamma\gamma\rangle$,

$$A_{//}^{(2)}=2P\sum_X{}'\frac{\langle\Gamma\gamma|H_{\mathrm{CF}}|\Gamma_X\gamma_X\rangle\langle\Gamma_X\gamma_X|\hat{N}_Z|\Gamma\gamma\rangle}{E(\Gamma_X)-E(\Gamma)}$$

$A_{//}^{(1)}=2PN_J(^{2S+1}L_J)\langle\Gamma\gamma|N_z|\Gamma\gamma\rangle$

$$=P\{\sum_{M_{J1}}|C(^6H_{15/2};\Gamma\gamma M_{J1})|^2N_{15/2}^2M_{J1}[N_J(^6H_{15/2})+\lambda_I^2N_J(^4I_{15/2})+\lambda_K^2N_J(^6K_{15/2})]$$

$$+\sum_{M_{J2}}|C(^6H_{13/2};\Gamma\gamma M_{J1})|^2N_{13/2}^2M_{J2}[N_J(^6H_{13/2})+N_I^{2}{}'g_J(^4I_{13/2})]+N_H^2g_J(^6H_{13/2})]$$

$$+\sum_{M_{J3}}|C(^6H_{11/2};\Gamma\gamma M_{J3})|^2N_{11/5}^2M_{J3}[N_J(^6H_{11/2})+\lambda_I^{2}{}''N_J(^4I_{11/2})+\lambda_F^2N_J(^6F_{11/2})$$

$$+\lambda_G^2N_J(^4G_{11/2})]\}+2P\{\sum_{M_{J2}}[(\tfrac{13}{2}+1)^2-M_{J2}^2]^{1/2}C(^6H_{15/2};\Gamma\gamma M_{J2})C(^6H_{13/2};\Gamma\gamma M_{J2})N_{13/2}N_{15/2}$$

$$\times[g_J'(^6H_{13/2},{}^6H_{15/2})+\lambda_I\lambda_I'g_J'(^4I_{13/2},{}^4I_{15/2})]$$

$$+\sum_{M_{J3}}[(\tfrac{11}{2}+1)^2-M_{J3}^2]^{1/2}C(^6H_{13/2};\Gamma\gamma M_{J3})C(^6H_{11/2};\Gamma\gamma M_{J3})N_{11/2}N_{13/2}$$

$$\times[g_J'(^6H_{11/2},{}^6H_{13/2})+\lambda_I'\lambda_I''g_J'(^4I_{11/2},{}^4I_{13/2})]\}$$

$A_\perp=A_\perp^{(1)}+A_\perp^{(2)}$

$A_\perp^{(1)}=P\,N_J\langle\Gamma\gamma|\hat{N}_+|\Gamma\gamma'\rangle$，$A_\perp^{(2)}=0$

$A_\perp=2\,P\,N_J(^{2S+1}L_J)\langle\Gamma\gamma\,|\,J_x\,|\,\Gamma\gamma'\rangle$

$$=P\{\sum_{M_{J1}}(-1)^{15/2-M_{J1}+1}[\tfrac{15\cdot17}{4}-(M_{J1}-1)M_{J1}]^{1/2}C(^6H_{15/2};\Gamma\gamma M_{J1})C(^6H_{15/2};\Gamma\gamma' M_{J1}-1)$$

$$\times N_{15/2}^2[N_J(^6H_{15/2})+\lambda_I^2N_J(^4I_{15/2})+\lambda_K^2N_J(^6K_{15/2})]$$

$$+\sum_{M_{J2}}(-1)^{13/2-M_{J2}+1}[\tfrac{13\cdot15}{4}-(M_{J2}-1)M_{J2}]^{1/2}C(^4I_{13/2};\Gamma\gamma M_{J2})C(^4I_{13/2};\Gamma\gamma' M_{J2}-1)N_{13/2}^2$$

$$\times[N_J(^6H_{13/2})+\lambda_I^{2\prime}N_J(^4I_{13/2})]+\lambda_H^2N_J(^6H_{13/2})]$$

$$+\sum_{M_{J3}}(-1)^{11/2-M_{J3}+1}[\tfrac{11\cdot13}{4}-(M_{J3}-1)M_{J3}]^{1/2}C(^4I_{11/2};\Gamma\gamma M_{J3})C(^4I_{11/2};\Gamma\gamma' M_{J3}-1)N_{11/2}^2$$

$$\times[N_J(^6H_{11/2})+\lambda_I^{2\prime\prime}N_J(^4I_{11/2})]+\lambda_F^2N_J(^6F_{11/2})]+\lambda_G^2N_J(^4G_{11/2})]\}$$

$$+2P\{\sum_{M_{J2}}[(\tfrac{13}{2}+M_{J2}+1)(\tfrac{13}{2}+M_{J2}+2)]^{1/2}C(^6H_{15/2};\Gamma\gamma M_{J2})C(^6H_{13/2};\Gamma\gamma' M_{J2}-1)N_{13/2}N_{15/2}$$

$$\times[N_J'(^6H_{13/2},{}^6H_{15/2})+\lambda_I\lambda_I'N_J'(^4I_{13/2},{}^4I_{15/2})]$$

$$+\sum_{M_{J3}}[(\tfrac{11}{2}+M_{J3}+1)(\tfrac{11}{2}+M_{J3}+2)]^{1/2}C(^6H_{13/2};\Gamma\gamma M_{J3})C(^6H_{11/2};\Gamma\gamma' M_{J3}-1)N_{11/2}N_{13/2}$$

$$\times[N_J'(^6H_{11/2},{}^6H_{13/2})+\lambda_I'\lambda_I''N_J'(^4I_{11/2},{}^4I_{13/2})]\} \quad (6\text{-}3)$$

各态的 g_J，g_J'，N_J 和 N_J'可从 A. Abragam 和 L. A. Sorin 等的著作中得到[23,24]。

需要指出的是，前人对自旋哈密顿参量的处理都是局限在一阶微扰的框架下的，在很多理论工作中计算与实验符合较差，而二阶微扰对自旋哈密顿参量产生贡献则被忽略。

6.2 应 用

6.2.1 YVO_4 晶体中的四角 Dy^{3+} 中心

由于掺三价稀土离子的氧化物晶体（如锆石型氧化物晶体）在新型光电材料领域的广泛应用，近年来引起了人们的极大关注。对这类晶体的谱学性质已有不少研究，例如，锆石型 YVO_4 晶体中 Dy^{3+}的自旋哈密顿参量 g 因子 $g_{//}$，$g_\perp$以及同位素 $^{161}Dy^{3+}$和 $^{163}Dy^{3+}$超精细结构常数 $A_{//}$，$A_\perp$早有报道，但至今这些自旋哈密顿参量仍未得到理论解释[71−72]。通常，$4f^9$ 离子的自旋哈密顿参量由一阶微扰公式近似计算，传统一阶微扰公式所采用的最低 Kramers 双重态的波函数只考虑基态 $^6H_{15/2}$ 多重态内的相互作用由对角化 16×16 能量矩阵得到。为了更为精确地计算自旋哈密顿参量，本书利用 $4f^9$ 离子在四角对称晶场中的二阶微扰公式来研究这些参量。考虑了① 由于晶场相互作用引起的基态 $^6H_{15/2}$，第一激发态 $^6H_{13/2}$ 和第二激发态 $^6H_{11/2}$ 之间的 J 混合，所建立的矩阵为 42×42 阶的能量矩阵。② 具有相同 J 值的态或能级之间的混合，包括 $^6H_{15/2}$，$^4I_{11/2}$ 和 $^2K_{15/2}$，$^6H_{13/2}$，$^4I_{13/2}$ 和 $^4H_{13/2}$，$^6H_{11/2}$，$^4I_{11/2}$，$^6F_{11/2}$ 和 $^4G_{11/2}$ 之间的混合。③ 最低 Kramers 双重态 $\Gamma\gamma$ 与其他 20 个 Kramers 双重态（或不可约表示）中具有相同不可约表示的态之间通过晶场和轨道角动量算符（或超精细结构等价算符）引起的相互作用。④ 共价效应等各种因数的贡献。利用上述微扰公式，晶场参量采用类似稀土离子 Er^{3+}在 YVO_4 晶体中的晶场参量来合理估算，本书研究了 YVO_4 晶体中 Dy^{3+}（注意：Dy^{3+}在 YVO_4 晶体中替代 Y^{3+}，占据四角对称位置）的自旋哈密顿参量 g_i 和 A_i，并对结果进行讨论[73]。

$4f^9$ 离子在四角对称场中，自由离子的基态 $^6H_{15/2}$ 劈裂为 8 个 Kramers 二重态。根据 YVO_4：Dy^{3+}的 g 因子平均值 $\bar{g}\,[=(g_{//}+2g_{\perp})/3\approx 6.79]$，最低 Kramers 双重态为$\Gamma_6$。最低态的波函数$\Gamma_6$可通过对角化四角场中的 42×42 阶能量矩阵得到，既考虑了由于晶场相互作用引起的 ^6H_J（J=15/2，13/2 和 11/2）态之间的 J 混效应，还考虑了具有相同 J 值的态（即 $^6H_{15/2}$，$^6I_{15/2}$ 和 $^2K_{15/2}$，$^6H_{13/2}$，$^4I_{13/2}$，$^4H_{13/2}$，$^6H_{11/2}$，$^4I_{11/2}$ 和 $^4G_{11/2}$）之间由于旋–轨耦合作用引起的混合，这样得到最低 Kramers 双重态为Γ_6的波函数。

考虑晶体中稀土离子基团$(DyO_4)^{5-}$的金属–配体键的共价效应，上述公式中的旋轨耦合系数 ζ_{4f} 和偶极超精细结构常数 P 应写为 $\zeta_{4f}\approx k\,\zeta_{4f}{}^0$，$P\approx k\,P_0$，其中 k 为轨道缩小因子，本书取 $k\approx 0.983$，$\zeta_{4f}{}^0$ 和 P_0 为相应的自由离子值（表 6-1）。自由离子的排斥势 $E_0{}^K$ 和二体相互作用参数 α，β，γ 也见表 6-1。

上述公式中的晶场参量 B_k^q 通常通过分析所研究材料的光谱数据得到。但至今 YVO_4：Dy^{3+}的光谱数据仍未见报道。我们可由下述方法从类似稀土 Er^{3+}在相同基质晶体 YVO_4 中的晶场参量来合理估算：

晶场参量可写为

$$B_k^q \approx A_k^q \langle r^k \rangle \tag{6-4}$$

这里，$\langle r^k \rangle$为离子半径 r 的期望值，A_k^q 为静电晶场的不可约球谐张量部分，它主要与基质晶体有关，而对中心稀土离子不敏感。这样，可得到近似关系：

$$B_k^q(Dy^{3+}) \approx B_k^q(Er^{3+})\frac{\langle r^k \rangle_{Dy^{3+}}}{\langle r^k \rangle_{Er^{3+}}} \tag{6-5}$$

由 YVO_4：Er^{3+}晶体的光谱，可得到

$$B_2^0 \approx -206\ \mathrm{cm^{-1}},\quad B_4^0 \approx 364\ \mathrm{cm^{-1}},\quad B_4^4 \approx -926\ \mathrm{cm^{-1}}$$

$$B_6^0 \approx -688\ \mathrm{cm^{-1}},\quad B_6^4 \approx 31\ \mathrm{cm^{-1}} \tag{6-6}$$

对 Dy^{3+}有，$\langle r^2 \rangle\approx 0.726$ a.u.，$\langle r^4 \rangle\approx 1.322$ a.u.，$\langle r^6 \rangle\approx 5.102$ a.u.；对 Er^{3+}有，$\langle r^2 \rangle\approx 0.666$ a.u.，$\langle r^4 \rangle\approx 1.126$ a.u.，$\langle r^6 \rangle\approx 3.978$ a.u。将这些参量代入公式（6-5），并考虑两种稀土杂质离子存在微小不同晶格畸变，可得到 YVO_4：Dy^{3+}晶体的晶场参量如下：

$$B_2^0 \approx -147\ \mathrm{cm^{-1}},\quad B_4^0 \approx 427\mathrm{cm^{-1}},\quad B_4^4 \approx -1160\ \mathrm{cm^{-1}}$$

$$B_6^0 \approx -724\mathrm{cm^{-1}},\quad B_6^4 \approx 34\mathrm{cm^{-1}} \tag{6-7}$$

将上述参量代入 42×42 阶能量矩阵和公式（6-2）和（6-3），即可计算出 YVO_4 晶体中 Dy^{3+}的自旋哈密顿参量 g 因子 $g_{//}$，$g_{\perp}$以及同位素 $^{161}Dy^{3+}$和 $^{163}Dy^{3+}$超精细结构常数 $A_{//}$，$A_{\perp}$。结果与实验值的对照见表 6-2。

表 6-1　Dy^{3+}的自由离子值（cm^{-1}）

E_0^0	E_0^1	E_0^2	E_0^3	α_0	β_0	γ_0	ζ_{4f}	$P_0(^{161}Dy)$	$P_0(^{163}Dy)$
55395	6158	30.43	622.75	17.92	−612.15	1679.85	1914	$-52(1)\times10^{-4}$	$72(1)\times10^{-4}$

注：Taylor，1972。

表 6-2　YVO_4：Dy^{3+}晶体的 EPR 参量 g 因子和超精细结构常数 A 因子

	Cal. a)	Cal. b)	Cal.(tot)	Expt. [*]
$g_{//}$	1.000(5)	0.105(2)	1.105(7)	1.104(1)
$g_{\perp}$	9.909(10)	0	9.909(10)	9.903(5)
$A_{//}(^{161}Dy^{3+})/10^{-4}\ cm^{-1}$	27(4)	3	30(4)	32(1)
$A_{\perp}(^{161}Dy^{3+})/10^{-4}\ cm^{-1}$	278(10)	0	278(10)	285(5)
$A_{//}(^{163}Dy^{3+})/10^{-4}\ cm^{-1}$	38(4)	4	42(4)	43.5(2)
$A_{\perp}(^{163}Dy^{3+})/10^{-4}\ cm^{-1}$	385(12)	0	385(12)	391(1)

注：a—基于传统一阶微扰方法的计算；

b—二阶微扰项的计算值；* Ranon，1968。

由表 6-2 可看出，使用本书推导的综合考虑了上述相互作用和共价效应的二阶微扰公式，可以满意解释 YVO_4 晶体中 Dy^{3+}的自旋哈密顿参量 g 因子 $g_{//}$，$g_{\perp}$以及同位素 $^{161}Dy^{3+}$和 $^{163}Dy^{3+}$超精细结构常数 $A_{//}$，$A_{\perp}$，说明了本书推导二阶微扰公式是合理的。相对于传统的一阶微扰项，$g_{//}$和 $A_{//}$的二阶微扰部分占 10%左右。因此，对晶体中 $4f^9$ 离子的自旋哈密顿参量进行精确解释，应包括二阶微扰的贡献。

6.2.2　$ZrSiO_4$ 晶体中的四角 Dy^{3+} 中心

因其高机械强度和热化学抗性，锆石型晶体在岩石学、地质年代学和地球化学等研究领域是极其重要的研究材料。将稀土离子引入晶体可以敏锐地改变材料的性质，进而可应用在光学和电子器件中。含稀土离子的锆石型因可作为激光、发光和磷光材料而引人注目[74–78]。许多研究稀土离子的光学和电子顺磁共振谱锆石型化合物已见报道。例如，M. R. Laruhin 等[74]测量了典型锆石型晶体 $ZrSiO_4$ 中四角 Dy^{3+}中心的 EPR 谱，得到了自旋哈密顿参量 g 因子 $g_{//}$，$g_{\perp}$和同位素 ^{161}Dy 与 ^{163}Dy 中心的超精细结构常数 $A_{//}$，$A_{\perp}$。然而，到目前为止，上述实验结果尚未得到理论解释。

锆石型晶体结构如图 6-1 所示，其中，Zr^{4+}局部结构数据：$R_1^H\approx226.8$pm，$\theta_1\approx32°26'$；$R_2^H\approx213.1$pm，$\theta_2\approx101°20'$，考虑到 Dy^{3+}–O^{2-}键的共价性，应该引入共价缩小因子，此处取 $k\approx0.984$。由于杂质 Dy^{3+}和基质 Zr^{4+}大小不同，存在引入杂质离子造成的晶格弛豫。新的杂质离子键长 R_j 由 $R_j=R_j^H+(r_i-r_h)/2$ 估算。对 $ZrSiO_4$：Dy^{3+}，$r_i\approx90.8$pm，$r_h\approx79$pm，而自由离子参量，库伦排斥（$E^0\approx55395\ cm^{-1}$，$E^1\approx6158\ cm^{-1}$，$E^2\approx30.43\ cm^{-1}$，$E^3\approx622.75\ cm^{-1}$），二体相互作用（$\alpha\approx17.92\ cm^{-1}$，$\beta\approx612.15\ cm^{-1}$，$\gamma\approx1679.85\ cm^{-1}$），自旋轨道耦合系数（$\zeta_{4f}\approx1914\ cm^{-1}$）取自表 6-1。（$DyO_8$）$^{13-}$基团的重叠模型参量取自类似锆石型的 $LuPO_4$：Dy^{3+}晶体，即 $\bar{A}_2\approx$

285cm^{-1}，$t_2 \approx 7$，$t_4 \approx 12$，$t_6 \approx 11$，本征参量 $\bar{A}_4$ 和 $\bar{A}_6$ 取为可调参量。

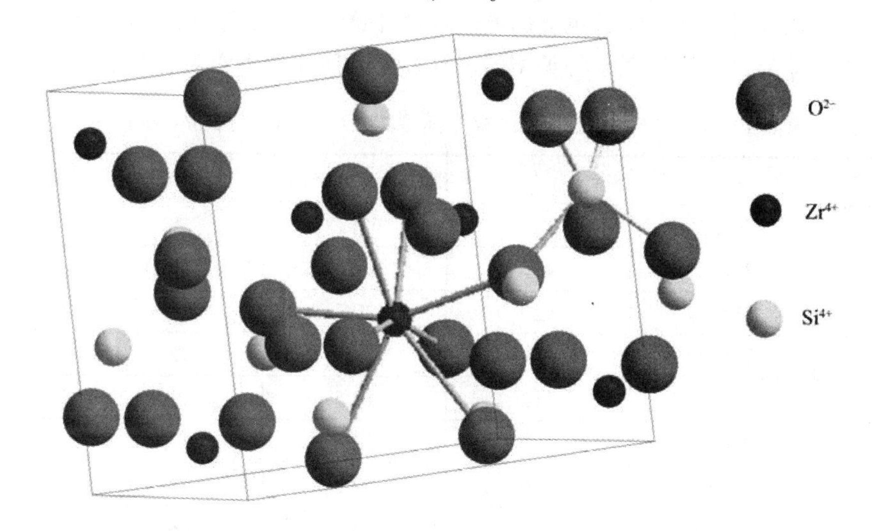

图 6-1 ZrSiO$_4$ 晶体结构示意图

根据上述公式和数据，拟合 EPR 参量计算值和理论值，得到

$$\bar{A}_4 \approx 29.3\ \text{cm}^{-1},\quad \bar{A}_6 \approx 17.8\ \text{cm}^{-1} \tag{6-8}$$

相应的 EPR 参量的理论计算结果和试验值对比结果见表 6-3。

从表 6-3 可以看出，基于微扰公式和相关叠加模型参数的 ZrSiO$_4$ 晶体中 Dy^{3+}的理论 EPR 参数 g 因子 $g_{//}$和 $g_{\perp}$，$^{161}Dy^{3+}$与 $^{163}Dy^{3+}$同位素超精细结构常数 $A_{//}$和 $A_{\perp}$与实验观测值吻合得很好。因此，所研究材料 SH 参数系统定量解释。我们把这些重叠模型参数用在前述锆石型 YVO$_4$:Dy^{3+}中心晶体（但共价缩小因子 k 取为 0.967），可以看到，其 EPR 参数理论与实验结果也是相当吻合，计算和观测值的对比见表 6-3。这表明本书所使用的研究方法和参数可以被认为是合理的。显然，该计算方法对其他类似体系的也是有效的。

表 6-3 ZrSiO$_4$ 与 YVO$_4$ 中 Dy^{3+}的 EPR 参量

基质		$g_{//}$	$g_{\perp}$	$^{161}Dy^{3+}/10^{-4}$ cm^{-1}		$^{163}Dy^{3+}/10^{-4}$ cm^{-1}	
				$A_{//}$	$A_{\perp}$	$A_{//}$	$A_{\perp}$
ZrSiO$_4$	Cal. [本研究]	1.131	9.974	30.1(6)	273.7(50)	41.9(8)	380.8(70)
	Expt. *	1.132(1)	9.974(1)	30.7(10)	282(1)	40.4(10)	397(1)
YVO$_4$	Cal.[本研究]	1.115	9.908	29.1(6)	263.8(50)	40.4(8)	367.0(69)
	Expt. #	1.104(1)	9.903(5)	32(1)	285(5)	43.5(2)	391(1)

注：* Laruhin，2002；# Ranon，1968。

在（ReO$_8$）$^{15-}$基团中三价稀土离子叠加模型内禀参量参数 $\bar{A}_K$ 被收集在表 6-4 中。可以发现，这些内禀参量接近于类似的氧化物中四角（ErO$_8$）$^{13-}$基团，尤其是锆石型化合物的内禀参量。所以，这里使用的内禀参量可以被看作是合理的。可见对 EPR 参数的分析也有助于叠加模型参数估计。

上述计算存在一些误差。首先，微扰公式本身是近似的，会带来一些错误；此外，使用的用重叠模型参数和自由离子参数也会影响的理论计算结果；最后，由于杂质 Dy^{3+}和基质 Zr^{4+}之间的有效电荷差异，应该存在某种类型的电荷补偿，但在计算中被忽略了。

表 6-4　氧化物中稀土 Re^{3+}的重叠模型本征参量 $\overline{A}_K$（单位：cm^{-1}）

金属-配体键	基质	$\overline{A}_2$	$\overline{A}_4$	$\overline{A}_6$	参考
Eu^{3+}–O^{2-}	$CaWO_4$	407	63(5)	14	a
Er^{3+}–O^{2-}	$CaWO_4$	400	50(2)	18(2)	b
Er^{3+}–O^{2-}	YPO_4	420	20.3	30.3	c
Er^{3+}–O^{2-}	$ScVO_4$	95	20.3	25.5	c
Er^{3+}–O^{2-}	$ZrSrO_4$	112	19.5	11.9	c
Er^{3+}–O^{2-}	$ZrSiO_4$	280	29.6	17.6	d
Er^{3+}–O^{2-}	$HfSiO_4$	280	29.2	18.8	d
Er^{3+}–O^{2-}	$ThSiO_4$	280	30.4	16.5	d
Yb^{3+}–O^{2-}	$LuPO_4$	285	34.3	27	e
Yb^{3+}–O^{2-}	$ScPO_4$	285	28.2	27	e
Yb^{3+}–O^{2-}	YVO_4	285	29.1	19.2	e
Dy^{3+}–O^{2-}	$CaWO_4$	407	63(5)	14	a
Dy^{3+}–O^{2-}	$LuPO_4$	285	34.3	9.2	f
Dy^{3+}–O^{2-}	$ZrSiO_4$	285	29.3	17.8	本研究

注：a— Vishwamittar P，1974；

b— Newman，1977；

c— Vishwamittar，J1974；

d— Wu，2002；

e— Dong，2003；

f— Dong，2004。

6.2.3　ThO_2 晶体中的三角 Dy^{3+}中心

由于多种原因，ThO_2是一种有趣的基质晶体。它可以作为化合反应的敏化剂，由于 Th^{4+}的离子半径较大（$r_i \approx 1.02$pm），因此所有的稀土离子都可以替代 ThO_2 中 Th^{4+}的位置。人们使用多种实验技术来研究稀土离子在 ThO_2 晶体中的谱学性质，例如，Yin 等研究了 Dy^{3+}在 ThO_2 中的光谱，发现 Dy^{3+}只占据 C_{3v} 对称位置，该对称位是由于<111>轴向上的电荷补偿形成的。他们用 ThO_2 中类似的三角 Eu^{3+}中心的晶场参量合理解释了 Dy^{3+}在 ThO_2 中的光谱[79]。ThO_2 中的三角 Dy^{3+}中心的自旋哈密顿参量 g 因子 $g_{//}$和 $g_{\perp}$早已有测量，但至今对这些 g 因子仍无合理的理论解释[80]。

关于晶体中 Dy^{3+}的 g 因子，通常的研究方法是只考虑 $^6H_{15/2}$ 基态范围内的相互作用，在一阶微扰的框架内计算，所采用的矩阵为 16×16 阶能量矩阵。前人的研究方法一般不包括：① 由于晶场相互作用引起的基态 $^6H_{15/2}$，第一激发态 $^6H_{13/2}$ 和第二激发态 $^6H_{11/2}$ 之间的 J 混合，这样所建立的矩阵为 42×42 阶的能量矩阵。② 具有相同 J 值的态或能级之间的混合，包括 $^6H_{15/2}$，$^4I_{11/2}$ 和 $^2K_{15/2}$，$^6H_{13/2}$，$^4I_{13/2}$ 和 $^4H_{13/2}$，$^6H_{11/2}$，$^4I_{11/2}$，$^6F_{11/2}$ 和 $^4G_{11}/2$ 之间的混合。③ 最低 Kramers 双重态$\Gamma\gamma$与其他 20 个 Kramers 双重态（或不可约表示）中具有相同不可约表示的态之间通过晶场和轨道角动量算符（或超精细结构等价算符）引起的相互作用。④ 共价效应等各种因数的贡献。为了克服上述不足之处，更加合理解释 g 因子，本书使用上节建立的 $4f^9$ 离子的微扰公式来研究 ThO_2 晶体中的三角 Dy^{3+}中心的自旋哈密顿参量。

$4f^9$ 离子 Dy^{3+}的自由离子基态 $^6H_{15/2}$ 在三角对称场中劈裂为 8 个 Kramers 双重态。最低 Kramers 双重态为Γ_6（对应于 g 因子平均值 $\bar{g}\approx 6.67$）或Γ_7（对应于 g 因子平均值 $\bar{g}\approx 7.56$）。由 ThO_2 中 Dy^{3+}的平均值 $\bar{g}\,[=\frac{1}{3}(g_{//}+2g_{\perp})\approx 7.2]$，可判断其最低态为$\Gamma_7$。$\Gamma_7$ 的波函数可由对角化三角对称中 $4f^9$ 离子的能量矩阵得到。前人的工作只考虑基 $^6H_{15/2}$ 多重态（16×16 阶矩阵），与其不同的是，本书考虑了 $^6H_{15/2}$，$^6H_{13/2}$ 和 $^6H_{11/2}$ 之间的晶场相互作用引起的 J 混合，建立了 42×42 阶的能量矩阵。对角化三角场中的能量矩阵，并考虑由于旋–轨耦合作用引起的具有相同的态之间的相互作用的混合，可以得到最低 Kramers 双重态的波函数。

对本书研究的 ThO_2 晶体中的三角 Dy^{3+}中心，晶场参量 B_q^k 取自文献由光谱得到的参量（表 6-5）。考虑 ThO_2：Dy^{3+}晶体中 Dy^{3+}–O^{2-}键的共价性，对轨道缩小因子，本书取 $k\approx 0.94$。自由 Dy^{3+}的旋轨耦合系数 ζ_{4f}，Coulomb 排斥势 E^K，和二体相互作用参量 α，β，γ 见表 6-1，将这些参量代入公式（6–2），即可计算出 ThO_2 晶体中的三角 Dy^{3+}中心的 g 因子 $g_{//}$和 $g_{\perp}$。计算结果与实验值的对比见表 6-6。

表 6-5　ThO_2 晶体中三角 Dy^{3+}的晶场参量

Parameter	B_2^0	B_4^0	B_4^3	B_6^0	B_6^3	B_6^6
Value(cm^{-1})[*]	–661	843	–1709	799	299	1028

注：* Yin，2000。

由表 6-6 可以看出，利用前人的晶场参量和自由离子参量，考虑各种因数，通过使用本书的 g 因子的二阶微扰公式对 ThO_2 晶体中的三角 Dy^{3+}中心的 g 因子 $g_{//}$和 $g_{\perp}$的理论计算结果与实验值符合较好，说明上述微扰公式是合理的。如只是在基 $^6H_{15/2}$ 多重态内传统一阶微扰框架下 $g_{//}$和 $g_{\perp}$的计算结果小于实验观察值。在传统一阶微扰框架下进一步考虑 $^6H_{15/2}$，$^6H_{13/2}$ 和 $^6H_{11/2}$ 态的 J 混合以及具有相同 J 的态之间的混合，对 $g_{//}$和 $g_{\perp}$的改善约为 3%，但二阶微扰对 $g_{//}$的贡献约为 7%，是前者的两倍多。因此，为了更好地解释晶体中 Dy^{3+}的自旋哈密顿参量，上述混合和相互作用对因子的贡献应该考虑。

表 6-6　ThO_2 晶体中三角 Dy^{3+}中心的 g 因子 $g_{//}$和 $g_{\perp}$

	Cal.[a]	Cal.[b]	Cal.[c]	Cal.(tot.)	Expt.[*]
$g_{//}$	1.484	1.522	0.112	1.634	1.630(5)
$g_{\perp}$	9.646	9.993	0	9.993	9.99(2)

注：a—$^6H_{15/2}$ 多重态内传统一阶微扰框架下计算；

b—一阶微扰框架下进一步考虑 $^6H_J(J$=15/2，13/2，11/2)态的 J 混合以及具有相同 J 的态之间的混合的计算；

c—考虑所有贡献的计算；

* Amoretti，1986。

6.2.4 CaF_2晶体中的三角Dy^{3+}中心

三价稀土离子 Re^{3+}掺入碱土氟化物基质中替代二价碱土离子，掺杂离子多余的正电荷必然引起电荷补偿。由于各种补偿离子的性质（如价态等）和位置各不相同，就会在 MF_2：Re^{3+}晶体中形成具有不同对称位置（如立方、三角、四角和斜方对称）的各种杂质中心。确定这些杂质中心的缺陷结构模型是有趣且重要的。电子顺磁共振实验是确定杂质中心缺陷结构的一种有力工具。例如，EPR 实验发现，CaF_2：Dy^{3+}晶体中三角 Dy^{3+}中心的 g 因子[$g_{//}\approx 19.4(4)$，$g_{\perp}\approx 1.2(6)\times 10^{-4}$]有很大的各向异性。Kazanskii 认为这一三角中心为 O^{2-}替代沿<111>方向的最近邻的 F^-而形成，因而称其为三角 Dy^{3+}–O^{2-}中心[82]。为了进一步确定该缺陷模型，本书考虑：① 由于晶场相互作用引起的基态 $^6H_{15/2}$，第一激发态 $^6H_{13/2}$ 和第二激发态 $^6H_{11/2}$ 之间的 J 混合，这样所建立的矩阵为 42×42 阶的能量矩阵。② 具有相同 J 值的态或能级之间的混合，包括 $^6H_{15/2}$，$^4I_{11/2}$ 和 $^2K_{15/2}$，$^6H_{13/2}$，$^4I_{13/2}$ 和 $^4H_{13/2}$，$^6H_{11/2}$，$^4I_{11/2}$，$^6F_{11/2}$ 和 $^4G_{11}/2$ 之间的混合。③ 最低 Kramers 双重态$\Gamma\gamma$ 与其他 20 个 Kramers 双重态（或不可约表示）中具有相同不可约表示的态之间通过晶场和轨道角动量算符（或超精细结构等价算符）引起的相互作用，利用重叠模型得到晶场参量，使用本书推导的 $4f^9$ 离子的二阶微扰公式，计算了这一三角中心的自旋哈密顿参量，并对重叠模型参量 $\bar{A}_2(F^-)$和 $\bar{A}_2(O^{2-})$，自旋哈密顿参量以及缺陷模型进行讨论。

本书所研究的 CaF_2 晶体中 Dy^{3+}–O^{2-}中心的平均 g 因子 $\bar{g}\,[=(g_{//}+2g_{\perp})/3]\approx 6.5$，对应最低 Kramers 双重态为$\Gamma_6$。

CaF_2 晶体中 Dy^{3+}–O^{2-}中心，根据重叠模型，其晶场参量可写为

$$B_2^0=-2A_2(F^-)+2A_2(O^{2-}),\quad B_4^0=\frac{232}{27}A_4(F^-)+8A_4(O^{2-})$$

$$B_4^3=-\frac{64}{27}\sqrt{70}\,A_4(F^-),\quad B_6^0=\frac{2800}{81}A_6(F^-)+16A_6(O^{2-})$$

$$B_6^3=\frac{512}{81}\sqrt{\frac{70}{3}}\,A_6(F^-),\quad B_6^6=\frac{512}{81}\sqrt{\frac{77}{3}}\,A_6(F^-) \tag{6-9}$$

其中 $\bar{A}_K(F^-)$和 $\bar{A}_K(O^{2-})$分别为 F^-和 O^{2-}配体的内禀参量。它们与金属–配体间距的关系为

$$\bar{A}_K(R)=\bar{A}_K(R_0)\left(\frac{R_0}{R}\right)^{t_K} \tag{6-10}$$

其中，R_0为参考距离，通常取金属–配体平均间距。对 CaF_2 晶体中的 Dy^{3+}($R\approx 236.6$pm，$\bar{A}_4(F^-)\approx 78\text{cm}^{-1}$，$\bar{A}_6(F^-)\approx 23\text{cm}^{-1}$，$\bar{A}_2(F^-)$的值未给出，本书将其作为可调参量。$\bar{A}_4(O^{2-})$和 $\bar{A}_6(O^{2-})$取自 YAG：Dy^{3+}的参数，即 $\bar{A}_4(O^{2-})\approx 91(4)\text{cm}^{-1}$，$\bar{A}_6(O^{2-})\approx 25(2)\text{cm}^{-1}$(R≈236.8 pm)，$\bar{A}_2(O^{2-})$的值仍未给出，也作为可调参量。既然 YAG：$Dy^{3+}$的 Dy^{3+}–O^{2-}间距与 CaF_2：Dy^{3-}接近，并略大于后者(≈236.6 pm)，且指数律因子 $t_k>0$，我们可以合理地取 $\bar{A}_4(O^{2-})\approx 96\text{cm}^{-1}$ 和 $\bar{A}_6(O^{2-})\approx 27\text{cm}^{-1}$。可调参量 $\bar{A}_2(F^-)$和 $\bar{A}_2(O^{2-})$由拟合 g 因子理论计算值和实验值得到。Dy^{3+}的旋轨耦合系数 ζ_{4f}，Coulomb 排斥势 E^K，和二体相互作用参量 α，β，γ 见表 6-1，将这些参量代入 42×42 阶矩阵和微扰公式(6–2)及(6–3)，我们发现对 g 因子 $g_{//}$和 $g_{\perp}$，理论与实验值最好的拟合结果为

$$\bar{A}_2(F^-) \approx 395(7)cm^{-1}, \quad \bar{A}_2(O^{2-}) \approx 593(8)cm^{-1} \qquad (6\text{-}11)$$

计算结果与实验值的对比见表 6-7。

上述研究表明，重叠模型内禀参量 $\bar{A}_2(F^-)$和 $\bar{A}_2(O^{2-})(R\approx 236.6pm)$比相应 $\bar{A}_4(F^-)$和 $\bar{A}_4(O^{2-})$大一个数量级。表 6-8 给出了 Dy^{3+}和与之类似的三价稀土离子 Er^{3+}与 Eu^{3+}在多种晶体中的由实验数据得到的内禀参量 $\bar{A}_K$。可以看出，的确 $\bar{A}_2$要比相应的 $\bar{A}_4$大一个量级。因此，本书得到的 $\bar{A}_2(F^-)$和 $\bar{A}_2(O^{2-})$值可以认为是合理的，同时也表明，通过分析参量有助于估计重叠模型参数。值得一提的是，由于本计算未考虑 Dy^{3+}在 CaF_2 中替代 Ca^{2+}引起的局部晶格弛豫，$\bar{A}_2(F^-)$和 $\bar{A}_2(O^{2-})$的实际误差可能要大于表 6-8 所给出的数据。

表 6-7　CaF_2 晶体中三角 Dy^{3+}–O^{2-}中心的 EPR 参量

	$g_{//}$	$g_{\perp}$	$A_{//}(^{161}Dy^{3+})$ $/10^{-4}$ cm^{-1}	$A_{\perp}(^{161}Dy^{3+})$ $/10^{-4}$ cm^{-1}	$A_{//}(^{163}Dy^{3+})$ $/10^{-4}$ m^{-1}	$A_{\perp}(^{163}Dy^{3+})$ $/10^{-4}$ cm^{-1}
Cal.	19.41(40)	0	–535(10)	0	744(15)	0
Expt. [*]]	19.4(4)	$12(6)\times10^{-4}$	—	—	—	—

注：* Kazanskii，1980。

表 6-8　晶体中稀土离的内禀参量 $\bar{A}_K$ (cm^{-1})

金属-配体键	基质	$\bar{A}_2$	$\bar{A}_4$	$\bar{A}_6$	参考
Dy^{3+}–F^-	CaF_2	395(7)[a]	78	23	#,
Dy^{3+}–O^{2-}	CaF_2, YAG	593(8)[a]	96	27	*#
Dy^{3+}–Cl^-	$LaCl_3$	290	34	10	#&
Dy^{3+}–O^{2-}	$CAWO_4$ [b]	407	63(5)	14	* #
Er^{3+}–O^{2-}	$LaCl_3$	186	37	10	#, &
Er^{3+}–O^{2-}	$CAWO_4$	400	50(2)	18(2)	*#
Eu^{3+}–O^{2-}	$LaCl_3$	370(20)	35(2)	21(2)	# &
Eu^{3+}–O^{2-}	$CAWO_4$	407	63(5)	14	*#

注：a—$\bar{A}_2$为本书计算；

b—$CaWO_4$：Dy^{3+}和 YAG：Dy^{3+}之间 $\bar{A}_k$的不同是由于不同的金属–配体间距 R（对 $CaWO_4$，$R=\bar{R}\approx244.6$pm）；

* Vishwamittar，1974；# Newman 1977&Curtis，1969。

基于 CaF_2 晶体中三角 Dy^{3+}–O^{2-}中心的缺陷模型，本书合理解释了该三角中心的 g 因子 $g_{//}$和 $g_{\perp}$，说明这一缺陷模型是合理的。由同位素 $^{161}Dy^{3+}$–O^{2-}和 $^{163}Dy^{3+}$–O^{2-}中心的超精细结构常数 $A_{//}$和 $A_{\perp}$的实验数据尚未见报道，本书在表 6-8 的 A 因子计算值有待进一步的实验验证。同时还发现，二阶微扰的贡献约为 $g_{//}^{(2)}/g_{//}^{(1)}\approx 4\%$。如上节所述，对 ThO_2 中的三角 Dy^{3+}中心，$g_{//}^{(2)}/g_{//}^{(1)}\approx 7\%$。而考虑到 g 因子的各向异性，前者的各向异性（对 CaF_2：Dy^{3+}，$\Delta g=|g_{//}-g_{\perp}|\approx 19.4$）远大于后者（对 ThO_2：Dy^{3+}，$\Delta g\approx 8.36$），二阶微扰的相对重要性（用 $g_{//}^{(2)}/g_{//}^{(1)}$来表示）应该与晶场参量和低对称畸变有关，具体依赖关系有待更进一步的研究。

6.2.5 $DyBa_2Cu_3O_{6+x}$ 中的斜方 Dy^{3+} 中心

高温超导材料含有稀土离子，对其中的稀土离子的电子顺磁共振（EPR）研究可以提供这些材料的某些有用的微观信息，因而日益引起人们关注。其中三价稀土离子的 EPR 谱常用来探测高温超导体的自旋动力学性质。例如，以 Dy^{3+} 离子为探针可研究高温超导材料 $YBa_2Cu_3O_y$ 中 CuO_2 平面的性质，以及 Dy^{3+} 对超导转变温度 T_c 的影响。目前对 $DyBa_2Cu_3O_{6+x}$ 材料已有不少研究，例如，对从相应的单相 Dy123 高-T_c 超导体得到的多晶 $DyBa_2Cu_3O_{6+x}$ 样品进行了 X 波段的 EPR 测量，其中 Dy^{3+} 的较高各向异性 EPR 谱导致共振吸收线较宽，从较宽的 EPR 谱得到轴向的各向异性的 g 因子为 $g_{//}\approx 14.0$，$g_{\perp}\approx 1.0$。Dy123 超导体中 Dy^{3+} 具有斜方点群对称，这已为非弹性核散射（INS）实验所证实。由于斜方畸变较小，EPR 实验表明 g_x 和 g_y 之间的差别很小，即在实验误差范围内 $g_x\approx g_y\approx g_{\perp}$。根据上述 INS 研究，晶场参量由拟合 4 条最低实验能级得到（表 6-10），从中可见与斜方相关的参量 B_2^n 很小。Dy^{3+} 的基态 $^6H_{15/2}$ 在 D_{2h} 对称场中劈裂为 8 个 KramersΓ_5 双重态。由这些晶场参数，只考虑基 $^6H_{15/2}$ 多重态内的相互作用，对角化 16×16 阶能量矩阵，用传统一阶微扰公式，得到的 g 因子值为 $g_x\approx 1.8$，$g_y\approx 1.2$，$g_z\approx 14.2$。其理论计算的 $\bar{g}_{\perp}$ [$\approx(g_x+g_y)/2\approx 1.5$]的值大于实验观察到的 $g_{\perp}$ 值(≈ 1.0)，且 g_x 和 g_y 之间的差别过大[84–85]。因此，Likodimos 等认为这些晶场参量可能是不合理的。他们考虑 Dy^{3+} 的两个最低多重态 $^6H_{15/2}$ 和 $^6H_{13/2}$ 之间的 J 混合，使用的是 30×30 矩阵，重新估算了晶场参量（表 6-9）。由这些晶场参量计算的各向异性 g 因子值为 $g_x\approx 0.86$，$g_y\approx 0.78$，$g_z\approx 14.17$。可以看出，虽然理论计算的 g_x 和 g_y 之间的差别较小，但是 $g_{\perp}$ 的计算值与实验不符。因此为了满意解释 $DyBa_2Cu_3O_{6+x}$ 中 Dy^{3+} 的 g 因子，需要使用更为准确的晶场参量和更加完善的 g 因子的计算方法。本书建立了斜方晶场中 $4f^9$ 离子的自旋哈密顿参量的微扰公式。与前人不同的是，这些微扰公式考虑了基态 $^6H_{15/2}$，第一激发态 $^6H_{13/2}$ 和第二激发态 $^6H_{11/2}$ 之间由于晶场相互作用引起的 J 混合，建立了 42×42 阶能量矩阵，同时也考虑了由于旋轨耦合相互作用引起的具有相同 J 值的态（即 $^6H_{15/2}$，$^4I_{15/2}$ 和 $^4I'_{15/2}$；$^6H_{13/2}$，$^4I_{13/2}$ 和 $^4H_{13/2}$；$^6H_{11/2}$，$^6F_{11/2}$，$^4I_{11/2}$ 和 $^4G_{11/2}$）之间的混合。更重要的是，本书考虑了最低 Kramers 双重态 $\Gamma\gamma$ 与其他 20 个 Kramers 双重态中与最低态 $\Gamma\gamma$ 具有相同不可约表示的态之间由于晶场和轨道角动量算符联合作用而引起的混合，即二阶微扰项的作用，另外也考虑了共价效应的影响。

考虑上述因素，对斜方对称，二阶微扰公式可写为[86]

$$g_z=g_{//}^{(1)}+g_{//}^{(2)}$$

$$g_{//}^{(1)}=2g_J(^{2S+1}L_J)\langle\Gamma\gamma\,|\,\hat{J}_z\,|\Gamma\gamma\rangle$$

$$g_{//}^{(2)}=2\sum_X{}'\frac{\langle\Gamma\gamma|\,\hat{H}_{\mathrm{CF}}|\,\Gamma_X\gamma_X\rangle\langle\Gamma_X\gamma_X|\,\hat{J}_Z|\,\Gamma\gamma\rangle}{E(\Gamma_X)-E(\Gamma)}$$

$$g_x=g_x^{(1)}+g_x^{(2)}$$

$$g_x^{(1)}=2g_J(^{2S+1}L_J)\langle\Gamma\gamma|J_x|\Gamma\gamma'\rangle,\ g_x^{(2)}=0$$

$$g_y=g_y^{(1)}+g_y^{(2)}$$

$$g_y^{(1)}=2g_J(^{2S+1}L_J)\langle\Gamma\gamma|J_y|\Gamma\gamma'\rangle,\ g_y^{(2)}=0 \qquad (6\text{-}12)$$

$$A_z = A_z^{(1)} + A_z^{(2)}$$

$$A_z^{(1)} = 2PN_J(^{2S+1}L_J) < \Gamma\gamma | N_z | \Gamma\gamma >$$

$$A_z^{(2)} = 2P \sum_X{}' \frac{< \Gamma\gamma | H_{\mathrm{CF}} | \Gamma_X \gamma_X >< \Gamma_X \gamma_X | \hat{N}_Z | \Gamma\gamma >}{E(\Gamma_X) - E(\Gamma)}$$

$$A_x = A_x^{(1)} + A_x^{(2)}$$

$$A_x^{(1)} = 2PN_J(^{2S+1}L_J) < \Gamma\gamma | J_x | \Gamma\gamma' >, \ A_x^{(2)} = 0$$

$$A_y = A_y^{(1)} + A_y^{(2)}$$

$$A_y^{(1)} = 2PN_J(^{2S+1}L_J) < \Gamma\gamma | J_y | \Gamma\gamma' >, \ A_y^{(2)} = 0 \tag{6-13}$$

下面用这些微扰公式来研究超导材料 $DyBa_2Cu_3O_{6+x}$ 中 Dy^{3+}的自旋哈密顿参量。对角化 $4f^9$ 离子在斜方晶场 42×42 矩阵，由光谱数据，本书得到了 $DyBa_2Cu_3O_{6+x}$ 中 Dy^{3+}的晶场参量见表 6-10。由上述参量计算得到的光谱能级的理论值与实验值的对比见表 6-10。可以看出，它们符合得比较好。自由离子参量见表 6-1。考虑到 $DyBa_2Cu_3O_{6+x}$ 中 Dy^{3+}–O^{2-}结合的共价性，需要引入轨道缩小因子 k，这里，取 k=0.956。将上述参量应用到本书推导的微扰公式，可计算出 $DyBa_2Cu_3O_{6+x}$ 超导体中斜方 Dy^{3+}中心的自旋哈密顿参量 g 因子 g_x，g_y 和 g_z，理论计算结果与实验的对比见表 6-11。

表 6-9　$DyBa_2Cu_3O_{6+x}$ 晶体中 D_{2h} 对称 Dy^{3+}的晶场参量（cm^{-1}）

B_0^2	B_2^2	B_0^4	B_2^4	B_4^4	B_0^6	B_2^6	B_4^6	B_6^6	Ref.
261	33	−1547	59	885	253	−5.4	618	3.6	[*]
339	33	−1670	59	928	298	−5.6	686	5.4	[#]
278	53	−1683	17	912	397	−3.6	667	3.4	本研究

注：* Allenspach，1989；# Likodimos，2001。

可以看出，计算 g_x 和 g_y 之间的差别很小，且 $g_\perp[\approx(g_x+g_y)/2\approx0.99]$和 $g_{//}(=g_z)$都与实验结果符合较好。因此，用上述微扰公式和参量可以满意解释 $DyBa_2Cu_3O_{6+x}$ 晶体中斜方 Dy^{3+}中心的自旋哈密顿参量 g 因子，同时也说明这些公式和参量是合理的。既然 g 因子对晶场参量值敏感，除研究较宽的实验晶场能谱外，用对 g 因子的分析可能也有助于确定晶场参量。

与一阶微扰相比，二阶微扰对 g_z 的贡献大约为 9%。因此为了得到晶体中 Dy^{3+}更准确的理论计算结果，应该考虑二阶微扰的贡献。

表 6-10　$DyBa_2Cu_3O_{6+x}$ 晶体中 D_{2h} 对称 Dy^{3+}的能级

	$\Gamma_5^{(1)}$	$\Gamma_5^{(2)}$	$\Gamma_5^{(3)}$	$\Gamma_5^{(4)}$	$\Gamma_5^{(5)}$
Cal.	0	28	45	117	141
Exp. [a*]	0	27(1)	48(2)	113(4)	137(8)

注：a— $DyBa_2Cu_3O_{6+x}$ 实验值为 x=1 的值。* Allenspach，1989。

表 6-11　$DyBa_2Cu_3O_{6+x}$ 晶体中 D_{2h} 对称 Dy^{3+} 自旋哈密顿参量 g 因子

	Cal. [a]	Cal. [b]	Cal.(tot.)	Expt.[*]
g_x	1.03	0	1.03	1.0
g_y	0.95	0	0.95	1.0
g_z	13.21	1.15	14.36	14.0

注：a—基于一阶微扰的计算；b—基于二阶微扰的计算。* Likodimos，2001。

7　$4f^{11}$离子的自旋哈密顿参量微扰公式及其应用

7.1　轴对称（三角和四角）场中 $4f^{11}$ 离子的自旋哈密顿参量微扰公式

$4f^{11}$ 离子具有 $^4I_{15/2}$ 自由电子基态。在轴对称(四角或三角)晶场下 $^4I_{15/2}$ 劈裂为 8 个 Kramers 双重态，最低 Kramers 双重态是 Γ_6 或 Γ_7。我们考虑了基态 $^4I_{15/2}$ 与第一激发态 $^4I_{13/2}$ 之间的晶场 J 混效应。这样，最低 Kramers 双重态 $\Gamma\gamma(\gamma$=6 或 7)和其他 14 个 Kramers 双重态的波函数可通过对角轴对称场中 $4f^{11}$ 离子的 30×30 阶矩阵得到。另外，考虑具有相同 J 的态（即 $^4I_{15/2}$，$^2K_{15/2}$ 和 $^2L_{15/2}$，$^4I_{13/2}$，$^2K_{13/2}$ 和 $^2I_{13/2}$ 之间的混合）之间由于旋–轨耦合作用而引起的混合，最低 Kramers 双重态 $\Gamma\gamma$ 的波函数可写为

$$|\Gamma\gamma^{(\gamma')}\rangle=\sum_{M_{J1}}C(^4I_{15/2};\Gamma\gamma^{(\gamma')}M_{J1})N_{15/2}(|^4I_{15/2}M_{J1}\rangle+\lambda_K|^2K_{15/2}M_{J1}\rangle+\lambda_L|^2L_{15/2}M_{J1}\rangle)$$
$$+\sum_{M_{J2}}C(^4I_{13/2};\Gamma\gamma^{(\gamma')}M_{J2})N_{13/2}(|^4I_{13/2}M_{J2}\rangle+\lambda_K'|^2K_{13/2}M_{J2}\rangle+\lambda_I|^2I_{13/2}M_{J2}\rangle) \quad (7\text{-}1)$$

这里，N_i 和 λ_i 分别为归一化因子和混合系数，可由旋–轨耦合矩阵元和微扰方法得到，M_{J1} 和 M_{J2} 分别为–15/2~15/2 和–13/2~13/2 范围内的半整数，可由旋–轨耦合矩阵元和微扰方法得到。

对处于外磁场中的 $4f^{13}(Er^{3+})$离子，同理可得到 g 和 A 因子的一阶微扰公式。EPR 参量的主要贡献来源于一阶微扰项，但是，$^2I_{15/2}$，和 $^2I_{13/2}$ 光谱项 30×30 能量矩阵）分裂成的除最低 Kramers 二重态Γ以外其他 14 个 Kramers 简并态Γ_x将通过晶体场和轨道角动量(或磁超精细结构等价算符）相互作用与最低 Kramers 二重态发生混合从而对自旋哈密顿参量产生二阶微扰贡献[注意：由于最低 Kramers 二重态与其他 Kramers 简并态关于晶体场 $\hat{H}_{CF}$ 和 $\hat{L}$ (或 $\hat{N}$)算符的 X 和 Y 分量之间没有非零的矩阵元，因此 $g_\perp$(或 $A_\perp$)的二阶贡献为零，即 $g_\perp^{(2)}=A_\perp^{(2)}=0$]。这样，我们得到三角或四角对称下 $4f^{11}$ 离子最低 Kramers 二重态的自旋哈密顿参量 $g_{//}$，$g_\perp$，$A_{//}$和 $A_\perp$ 的二阶微扰公式

$$g_{//}=g_{//}^{(1)}+g_{//}^{(2)},$$

$$g_{//}^{(1)}=2g_J\langle\Gamma\gamma|\hat{J}_z|\Gamma\gamma\rangle$$
$$=2\left\{\sum_{M_{J1}}|C(^4I_{15/2};\Gamma_\gamma M_{J1})|^2\,N_{15/2}^2M_{J1}[g_J(^4I_{15/2})+\lambda_k^2g_J(^2K_{15/2})+\lambda_L^2g_J(^2L_{15/2})]\right.$$
$$\left.\sum_{M_{J1}}|C(^4I_{13/2};\Gamma_\gamma M_{J1})|^2\,N_{13/2}^2M_{J1}[g_J(^4I_{13/2})+\lambda_k^{2\prime}g_J(^2K_{13/2})+\lambda_L^2g_J(^2L_{13/2})]\right\}$$
$$+4\sum_{M_{J2}}\left[\left(\frac{13}{2}+1\right)^2-M_{J2}^2\right]^{1/2}C(^4I_{15/2};\Gamma\gamma M_{J2})C(^4I_{13/2};\Gamma\gamma M_{J2})N_{15/2}N_{13/2}$$
$$\times[g_J'(^4I_{13/2},{}^4I_{15/2})+\lambda_K\lambda_K'g_J'(^2K_{13/2},{}^2K_{15/2})],$$

$$g_{//}^{(2)} = 2\sum_{X}{}' \frac{<\Gamma\gamma|\hat{H}_{CF}|\Gamma_X\gamma_X><\Gamma_X\gamma_X|\hat{L}_Z|\Gamma\gamma>}{E(\Gamma_X)-E(\Gamma)}$$

$$g_{\perp} = g_{\perp}^{(1)} + g_{\perp}^{(2)}$$

$$g_{\perp}^{(1)} = 2g_J <\Gamma_\gamma|\hat{J}_X|\Gamma\gamma'>$$

$$= \sum_{M_{J1}}(-1)^{15/2-M_{J1}+1}\left[\frac{15.17}{4}-(M_{J1}-1)M\right]^{1/2} C(^4I_{15/2};\Gamma\gamma M_{J1})C(^4I_{15/2};\Gamma\gamma M_{J1}-1)$$

$$N_{15/2}^2 M_{J1}\times[g_J(^4I_{15/2})+\lambda_k^{2\prime}g_J(^2K_{15/2})+\lambda_I^2 g_J(^2I_{15/2})]$$

$$+\sum_{M_{J2}}(-1)^{13/2-M_{J2}+1}\left[\frac{13.15}{4}-(M_{J2}-1)M_{J2}\right]^{1/2} C(^4I_{13/2};\Gamma\gamma M_{J1})C(^4I_{13/2};\Gamma\gamma' M_{J2}-1)$$

$$\times[g_J(^4I_{13/2})+\lambda_k^{2\prime}g_J(^2K_{13/2})+\lambda_I^2 g_J(^2I_{13/2})]$$

$$+2\sum_{M_{J2}}\left[\left(\frac{13}{2}+M_{J2}+1\right)\right]\left[\frac{13}{2}+(M_{J2}+2)\right]^{1/2} C(^4I_{152};\Gamma\gamma M_{J2})C(^4I_{13/2};\Gamma\gamma' M_{J2}-1)$$

$$\times[g_J'(^4I_{13/2},{}^4I_{15/2})+\lambda_K\lambda_K' g_J'(^2K_{13/2},{}^2K_{15/2}]$$

$$g_{\perp}^{(2)} = 0 \tag{7-2}$$

$$A_{//} = A_{//}^{(1)} + A_{//}^{(2)}$$

$$A_{//}^{(1)} = 2PN_J <\Gamma\gamma\left|\hat{N}_2\right|\Gamma\gamma>$$

$$= P\left\{\sum_{M_{J1}}|C(^4I_{15/2};\Gamma\gamma M_{J1})|^2 N_{15/2}^2 M_{J1}[N_J(^4I_{15/2})+\lambda_k^2 N_J(^2K_{15/2})+\lambda_L^2 N_J(^2K_{15/2})]\right.$$

$$\left.+\sum_{M_{J1}}|C(^4I_{13/2};\Gamma\gamma M_{J2})|^2 N_{13/2}^2 M_{J2}[N_J(^4I_{13/2})+\lambda_k^{2\prime}N_J(^2K_{13/2})+\lambda_I^2 N_J(^2K_{13/2})]\right\}$$

$$+2P\sum_{M_{J2}}\left[\left(\frac{13}{2}+1\right)^2-M_{J2}^2\right]^{1/2} C(^4I_{15/2};\Gamma\gamma M_{J2})C(^4I_{13/2};\Gamma\gamma M_{J2})N_{15/2}N_{13/2}$$

$$\times[N_J'(^4I_{13/2};{}^4I_{15/2})+\lambda_K\lambda_K' N_J'(^2K_{13/2},{}^2K_{13/2})]$$

$$A_{//}^{(2)} = 2P\sum_{X}{}' \frac{<\Gamma\gamma|H_{CF}|\Gamma_X\gamma_X><\Gamma_X\gamma_X|\hat{N}_Z|\Gamma\gamma>}{E(\Gamma_X)-E(\Gamma)}$$

$$A_{\wedge} = A_{\wedge}^{(1)} + A_{\wedge}^{(2)}$$

$$A_{\perp}^{(1)} = 2PN_J <\Gamma\gamma|\hat{N}_X|\Gamma\gamma>$$

$$= P\sum_{M_{J1}}(-1)^{15/2-M_{J1}+1}\left[\frac{15.17}{4}-(M_{J1}-1)M_{J1}\right]^{1/2} C(^4I_{15/2};\Gamma\gamma M_{J1})C(^4I_{15/2};\Gamma\gamma' M_{J1}-1)$$

$$N_{15/2}^2 M_{J1}\times[N_J(^4I_{15/2})+\lambda_k^2 N_J(^2K_{15/2})+\lambda_I^2 N_J(^2L_{15/2})]$$

$$+P\sum_{M_{J2}}(-1)^{13/2-M_{J2}+1}\left[\frac{13.15}{4}-(M_{J2}-1)M_{J2}\right]^{1/2}C(^4I_{13/2};\Gamma\gamma M_{J2})C(^4I_{13/2};\Gamma\gamma' M_{J2}-1)$$

$$\times[N_J(^4I_{13/2})+\lambda_k^{2\prime}N_J(^2K_{13/2})+\lambda_I^2N_J(^2L_{13/2})]$$

$$+2P\sum_{M_{J2}}\left[\left(\frac{13}{2}+M_{J2}+1\right)\left(\frac{13}{2}+M_{J2}+2\right)\right]^{1/2}C(^4I_{15/2};\Gamma\gamma M_{J2})C(^4I_{13/2};\Gamma\gamma' M_{J2}-1)$$

$$\times[N_J'(^4I_{13/2}\ ^4I_{15/2})+\lambda_K\lambda_K'N_J'(^2K_{13/2},^2K_{15/2})]$$

$$A_\perp^{(2)}=0 \qquad (7\text{-}3)$$

各态的 g_J，g_J'，N_J 和 N_J'可从 A. Abragam 和 L. A. Sorin 等的著作[23,24]中得到。

需要指出的是，前人对自旋哈密顿参量的处理都是局限在一阶微扰的框架下的，在很多理论工作中计算与实验符合较差，而二阶微扰对自旋哈密顿参量产生贡献则被忽略。

7.2 应　用

7.2.1 α-$LiIO_3$：Er^{3+}中的三角中心

α-$LiIO_3$ 晶体由于其独特的电光、光弹、压电、非线性光学和超离子导体等性质而被用于电子和电光等设备。在这些应用中，杂质离子（尤其是过渡和稀土金属离子），通常对这些材料的性能有着重要的影响。例如，掺 Fe 的 α-$LiIO_3$ 能显著地增强光折变效应，为了阐明 α-$LiIO_3$ 晶体中的这些顺磁场杂质离子的性质、局部结构以及对性能的影响，已经有大量的工作通过分析射频离散饱和（RFDS）、电子–核双共振（ENDOR）和电子顺磁共振（EPR）等数据来研究 $LiIO_3$ 晶体中过渡金属离子（如 Cr^{3+}，Fe^{3+}，Mn^{2+}及 Co^{2+}）中心的结构和性质。但是，对 α-$LiIO_3$ 中稀土杂质中心的研究相对较少，如利用 RFDS 和 EPR 等手段对 α-$LiIO_3$ 中 Er^{3+}的研究。研究发现三价稀土离子 Er^{3+}与三价过渡离子（如 Cr^{3+}和 Fe^{3+}等）很类似，都占据 α-$LiIO_3$ 中 Li^+ 位置，而多余的电荷则由沿 c 轴方向的两个最近邻 Li^+空位（V_{Li}）补偿。V_{Li} 的有效电荷为负，V_{Li} 近邻的 Li^+和 O^{2-}由于受到与 V_{Li} 之间的静电相互作用而发生移动。RFDS 实验得到两个次近邻的 Li^+分别移动了 58 pm 和 27 pm[87]。然而，6 个最近邻 O^{2-}位移以及 α-$LiIO_3$ 中 Er^{3+}杂质中心的局部结构并没有报道。

（ΔX 为 O^{2-}和 V_{Li} 之间静电排斥力引起的 O^{2-}位移）

对 α-$LiIO_3$ 中的（ErO_6）$^{9-}$基团的重叠模型参量，可仍采用前面 MgO：Er^{3+}数据（即 $KNbO_3$：Er^{3+}的数据）：$\bar{A}_2(R_0)\approx1030\ \text{cm}^{-1}$，$\bar{A}_4(R_0)\approx127.1\ \text{cm}^{-1}$，$\bar{A}_6(R_0)\approx22.1\ \text{cm}^{-1}$（参考键长仍为 $R_0\approx$ 210 pm），以及指数律系数 $t_2\approx3.4$，$t_4\approx7.3$，$t_6\approx2.8$。类似的，轨道缩小因子仍取 $k\approx0.979$。这样可得到与 $KNbO_3$：Er^{3+}相同的旋轨耦合系数 $\zeta_{4f}(\approx k\zeta_{4f}^0)$和偶极超精细结构常数 $P(\approx kP_0)$，以及公式（7-1）中的混合系数 λ_i 和归一化因子 N_i。

如前所述，对 α-$LiIO_3$：Er^{3+}中 Er^{3+}离子最近邻的 6 个 O^{2-}会在静电排斥力作用下向远离 V_{Li} 方向移动一段距离 ΔX（图 7-1），三角晶场参量 B_{kq} 中的结构数据 R_i 和 θ_i 可由 α-$LiIO_3$ 中 Li^+位置的母体结构参数 $R_1^0(\approx213\ \text{pm})$，$R_2^0(\approx2.11\ \text{pm})$，$\theta_1^0(\approx2.05°)$，$\theta_2^0(\approx2.90°)$以及 O^{2-}的

位移 ΔX 计算出来，即

$$R_i \approx [(R_i^0 - \Delta X)^2 \cos^2 \beta_i^0 + (R_i^0 + \Delta X)^2 \sin^2 \beta_i^0]^{1/2}$$
$$\beta_i \approx \arctan[\tan\beta_i^0 (R_i^0 + \Delta X) / (R_i^0 - \Delta X)] \tag{7-4}$$

这里 i=1, 2。

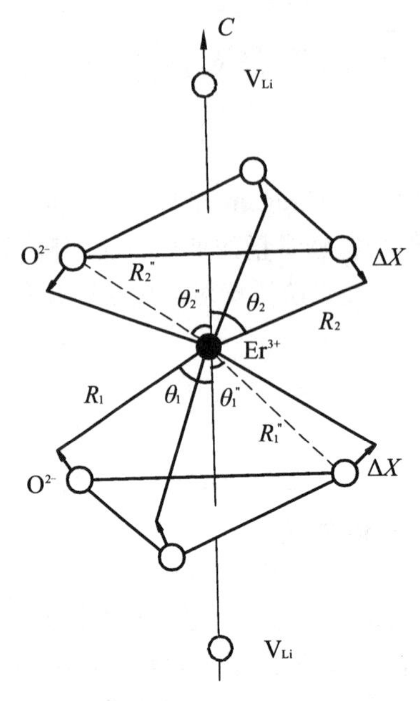

图 7-1　α–LiIO$_3$ 晶体的三角 Er^{3+}中心缺陷结构

如果不考虑上述由 V_{Li} 引起的晶格畸变（即 ΔX=0），即采用母体结构参数也可计算出 α–LiIO$_3$：Er^{3+}的 EPR 参量。显然，该结果与实验符合较差（表 7-1），这意味着局部晶格畸变应当被考虑。通过拟合 EPR 参量的实验值，我们得到 O^{2-}位移为

$$\Delta X \approx 3.7 \text{ pm} \tag{7-5}$$

考虑距离 ΔX 计算的 EPR 参量以及与实验的对照列于表 7-1。

表 7-1　α–LiIO$_3$：Er^{3+}中三角 Er^{3+}中心的 EPR 参量

	$g_{//}$	$g_{\perp}$	$A_{//}/10^{-4}$ cm^{-1}	$A_{\perp}/10^{-4}$ cm^{-1}
Calculation [a]	2.234	8.892	79	326
Calculation [b]	2.787	8.662	99	306
Experiment [*]	2.772(3)	8.556(3)	94.0(3)	298(1)

注：a—利用母体结构参量计算的结果。

b—考虑局部晶格畸变计算的结果。

* Dzhaparidz 1989

从上面的研究发现，α–LiIO$_3$：Er^{3+}晶体中 Er^{3+}和 V_{Li}之间的 6 个 O^{2-}的确向远离 V_{Li}方向

移动，这与基于 V_{Li} 和 O^{2-} 之间静电相互作用的预期相一致。通过分析 EPR 零场分裂，对 α–$LiIO_3$ 中三价过渡离子 Cr^{3+} 和 Fe^{3+} 也得到了类似的这种 O^{2-} 远离 V_{Li} 的位移。因此，上述 α–$LiIO_3$ 中 Er^{3+} 中心的 O^{2-} 位移是合理的，因而，在考虑恰当晶格畸变的基础上，满意地解释了 α–$LiIO_3$：Er^{3+} 晶体的 EPR 参量 $g_{//}$，$g_{\perp}$，$A_{//}$ 和 $A_{\perp}$。

7.2.2　ThO_2：Er^{3+} 和 CeO_2：Er^{3+} 中的两种三角 Er^{3+} 中心

萤石型四价氧化物中稀土离子的性质引起了人们的兴趣，例如 ThO_2：Er^{3+} 和 CeO_2：Er^{3+} 晶体中的两种三角 Er^{3+} 中心Ⅱ和Ⅲ的 EPR 参量早在几十年前就已测量[88–89]。为解释上述 ThO_2 中三角 Er^{3+} 中心Ⅱ和Ⅲ，Sung 等分别建立了缺陷模型，即沿[111]轴方向近邻的氧八面体中心占据了一个负的和正的电荷的填隙离子。他们对最低 Kramers 双重态 Γ_7 的 g 因子（$g_{//}$）计算考虑了第一激发态 $\Gamma_8^{(1)}$ 对 Γ_7 的微扰，即

$$g_{//} = g_{\text{iso}} - 4\Lambda \frac{<\Gamma_7|V_{\text{ax}}|\Gamma_8^{(1)}><\Gamma_8^{(1)}|J_Z|\Gamma_7>}{E(\Gamma_8^{(1)}) - E(\Gamma_7)} \tag{7-6}$$

其中微扰晶体场部分为

$$V_{ax} = \frac{8q'}{a}(C_2 J_Z^2 + C_4 J_7^4 + C_6 J_Z^6) \tag{7-7}$$

这里 q' 为填隙离子电荷，$\alpha(\approx 4.85\text{pm})$ 为中心 Er^{3+} 与填隙离子之间的距离，C_k 和 J_Z 分别为球谐函数和角动量算符。他们采用文献中 Γ_7 和 $\Gamma_8^{(1)}$ 的基函，并拟合实验 $g_{//}$ 值，就得到了上述关于电荷 q' 的结论。

然而，他们的计算存在以下问题：① 公式（7–6）中的减号似乎是错的而应当是加号。② 各向异性 g 因子简单地由各向同性的一阶部分加上一项轴向微扰得到，显然将低对称的贡献过于简化了。实际上，一阶微扰部分也应当具有很大的各向异性。③ $g_{//}$ 二阶微扰计算中未计入除 $\Gamma_8^{(1)}$ 外其他 Kramers 双重态的贡献，并且所用的 Γ_7 和 $\Gamma_8^{(1)}$ 的基函是前人根据立方情形获得的，而没有考虑三角对称下上述基函与立方情形的差别。④ 没有考虑由于填隙离子电荷 q' 所引起的局部晶格畸变。可以预计，在静电相互作用下，处于[111]方向上中心 Er^{3+} 与填隙离子之间的 O^{2-} 将发生位移。⑤ 公式（7-6）中球谐函数 C_k 表达式里，包含 J^2 的项被忽略了。这样，$g_{//}$ 理论值（对中心Ⅱ和Ⅲ分别为 3.8 和 9.8）与观察值的符合程度较差。因此，文献中 ThO_2 中三角 Er^{3+} 中心Ⅱ和Ⅲ的处理是令人怀疑的，并且他们得到的关于电荷 q' 的标记也是不合理的。

本工作将在前面得到的 4f[11] 离子在三角对称下的 EPR 参量微扰公式基础上，对 ThO_2 和 CeO_2 晶体中的 Er^{3+} 中心Ⅱ和Ⅲ建立合理的结构模型，并据此对上述中心的 EPR 参量做出满意的解释[21]。

ThO_2 和 CeO_2 属于萤石结构，晶格常数分别为 560pm 和 541.1pm[27]。当 Er^{3+} 进入 ThO_2 和 CeO_2 晶体并取代四价的母体阳离子后便形成了立方体结构的 $(ErO_8)^{13-}$ 基团。如果沿[111]轴方向近邻的氧八面体中心占据了一个带电荷 q' 的填隙离子，处于中心 Er^{3+} 与填隙离子之间的 O^{2-} 将在静电相互作用下发生位移，即对正的（或负的）q'，该 O^{2-} 将向靠近（或远离）q' 的方向

移动一段距离 $\Delta Z_{\rm II}$(或 $\Delta Z_{\rm III}$)，从而形成了三角中心Ⅱ（或Ⅲ）。我们这里对中心Ⅱ和Ⅲ中 q'的指定与文献恰好相反，考虑到前面①中提到文献中 g 公式中错误的符号，本工作指定的与中心Ⅱ和Ⅲ中负的和正的 g 因子各向异性 $\Delta g(=g_{//}-g_{\perp})$相对应的 q'分别为正电荷和负电荷应当是正确的。这样，基于本工作的结构模型，三角中心Ⅱ和Ⅲ的局部结构可分别由 Er^{3+}与填隙离子之间 O^{2-}位移 $\Delta Z_{\rm II}$和 $\Delta Z_{\rm III}$计算出来。

利用重叠模型，可写出中心Ⅱ和Ⅲ的三角晶体场参量 B_k^q：

$$
\begin{aligned}
B_2^0 &= 2\bar{A}_2(R_0)\left[\left(\frac{R_0}{R_H+\Delta Z_j}\right)^{t_2} - \left(\frac{R_0}{R_H}\right)^{t_2}\right] \\
B_4^0 &= 8\bar{A}_4(R_0)\left[\left(\frac{R_0}{R_H+\Delta Z_j}\right)^{t_4} + \frac{29}{27}\left(\frac{R_0}{R_H}\right)^{t_4}\right] \\
B_4^3 &= -\tfrac{64}{27}\sqrt{70}\bar{A}_4(R_0)\left(\frac{R_0}{R_H}\right)^{t_4} \\
B_6^0 &= 16\bar{A}_6(R_0)\left[\left(\frac{R_0}{R_H+\Delta Z_j}\right)^{t_6} + \frac{175}{81}\left(\frac{R_0}{R_H}\right)^{t_6}\right] \\
B_6^3 &= \tfrac{512}{81}\sqrt{70/3}\bar{A}_6(R_0)\left(\frac{R_0}{R_H}\right)^{t_6} \\
B_6^6 &= \tfrac{512}{81}\sqrt{77/3}\bar{A}_6(R_0)\left(\frac{R_0}{R_H}\right)^{t_6}
\end{aligned}
\qquad (7\text{-}8)
$$

这里 j=Ⅱ，Ⅲ。

由于 ThO_2：Er^{3+}和 CeO_2：Er^{3+}晶体的光谱数据未见报道，可由类似晶体中$(ErO_8)^{13-}$基团的数据估算。对 YPO_4：Er^{3+}中的（ErO_8）$^{13-}$基团，可由光谱数据获得本征参量 $\bar{A}_2(R_0)\approx 280\text{cm}^{-1}$，$\bar{A}_4(R_0)\approx 35.0\ \text{cm}^{-1}$，$\bar{A}_6(R_0)\approx 29.3\text{cm}^{-1}$（参考键长 $R_0\approx 234.3$ pm），以及指数律系数 $t_2\approx 7$，$t_4\approx 12$ 和 $t_6\approx 11$. 考虑到 CeO_2：Er^{3+}的平均阴–阳离子间距（≈2.343 pm）与 YPO_4：Er^{3+}中的数值（≈2.3435 pm）很接近，以及 ThO_2：Er^{3+}和 CeO_2：Er^{3+}的结构以及对应的三角中心 EPR 实验结果的相似性，上述重叠模型参量也近似地用于本工作中 ThO_2：Er^{3+}和 CeO_2：Er^{3+}的三角中心。考虑到 ThO_2:Er^{3+}和 CeO_2:Er^{3+}中 Er^{3+}–O^{2-}键的共价性，我们仍取轨道约化因子 $k\approx 0.979$，即采用 MgO：Er^{3+}中类似 Er^{3+}–O^{2-}键的数据。

将这些参量代入微扰公式，并拟合 EPR 参量的理论值与实验符合，可得到中心Ⅱ和Ⅲ的局部结构可分别由 Er^{3+}与填隙离子之间 O^{2-}位移 $\Delta Z_{\rm II}$和 $\Delta Z_{\rm III}$，即对 ThO_2：Er^{3+}

$$\Delta Z_{\rm II}\approx 22.7\ \text{pm},\ \Delta Z_{\rm III}\approx -29.6\ \text{pm} \qquad (7\text{-}9)$$

对 CeO_2：Er^{3+}

$$\Delta Z_{\rm II}\approx 15.9\ \text{pm},\ \Delta Z_{\rm III}\approx -23.4\ \text{pm} \qquad (7\text{-}10)$$

显然，上述位移的方向均与根据静电相互作用的预期相一致。计算出的 EPR 参量以及与实验的对照列于表 7-2。

表 7-2 ThO_2：Er^{3+}和 CeO_2：Er^{3+}中的两种三角 Er^{3+}中心的 EPR 参量

		$g_{//}$		$g_{\perp}$		$A_{//}/10^{-4}$ cm^{-1}		$A_{\perp}/10^{-4}$ cm^{-1}	
中心	基质	Cal. b	Expt t[* #]	Cal. b	Expt t[* #]	Cal. b	Expt[	Cal. b	Expt[* #]
中心Ⅱ	ThO_2	3.539	3.51(1)	7.738	7.72(1)	168.1		279.1	
	CeO_2	4.540	4.539(5)	7.403	7.399(7)	198.9		267.0	
中心Ⅲ	ThO_2	11.151	11.10(5)	4.330	4.336(5)	433.7		154.2	150.7(7)
	CeO_2	10.185	10.25(5)	4.841	4.847(5)	396.7		173.3	

注：Choh，1973；#Aeraham，1966。

表 7-3 ThO_2：Er^{3+}和 CeO_2：Er^{3+}中两种三角 Er^{3+}中心 EPR 参量的各部分贡献

			$g_{//}$	$A_{//}/10^{-4}$ cm^{-1}	
中心	基质	$g_{//}^{(1)}$	$g_{//}^{(2)}$	$A_{//}^{(1)}$	$A_{//(}^{2)}$
中心Ⅱ	ThO_2	3.290	0.249	154.3	13.8
	CeO_2	4.136	0.404	180.6	18.3
中心Ⅲ	ThO_2	10.137	1.014	393.3	40.4
	CeO_2	9.329	0.856	359.2	37.5

下面我们对上述结果作简单讨论：

（1）从表 7-2 可以看出，对 ThO_2：Er^{3+}和 CeO_2：Er^{3+}晶体的三角 Er^{3+}中心Ⅱ和Ⅲ的 $g_{//}$和 $g_{\perp}$，基于本书提出的缺陷模型所计算的理论值与实验符合较好。另外，对两个晶体的中心Ⅱ和Ⅲ中 Er^{3+}与填隙离子之间 O^{2-}的位移 $\Delta Z_{Ⅱ}$和 $\Delta Z_{Ⅲ}$的符号与根据离子电荷 q'与近邻 O^{2-}静电相互作用所得到位移方向是一致的，其大小与中心Ⅱ和Ⅲ的 g 因子各向异性 Δg 以及对应的三角畸变大小相符合。因此，本工作所采用的缺陷模型以及根据 EPR 实验数据获得的局部结构是合理的，而前人在文献中的处理是不合适的。

（1）从表 7-3 不难发现，$g_{//}$的二阶微扰贡献大约占对应一阶微扰贡献的 10%。因此，为了满意地解释 ThO_2：Er^{3+}和 CeO_2：Er^{3+}晶体中两种 Er^{3+}中心，二阶微扰贡献应当被考虑。

（2）ThO_2：Er^{3+}晶体中心Ⅲ的 $A_{//}$理论值与实验值较符合。由于 ThO_2：Er^{3+}晶体中心Ⅲ的 $A_{\perp}$和中心Ⅱ的 $A_{//}$和 $A_{\perp}$，以及 CeO_2：Er^{3+}晶体两个中心的 $A_{//}$和 $A_{\perp}$的观察值未见报道，上述参量的计算值有待于进一步的实验验证。

7.2.3 RXO_4锆石型晶体中的四角 Er^{3+}中心

掺稀土离子的锆石型晶体（即 $ZrSiO_4$结构）由于其在激光、发光、照明材料方面的应用而备受关注，并对它们进行了各种实验研究，例如测量出了锆石型 RXO_4化合物 YXO_4（X=As，P，V），$ScVO_4$以及 $RSiO_4$（R=Zr，Hf，Th）中 Er^{3+}的 EPR g 因子 $g_{//}$，$g_{\perp}$和超精细结构常数 $A_{//}$，$A_{\perp}$，以及 Er^{3+}在部分化合物中的光谱[90−91]。Vishwamittar 和 Puri 采用静电晶体场和重叠模型框架下的晶场参量对上述 EPR 参量进行了理论研究。然而，他们得到的 EPR 参量的理论值与此同时实验室符合不太好，尽管如此，他们基于重叠模型通过分析各种 RXO_4 化合物中（ErO_8）$^{13-}$基团的晶场参量而获得的重叠模型本征参量 $\bar{A}_n(R_0)\approx 234.3$ pm）却非常分散。例如，

$\bar{A}_2(R_0)$ 对 YAsO$_4$：Er^{3+}为 55cm^{-1}，而对类似的 YPO$_4$：Er^{3+}却为 420cm^{-1}。这可能是由于下列原因造成的：① 在他们的 EPR 参量计算中，仅考虑了一阶微扰贡献，而忽略了二阶微扰项[即最低 Kramers 双重态与除它之外的其他 Kramers 简并态之间可能通过晶体场 $\hat{H}_{CF}$ 和轨道角动量 $\hat{L}$（或超精细结构等价算符 $\hat{N}$）发生相互作用]对 EPR 参量的贡献。② 即使在一阶微扰处理中，也没有考虑 $^4I_{15/2}$ 与第一激发态 $^4I_{13/2}$ 之间通过晶体场相互作用发生的混合（即采用 16×16 能量矩阵），以及 $^4I_{15/2}$（或 $^4I_{13/2}$）态与具有相同 J 值的更高激发态之间通过旋轨耦合相互作用发生的混合对 EPR 参量的贡献。③ 没有考虑共价效应（导致晶体中 Er^{3+}的旋轨耦合系数 ζ，和 Lande 因子 g_J 以及静电排斥参量 F_k 等的数值较对应的自由离子值小）在计算中没有充分体现。为了克服上述不足以及更好地解释 RXO$_4$ 化合物中四角 Er^{3+}中心的 EPR 参量，我们在这里应用前面的 4f^{11} 离子在四角对称中 EPR 参量的二阶微扰公式对上述实验结果进行研究。

锆石型 RXO$_4$ 晶体具有四角对称结构，当 Er^{3+}取代 R^{3+}（如 Y^{3+}，Sc^{3+}）或 R^{4+}（如 Zr^{4+}，Hf^{4+}）母体离子并占据磁性等效格点时，具有非中心对称的 D$_{2d}$ 点群对称性（其 z 轴与晶体的四次轴相一致）。这样，Er^{3+}近邻为 6 个氧离子排列成的十二面体，其中 4 个氧离子的键长为 R_1，另外 4 个的键长 R_2 略有不同。根据 Er^{3+}在这些 RXO$_4$ 晶体中 g 因子平均值 $\bar{g}$[$=(g_{//}+2g_{\perp})/3 \approx 6$]，最低的 Kramers 双重态应当为 Γ_6，它所对应的基函数可由对角化能量矩阵得到。

对本书讨论的七种锆石型 RXO$_4$，其结构参数 R_1，R_2，θ_1 和 θ_2（θ_i 为 R_i 与 C_4 轴之间的夹角）列在表 7-4.

表 7-4　RXO$_4$ 锆石型晶体中的 R 位置的结构参数

	R_1^0/pm	R_2^0/pm	θ_1^0/(°)	θ_2^0/(°)
YAsO$_4$	241.2	230.0	31.88	102.2
YPO$_4$	237.4	231.3	30.22	103.67
YVO$_4$	243.3	229.1	32.83	101.90
ScVO$_4$	236.9	211.6	33.83	101.83
ZrSiO$_4$	226.8	213.1	32.43	101.33
HfSiO$_4$	226	212	32.33	101.37
ThSiO$_4$	250	246	28.60	104.48

根据重叠模型，可写出 RXO$_4$ 化合物中四角 Er^{3+}中心的晶体场参量 B_k^q：

$$
\begin{aligned}
B_2^0 &= 4\bar{A}_2(R_0)\sum_{i=1}^{2}(3\cos^2\theta_i - 1)(R_0/R_i)^{t_2}, \\
B_4^0 &= 4\bar{A}_4(R_0)\sum_{i=1}^{2}(35\cos^4\theta_i - 30\cos^2\theta_i + 1)(R_0/R_i)^{t_4} \\
B_4^3 &= 8\sqrt{35}\bar{A}_4(R_0)\sum_{i=1}^{2}\sin^3\theta_i\cos\theta_i(R_0/R_i)^{t_4} \\
B_6^0 &= 4\bar{A}_6(R_0)\sum_{i=1}^{2}(231\cos^6\theta_i - 315\cos^4\theta_i + 105\cos^2\theta_i - 5)(R_0/R_i)^{t_6} \\
B_6^3 &= 4\sqrt{105}\bar{A}_6(R_0)\sum_{i=1}^{2}\sin^3\theta_i(11\cos^3\theta_i - 3\cos\theta_i)(R_0/R_i)^{t_6} \\
B_6^6 &= 2\sqrt{231}\bar{A}_6(R_0)\sum_{i=1}^{2}\sin^6\theta_i(R_0/R_i)^{t_6}
\end{aligned}
\qquad (7\text{-}11)
$$

在文献中，重叠模型指数律系数为 $t_2 \approx 7$，$t_4 \approx 12$ 和 $t_6 \approx 11$，本征参量 $\bar{A}_n(R_0)$ 作为调节参量。我们这里也采用相同的 t_n，为了减少调节参量数目，对所有 RXO_4 近似取 $\bar{A}_2(R_0) \approx 280 cm^{-1}$（$R_0 \approx 234.3pm$）而仅让 $\bar{A}_4(R_0)$ 和 $\bar{A}_6(R_0)$ 可调。这样，通过拟合光谱和 EPR 参量的计算值与实验相符（注意：仅有部分材料的光谱数据能够获得），可以确定这些体系中 Er^{3+} 的 $\bar{A}_4(R_0)$ 和 $\bar{A}_6(R_0)$ 参量。这些本征参量，以及前人在文献中所用的参量列于表 7-5。

表 7-5　锆石型晶体中 Er^{3+} 中心的本征参量 $\bar{A}_n(R_0)$（单位 cm^{-1}，参考键长 $R_0 \approx 234.3pm$）

	$\bar{A}_2(R_0)$		$\bar{A}_4(R_0)$		$\bar{A}_6(R_0)$	
	Ⅰ[a]	Ⅱ[b]	Ⅰ[a]	Ⅱ[b]	Ⅰ[a]	Ⅱ[b]
$YAsO_4$	55	280	12.9	23.1	25.4	20.3
YPO_4	420	280	20.3	35.0	30.3	29.3
YVO_4	201	280	51.2	44.7	27.2	26.5
$ScVO_4$	95	280	20.3	24.8	25.3	15.2
$ZrSiO_4$	112	280	19.5	29.6	11.9	17.6
$HfSiO_4$		280		29.2		18.8
$ThSiO_4$		280		30.4		16.5

注：a—Vishwamittar，1974；b—本研究。

光谱和 EPR 参量的计算值与实验值的对照分别列于表 7-6 和表 7-7。

表 7-6　Er^{3+} 在各种锆石型晶体中 $^4I_{15/2}$ 多重态内的光谱数据（单位 cm^{-1}）

		1	2	3	4	5	6	7	σ
YPO_4	Cal. [a]	37	54	138	132				16.2
	Cal. [b]	35	48	116	155				9.2
	Expt. [11]	32	52	108	143				
YVO_4	Cal. [a]	45	46	72	146	251	284	306	8.1
	Cal. [b]	33	50	70	152	243	273	305	6.4
	Expt. [11]	38	41	64	143	247	268	300	
$ScVO_4$	Cal. [c]	41	66	82	179				
	Cal. [b]	44	52	83	182				4.4
	Expt. [9]	43	58	79	178				3.5

注：a—Kuse，1967；

b—本研究。

c—Hintzmann，1970。

表 7-7　锆石型 RXO_4 晶体中四角 Er^{3+} 中心的自旋哈密顿参量

		$YAsO_4$	YPO_4	YVO_4	$ScVO_4$	$ZrSiO_4$	$HfSiO_4$	$ThSiO_4$
$g_{//}$	计算 [a]	−6.738	−6.55	−3.585	−6.78	−3.765	−4.348	−4.891
	计算 [b]	−6.630	−6.451	−3.543	−6.904	−3.724	−4.328	−4.794
$g_{\perp}$	计算 [a]	5.276	4.91	7.171	5.09	7.080	6.760	6.443
	计算 [b]	5.170	4.849	7.086	4.560	6.994	6.692	6.300

续表

		$YAsO_4$	YPO_4	YVO_4	$ScVO_4$	$ZrSiO_4$	$HfSiO_4$	$ThSiO_4$
$A_{//}$	计算[a]	239	233	127.4	241	133.8	154.6	173.9
	计算[b]	223.0	229.4	123.8	223.3	130.3	150.9	167.1
$A_{\perp}$	计算[a]	187	174	254.9	181	251.7	240.3	229.0
	计算[b]	177.5	170.2	247.4	159.7	244.1	233.6	220.0

注：a—Vishwamittar，1974。

b—本研究。

c—正如 Abragam 指出所的，当基态为 Kramers 双重态时，虽然单独的 g_{ii}（$i=x$，y，z）数值并不一定都是为正，但一般将 g 因子的观察值视为正值较方便。因此，像 Vishwamittar 一样，我们建议 $g_{//}$为负值。

从表 7-6 中看出，本工作中对各种 RXO_4 晶体中类似的（ErO_8）$^{13-}$基团所得到的本征参量 $\bar{A}_n(R_0)$（参考键长 $R_0\approx234.3$ pm）没有前人的结果分散，因而可被认为是更合理的。对各种 RXO_4 中 Er^{3+}中心，本书中 $\bar{A}_4(R_0)$ 或 $\bar{A}_6(R_0)$ 的差异可能在于各种材料中氧配体的离子性有所不同，以及忽略了 RXO_4 晶体中由于替位式杂质 Er^{3+}所引起的局部晶格畸变。

光谱数据的均方偏差（rms）通常定义为

$$\sigma=[\sum_{i}^{n}(E_i^{c}-E_i^{e})^2/n]^{1/2} \tag{7-12}$$

这里，E_i^{c} 和 E_i^{e} 分别表示光谱数据的计算值和实验值，n 为谱带数目。可见，本书中均方偏差 σ 较前人的 σ 更小（表 7-6）。因此，本工作计算出的光谱数据以及利用 $\bar{A}_n(R_0)$ 求得的晶场参量应当是更合适的。

本工作中对所有 RXO_4 化合物中四角 Er^{3+}中心 EPR 参量 $g_{//}$，$g_{\perp}$，$A_{//}$和 $A_{\perp}$的理论与实验的符合程度都较前人中要好（表 7-7），这说明本工作的理论方法以及所采用的参量较前人更加有效。

在计算中，我们发现 RXO_4 化合物中四角 Er^{3+}中心 $g_{//}$或 $A_{//}$的二阶微扰贡献在符号上与对应的一阶微扰贡献相同，数值上为后者的大约 10%（表 7-8）。例如，对 $YAsO_4$：Er^{3+}，$g_{//}^{(1)}\approx-6.109$，$g_{//}^{(2)}\approx-0.521$，$A_{//}^{(1)}\approx204.3\times10^{-4}$ cm^{-1}，$A_{//}^{(2)}\approx15.7\times10^{-4}cm^{-1}$；对 $ZrSiO_4$：Er^{3+}，$g_{//}^{(1)}\approx-3.361$，$g_{//}^{(2)}\approx-0.363$，$A_{//}^{(1)}\approx117.4\times10^{-4}$ cm^{-1}，$A_{//}^{(2)}\approx12.9\times10^{-4}cm^{-1}$。因此，为了满意地解释晶体中 Er^{3+}的 EPR 参量 g_i 和 A_i，二阶微扰贡献应当考虑。

表 7-8　本研究中 RXO_4 锆石型晶体中的四角 Er^{3+}中心 EPR 参量的各个部分贡献

	$g_{//}^{(1)}$	$g_{//}^{(2)}$	$A_{//}^{(1)}$	$A_{//}^{(2)}$
$YAsO_4$	6.109	0.521	204.3	15.7
YPO_4	6.012	0.439	212.3	17.1
YVO_4	3.183	0.360	111.2	12.6
$ScVO_4$	6.447	0.457	207.4	15.9
$ZrSiO_4$	3.361	0.363	117.4	12.9
$HfSiO_4$	3.889	0.439	136.0	14.9
$ThSiO_4$	4.325	0.469	151.7	15.4

7.2.4　$PbMoO_4$与$SrMoO_4$晶体中的四角Er^{3+}中心

$PbMoO_4$可用作声光调制器、导向板、离子导体以及核仪器中的低温闪烁体，因而引人注目。$PbMoO_4$与$SrMoO_4$的弹性性质，$SrMoO_4$的X射线激发发光也有人关注。此外，这些材料掺杂稀土离子后具有良好的发光性能和较大弛豫时间，非常适宜于激光基质材料。这些有趣的性质与掺入的稀土杂质离子的电子态和局域结构（金属–配体键的键长和键角）密切相关。晶体中杂质离子周围的局部结构和微观行为对理解材料的物理性质非常有帮助，而EPR则是研究杂质离子占位和局部结构的确有效手段，因此有很多的EPR实验工作用来处理$PbMoO_4$和$SrMoO_4$中Er^{3+}杂质，得到它们的EPR参量g因子$g_{//}$与$g_{\perp}$和超精细结构常数$A_{//}$与$A_{\perp}$，这些EPR参量被归属于杂质Er^{3+}占据基质的二价阳离子位置，具有四角对称性[92–93]。然而上述实验结果至今尚未得到满意解释，并且这些Er^{3+}中心的局部结构也没有获得。基于四角对称下$4f^{11}$离子$^4I_{15/2}$组态最低Kramers双重态的EPR参量$g_{//}$，$g_{\perp}$，$A_{//}$和$A_{\perp}$的二阶微扰公式，$PbMoO_4$和$SrMoO_4$中的Er^{3+}中心的EPR参量得到了满意的解释[94]。

$PbMoO_4$与$SrMoO_4$晶体结构具有四角晶体结构，属于$I4_1/a$（C_{4h}^6）空间群，其中Pb^{2+}（或Sr^{2+}）有8个最近邻O^{2-}，4个具有R_1^H、θ_1与φ_1的结构数据，另外4个具有略为不同R_2^H、θ_2、与φ_2结构数据，见图7-2。三价稀土离子如Er^{3+}倾向于占据Pb^{2+}（或Sr^{2+}）位置，保持四角S_4对称，但由于电荷补偿而远离四角中心。

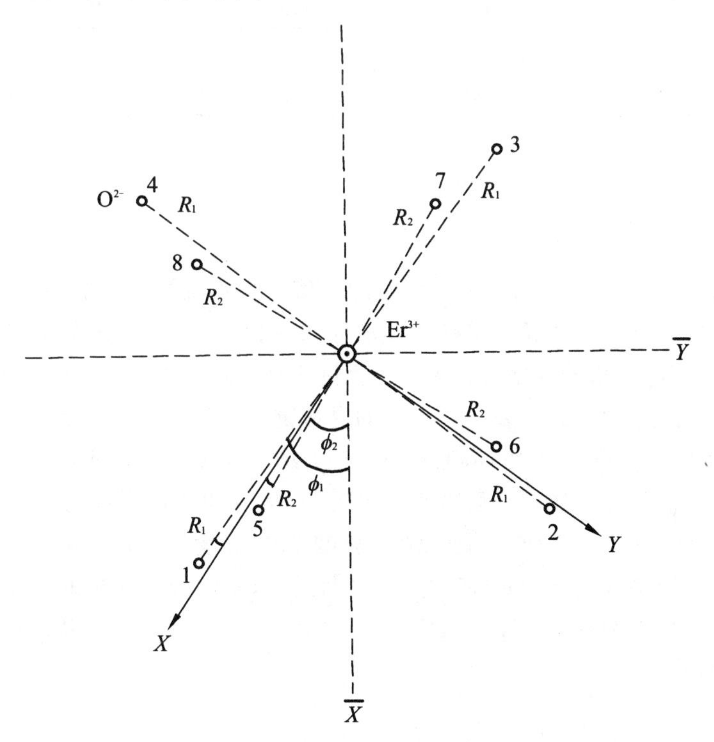

图7-2　$PbMoO_4$（或$SrMoO_4$）中Er^{3+}局域结构示意图

晶场参量由重叠模型写为$B_k^q=\sum_{j=1}^{2}\overline{A}_k(R_0)(R_0/R_j)^{t_k}K_k^q(\theta_j,\varphi_j)$。其中配位因子$K_k^q(\theta_j,\varphi_j)$可由所研究杂质离子结构数据得到。对$PbMoO_4$的$Pb^{2+}$位置有：$R_1^H\approx263.2$ pm，$\theta_1\approx68.01°$，$\varphi_1\approx$

$-36.08°$，$R_2^{H}\approx 260.8$ pm. $\theta_2\approx 141.63°$，$\varphi_2\approx -27.28°$；对 $SrMoO_4$ 的 Sr^{2+} 位置有：$R_1^{H}\approx 261.0$ pm，$\theta_1\approx 68.13°$，$\varphi_1\approx -35.78°$，$R_2^{H}\approx 258.3$ pm，$\theta_2\approx 141.90°$，$\varphi_2\approx -27.32°$。因为杂质 Er^{3+} 与被替代的基质 Pb^{2+}（或 Sr^{2+}）电荷数与离子半径均不同，掺杂后杂质–配体距离 R_j 与原来基质 R_j^{H} 不同，仍然由经验公式 $R_j\approx R_j^{H}+(r_i-r_h)/2$ 合理估算。这里对 $Er^{3+}r_i\approx 88.1$ pm，$Pb^{2+}r_h\approx 1.20$ pm，对 $Sr^{2+}r_h\approx 1.12$ pm。指数律因子 $t_2\approx 3.5$，$t_4\approx t_6\approx 6$，本征参量 $\bar{A}_2(R_0)\approx 400$ cm^{-1}，$\bar{A}_4(R_0)\approx 50$ cm^{-1}，$\bar{A}_6(R_0)\approx 17$ cm^{-1}（参考键长 $R_0\approx 246.6$pm），取自掺 Er^{3+} 白钨矿。自由离子参量值分别为 Coulombic 排斥积分参量 F^k（$F^2\approx 97504$ cm^{-1}，$F^4\approx 70746$ cm^{-1}，$F^6\approx 48042$ cm^{-1}）、二体相互作用参量（$\alpha\approx 20.95$ cm^{-1}，$\beta\approx -689$ cm^{-1}，$\gamma\approx 1839$ cm^{-1}）、自旋–轨道耦合系数（$\zeta_{4f}\approx 2339$ cm^{-1}）。轨道缩小因子 $k\approx 0.979$。偶极超精细结构常数 $P_0\approx -54.6\times 10^{-4}$ cm^{-1}。

将上述参数带入微扰公式，计算可得到两种晶体中 Er^{3+} 中心的 EPR 参量，与实验值对比见表 7-9。

表 7-9　$PbMoO_4$ 和 $SrMoO_4$ 中四角 Er^{3+} 的 EPR 参量

		$g_{//}$	$g_{\perp}$	$A_{//}/10^{-4}$ cm^{-1}	$A_{\perp}/10^{-4}$ cm^{-1}
$PbMoO_4$	Cal. [a]	1.964	7.912	68.2	277.3
	Cal. [b]	1.172	8.434	42.3	304.7
	Expt. [*]	1.195	8.45	42(1)	300(5)
$SrMoO_4$	Cal. [a]	1.806	8.023	63.9	280.3
	Cal. [b]	1.042	8.401	38.2	302.9
	Expt. [#]	1.019(3)	8.43(2)	35.3(3)	295(3)

注：a—基于基质金属–配体键角 θ_j。

b—基于具有键角畸变 $\Delta\theta$ 的局部杂质–配体键角 θ_j'。

* Antipin，1965；# Kurkin，1970。

从上表可看出，Er^{3+}Er 中心 g 和 A 因子理论值与实验值符合较差，特别是各向异性 Δg（$=g_{//}-g_{\perp}$）和 ΔA（$=A_{//}-A_{\perp}$）的理论计算值比实验结果小得多。鉴于 Δg 或 ΔA 依赖于四角畸变，局部晶格角度畸变可随四角畸变增大，因而，上述金属–配体键角 θ_j 应用局部杂质–配体键角 θ_j' 代替，即 $\theta_j'\approx\theta_j+\Delta\theta$，这里 $\Delta\theta$ 代表杂质中心的局域键角畸变。通过拟合两种晶体的 Δg 或 ΔA 实验值，可得到角度畸变值：对 $PbMoO_4$ 有 $\Delta\theta\approx -1.26°$；对 $SrMoO_4$ 有 $\Delta\theta\approx -1.04°$。负号代表基质晶体中的金属–配体键角比掺杂后减小了$|\Delta\theta|$。对应 g 和 A 因子理论计算值见表 7-9。

从表 7-9 中可见，基于具有键角畸变 $\Delta\theta$ 计算的 EPR 参量与实验结果符合比基于基质金属配体–键角的要好，能够合理解释实验结果。说明计算采用的公式和相关参数在物理上是合理的，这样，$PbMoO_4$ 和 $SrMoO_4$ 中四角 Er^{3+} 中心的 EPR 参量得到合理解释，同时也得到了杂质中心的局部结构数据。

8　过渡离子的高阶微扰理论

如前所述，电子顺磁共振是分析晶体和化合物中过渡离子等顺磁体系的局部结构等性质的重要手段。目前描述电子顺磁共振的有效理论是自旋哈密顿理论。这一章主要介绍过渡离子自旋哈密顿参量的基本特点，并简要说明 Macfarlane 强场微扰方法的要点。

8.1　过渡离子自旋哈密顿参量的基本特点

与前面稀土离子的弱场图像不同，过渡离子一般属于强场和中间场情形[6, 8, 18, 23]，即晶体场通常比电子间库仑排斥相互作用更强或介于电子间库仑排斥相互作用和旋轨耦合作用之间，可较方便地采用强场图像进行处理。其能量矩阵可选取不同 $3d^n$ 电子组态立方晶场不可约表示 $T_{2g}(T_2)$和 $E_g(E)$基函数为表象，建立包含电子间库仑排斥能、旋轨耦合以及低对称晶场部分的能量矩阵，对角化即可得到体系的能量本征值。强场图像的优点是能级分裂次序分明，可清晰地反映出从立方到轴对称以及斜方（正交）等低对称的能级分裂，例如低对称畸变引起的分裂次序依赖于畸变方式（如伸长或压缩），分裂间距则取决于畸变程度。详情可参见配位场理论相关文献。过渡离子自旋哈密顿参量的特点可以分为以下两种基本情形。本书中关于过渡离子自旋哈密顿参量的微扰公式主要基于 Mafarlane 强场微扰方法对这种情形进行处理。

首先是立方对称下基态为轨道单重态的情况，如八面体中的 $3d^3$、$3d^5$、$3d^8$，四面体中的 $3d^2$、$3d^7$、$3d^5$ 等，此时轨道角动量淬灭，其 g 因子一般在 2 附近。具体地说，对于电子型（未及半满）g 因子平均值小于 2，如八面体中的 $3d^3$ 和四面体中的 $3d^2$ 离子；对于空穴型（超过半满）g 因子平均值大于 2，如八面体中的 $3d^8$ 和四面体中的 $3d^7$ 离子。第二个特点是低对称下也只表现出很小的各向异性，这是因为低对称畸变对 g 因子各向异性的贡献一般只在高阶（如三阶以上）微扰才产生贡献。这也是具有立方轨道单重基态体系的一个特点。最后，低对称下的零场分裂与低对称畸变密切相关，一般源于旋轨耦合和低对称畸变的协同贡献，并且零场分裂的符号和数值分别于 g 因子各向异性的符号和数值大致对应，最终依赖于低对称畸变的性质和程度。

其次是立方对称下基态为轨道简并态的情况，如八面体中的 $3d^2$、$3d^7$、$3d^4$、$3d^6$ 以及四面体中的 $3d^3$、$3d^4$、$3d^6$ 和 $3d^8$ 等。此时轨道角动量的贡献不能忽略，g 因子一般与自由电子值 2.0023 相差较大。第二个特点是低对称下 g 因子的各向异性和零场分裂通常较明显，情形也相对较复杂。

8.2 Macfarlane 强场微扰方法简介

针对立方下具有轨道单重基态的体系，Macfarlane 建立了强场微扰圈图方法[95, 96]。该方法可方便地建立从一阶到高阶的各种自旋哈密顿参量（如 g 因子、零场分裂等）解析表达式，能较清晰地反映微扰哈密顿中各种相互作用的贡献，分母则是基态与相关激发态之间的能级差。例如，根据 Mafarlane 强场微扰方法，对于三角畸变八面体中的 $3d^3$ 离子，可选取零级哈密顿为[95,96]：

$$H_0=H_{ele}^{a}(B, C)+V_{cub}(\Delta) \tag{8-1}$$

微扰哈密顿可选取为[95, 96]：

$$H'=H_{ele}^{b}(B, C)+V_{tri}(v, v')+H_{SO}(\zeta)+H_{Zee}(k) \tag{8-2}$$

式中，H_{ele}^{a} 代表电子间库仑排斥相互作用能的对角部分，B 和 C 为晶体中 $3d^3$ 离子的 Racah 参量；V_{cub} 表示立方晶场，Δ(=10 Dq)为立方场分裂；H_{ele}^{b} 为电子间库仑排斥相互作用能的非对角部分；V_{tri} 为纯三角晶场，v 和 v'为三角晶场参量；H_{SO} 为旋轨耦合作用项，ζ 为晶体中 $3d^3$ 离子的旋轨耦合系数；H_{Zee} 为磁场下电子塞曼项，k 为体系的轨道约化因子。

立方八面体中 $3d^3$ 离子的基态 ${}^4A_{2g}(t_2^3)$最大自旋磁量子数 3/2 对应的波函数为[6]

$$|{}^4A_{2g}(t_2^3)>=|\xi^+\eta^+\zeta^+| \tag{8-3}$$

将式（8-2）中的微扰哈密顿作用于式（8-3）中的基态波函数，注意 g 因子微扰包含式（8-2）右边所有项，而零场分裂 D 则只包含前三项的作用。利用微扰哈密顿中各种相互作用算符的性质可得到相应的各阶微扰贡献，即[12]

$$g_{//}=2<1/2|H_{Zee}|1/2>/\mu_B H_z(H//Z).$$

$$g_{\perp}=2<1/2|H_{Zee}|-1/2>/\mu_B H_z(H//X)$$

$$D=[E(\pm 3/2)-E(\pm 1/2)]/2 \tag{8-4}$$

其中磁塞曼项

$$H_{zee}=kL+g_s S \tag{8-5}$$

这里 k 为轨道缩小因子，反映了中心过渡离子与配体之间电子云混合引起的共价性。g_s（=2.0023）为自由电子（纯自旋）g 值。L 和 S 分别为轨道和自旋角动量算符。

根据不同微扰阶次，相应的微扰贡献可表述如下。为了方便起见，基态用为|0>表示，激发态用|m>表示，其中 $m\neq0$。这里的 0 和 m 等代表一组量子数。强场不可约表示|$S\Gamma$>的分量|$S\Gamma M\gamma$>可表示为[6]

$$\begin{aligned}&|t_2^n(S_1\Gamma_1)e^m(S_2\Gamma_2),S\Gamma M\gamma> \\ &=\sum_{\substack{M_1,M_2\\ \gamma_1,\gamma_2}}|t_2^n(S_1\Gamma_1)M_1\gamma_1>|e^m(S_2\Gamma_2)M_2\gamma_2><S_1M_1S_2M_2|SM>\times<\Gamma_1\gamma_1\Gamma_2\gamma_2|\Gamma\gamma>\end{aligned} \tag{8-6}$$

由此可得到 $3d^3$ 离子在立方场下所有不可约表示不同分量的波函数。

在 Macfarlane 微扰方法中，要求基态是轨道单重态，这样就可以采用以下方式计算各阶贡献。

$$\text{一阶微扰：} <0|H'|0>$$

$$\text{二阶微扰：} \sum_{m}{}' \frac{<0|H'|m><m|H'|0>}{E_0-E_m}$$

$$\text{三阶微扰：} \sum_{mn}{}' \frac{<0|H'|m><m|H'|n><n|H'|0>}{(E_0-E_m)(E_0-E_n)}$$

$$\text{四阶微扰：} \sum_{mnk}{}' \frac{<0|H'|m><m|H'|n><n|H'|k><k|H'|0>}{(E_0-E_m)(E_0-E_n)(E_0-E_k)} \tag{8-7}$$

以此类推。

上面公式中求和号对所有不同于基态|0>的各激发态求和。分子中的矩阵元计算需要利用微扰哈密顿中相关算符的性质，可得到相关状态之间的矩阵元。矩阵元的计算主要利用著名的 Wigner–Eckart 定理，将之分为只与具体分量有关的 C–G 系数（即数学部分）和只与体系固有性质有关而与分量无关的约化矩阵元（即物理部分）[6]：

$$<\tau' j'm'|\hat{T}_q^{(k)}|\tau jm> = (2j'+1)^{-1/2} <jmkq|j'm'><\tau' j'\|\hat{T}^{(k)}\|\tau j> \tag{8-8}$$

其中 $\hat{T}^{(k)}$ 为 k 阶不可约张量算符，$<jmkq|j'm'>$ 为 C–G 系数，$<\tau' j'\|\hat{T}^{(k)}\|\tau j>$ 为约化矩阵元。据此可计算出相关算符的矩阵元。

1. 静电库仑矩阵

强场不可约表示基函数之间关于静电库仑相互作用的矩阵元可表示为如下库仑积分[6]

$$C(\psi_i\psi_j) = <\psi_i\psi_j\|\psi_i\psi_j> = \int \psi_i^*(r_1)\psi_j^*(r_2)\frac{e^2}{r_{12}}\psi_i^*(r_1)\psi_j^*(r_2)\mathrm{d}\tau_1\mathrm{d}\tau_2 \tag{8-9}$$

和交换积分[6]

$$J(\psi_i\psi_j) = <\psi_i\psi_j\|\psi_j\psi_i> = \int \psi_i^*(r_1)\psi_j^*(r_2)\frac{e^2}{r_{12}}\psi_j^*(r_1)\psi_i^*(r_2)\mathrm{d}\tau_1\mathrm{d}\tau_2 \tag{8-10}$$

的组合。常用的库仑积分和交换积分如下[6]：

$$C(\xi\xi)=C(\eta\eta)=C(\zeta\zeta)=C(\theta\theta)=C(\varepsilon\varepsilon)=A+4B+3C$$

$$C(\xi\eta)=C(\eta\zeta)=C(\zeta\xi)=C(\eta\varepsilon)=C(\xi\varepsilon)=A-2B+C$$

……

$$J(\xi\eta)=J(\eta\zeta)=J(\zeta\xi)=J(\eta\varepsilon)=J(\xi\varepsilon)=3B+C$$

$$J(\zeta\theta)=J(\theta\varepsilon)=4B+C$$

…… （8-11）

其中，A，B 和 C 为晶体中 $3d^3$ 离子的 Racah 参量。

2. 轨道角动量矩阵

轨道角动量约化矩阵元与轨道约化因子的关系可表示为[6,19]：

$$\begin{aligned}&<t_2\|l\|t_2>=\sqrt{6}<\xi|l_z|\eta>=\sqrt{6}ik\\&<t_2\|l\|e>=-\sqrt{3}<\zeta|l_z|\varepsilon>=-2\sqrt{3}ik'\end{aligned} \tag{8-12}$$

这里 k 和 k' 对应的表达式分别为轨道角动量算符关于立方场不可约表示 T_{2g} 和 E_g 矩阵的对角元和非对角元，体现了晶体中轨道角动量作用的各向异性。利用上述公式，可计算出磁塞曼项中轨道角动量关于各状态之间的矩阵元。

3. 旋轨耦合矩阵

旋轨耦合算符的矩阵元可表示为[6]

$$\begin{aligned}<S\Gamma M\gamma|V_{\bar{\gamma}}^{1T_1}|S'\Gamma'M'\gamma'>=(-1)^{M-M'}[(2S+1)\lambda(\Gamma)]^{-1/2}<\Gamma\gamma|\Gamma'\gamma'T_1\bar{\gamma}>\\<S\Gamma\|V^{1T_1}\|\Gamma'\gamma'>\end{aligned} \tag{8-13}$$

其中 $<\Gamma\gamma|\Gamma\gamma'T_1\bar{\gamma}>$ 为 C–G 系数，$<S\Gamma\|V^{1T_1}\|\Gamma'\gamma'>$ 为旋轨耦合约化矩阵元。常用的旋轨耦合系数 ζ 和 ζ' 定义为[6, 19]：

$$\begin{aligned}&<t_2\|V^{1T_1}\|t_2>=3i\zeta\\&<t_2\|V^{1T_1}\|e>=-3\sqrt{2}i\zeta'\end{aligned} \tag{8-14}$$

这里 ζ 和 ζ' 对应的表达式分别为立方场不可约表示 T_{2g} 和 E_g 旋轨耦合矩阵的对角元和非对角元，体现了晶体中旋轨耦合作用的各向异性。三角场中 $3d^3$ 离子不可约表示之间的旋轨耦合矩阵元可由上面的公式计算出来。

4. 三角晶场矩阵

三角晶场算符 V_{tri} 关于 $3d^3$ 离子三角晶场不可约表示 Γ 和 Γ 的矩阵元可表示为[6]

$$\begin{aligned}<S\Gamma M\gamma|V_{\bar{\gamma}}^{T_2}|S'\Gamma'M'\gamma'>=\delta_{SS'}\delta_{MM'}\sum_{\bar{\gamma}}[\lambda(\Gamma)]^{-1/2}<\Gamma\gamma|\Gamma'\gamma'T_2\bar{\gamma}>\\<S\Gamma\|V^{T_2}\|\Gamma'\gamma'>\end{aligned} \tag{8-15}$$

其中 $\lambda(\Gamma)$ 为末态不可约表示 Γ 的维数，$<\Gamma\gamma|\Gamma\gamma'T_{2g}\bar{\gamma}>$ 为 C–G 系数，$<S\Gamma\|V^{T_2}\|\Gamma'\gamma'>$ 为三角场下末态 $S\Gamma$ 与初态 $S'\Gamma$ 的约化矩阵元。常用的三角晶场参量 v 和 v' 定义为[19]：

$$\begin{aligned}&<t_2\|V^{T_2}\|t_2>=\sqrt{2}(<x_0|V_{tri}|x_0>-<x_\pm|V_{tri}|x_\pm>)=\sqrt{2}v\\&<t_2\|V^{T_2}\|e>=\sqrt{6}<x_\pm|V_{tri}|u_\pm>=\sqrt{6}v'\end{aligned} \tag{8-16}$$

这里 x_0 和 $x_\pm$ 分别为轨道三重态；T_{2g} 表示在三角晶场下分裂出的轨道单重和双重表示，$u_\pm$ 为轨道二重态 E_g 在三角基下的表示。

根据 Macfarlane 强场微扰圈图，零场分裂的三阶贡献可表示为如下表达式[19]：

(圈图Ⅰ)$^4A_{2g}(t_2^3)\rightarrow H_{SO}\rightarrow{}^4T_{2g}(t_2^2e)\rightarrow V_{tri}\rightarrow{}^4T_{2g}(t_2^2e)\rightarrow H_{SO}\rightarrow{}^4A_{2g}(t_2^3)$

(圈图Ⅱ)$^4A_{2g}(t_2^3)\rightarrow V_{tri}\rightarrow{}^4T_{1g}(t_2^2e)\rightarrow H_{SO}\rightarrow{}^4T_{2g}(t_2^2e)\rightarrow H_{SO}\rightarrow{}^4A_{2g}(t_2^3)$

$$(\text{圈图III})\,{}^4A_{2g}(t_2^{\,3})\rightarrow V_{tri}\rightarrow {}^4T_{1g}(t_2^{\,2}e)\rightarrow H_{SO}\rightarrow {}^2T_{2g}(t_2^{\,3})\rightarrow H_{SO}\rightarrow {}^4A_{2g}(t_2^{\,3}) \tag{8-17}$$

上式取复共轭，这样就可得到三角畸变八面体中 $3d^3$ 离子零场分裂 D 以及各向异性 g 因子的高阶微扰公式。在后面的章节里，将采用上述 Macfarlane 强场微扰方法，对立方下具有轨道单重基态的电子组态进行微扰处理，并应用于相关的体系。

需要注意的是，Macfarlane 强场微扰方法得到的微扰公式适用于立方晶场较强的（即微扰公式中分母足够大）和对称畸变、旋轨耦合以及电子间库仑相互作用非对角部分相对较小（即微扰公式中分母足够小），这样才能保证微扰公式具有较好的收敛性。当然，如果为了更高的精度，可进一步考虑高阶微扰，但此时微扰圈图按照排列组合后有贡献的项数也会急剧增加，公式将变得非常复杂。因此通常情况下，考虑到四阶微扰将是一种较合理的方案。

9 八面体中的 $3d^3$ 和四面体中的 $3d^7$ 离子自旋哈密顿参量的微扰公式

根据 Mafarlane 强场微扰方法[95,96]，对于立方下的轨道无简并基态，可选取主要贡献的纯立方晶场、电子间库仑排斥相互作用的对角元部分为零级哈密顿，次要贡献部分的纯低对称晶场、电子间库仑排斥相互作用的非对角元部分以及旋轨耦合作用以及磁场下电子塞曼项和超精细作用项等为微扰哈密顿。本章主要针对八面体中的 $3d^3$ 和四面体中的 $3d^7$ 离子，采用上述微扰方法建立不同对称（立方、三角、四角和斜方或正交等）下自旋哈密顿参量的微扰公式，并应用于这些离子在相关功能材料中的 EPR 理论分析。

9.1 八面体中的 $3d^3$ 离子

9.1.1 立方对称

对于八面体中的 d^3 离子，强场近似下的零级哈密顿可包含电子间库仑排斥相互作用的对角部分和立方晶场两部分，即[95,96]

$$\hat{H}_0 = \hat{H}_a(B,C) + \hat{H}(Dq) \tag{9-1}$$

其中 B 和 C 为晶体中 d^3 离子的 Racah 参量，Dq 为立方场参量。微扰哈密顿量包含电子塞曼项、电子间库仑排斥相互作用的非对角部分、旋轨耦合项以及超精细耦合项[95,96]：

$$\hat{H}' = \hat{H}_z(k,\hat{k})(k,k) + H_b(B,C) + \hat{H}_{SO}(\zeta,\zeta') + H_{hf}(P,P') \tag{9-2}$$

这里电子塞曼项针对 g 因子施行，超精细耦合项针对超精细结构常数施行，其余部分则针对零场分裂施行。其中考虑到立方八面体场下中心离子与配体轨道混合，上式中的 k 和 k' 为轨道角动量的对角和非对角元，ζ 为 ζ' 为旋轨耦合系数，P 和 P' 为偶极超精细结构参量。

将微扰哈密顿量作用于基态 ${}^4A_2(t_2{}^3)$ 的基函数。由微扰方法[95,96]，可得到 $3d^3$ 离子在八面体立方场中 g 和 A 因子微扰公式[97]：

$$\begin{aligned} g &= g_s - 8k'\zeta'/(3E_1) - 2\zeta(2k'\zeta - k\zeta' + 2g_s\zeta')/(9E_1^2) + 4\zeta'^2(k - 2g_s)/(9E_3^2) \\ &\quad -\zeta^2(k + g_s)/(3E_2^2) - 4k'\zeta'\zeta[1/(3E_1E_2) + 1/(9E_1E_3) + 1/(3E_2E_3)] \\ A &= P'\{-8k'\zeta'/(3E_1) - 2\zeta(2k'\zeta' - k\zeta' + 2g_s\zeta')/(9E_1^2) + 4\zeta'^2(k - 2g_s)/(9E_3^2) \\ &\quad -\zeta^2(k + g_s)/(3E_2^2) - 4k'\zeta'\zeta[1/(3E_1E_2) + 1/(9E_1E_3) + 1/(3E_2E_3)]\} - P\kappa \end{aligned} \tag{9-3}$$

其中能量分母为

$$E_1=10Dq，E_2=15B+5C，E_3=9B+3C+10Dq \tag{9-4}$$

分别表示激发态 $^4T_{2g}(t_2^2e)$、$^2T_{2a}(t_2^3)$和 $^2T_{2b}(t_2^2e)$与基态 $^4A_2(t_2^3)$之间的能级差。

考虑到体系的共价性以及杂质–配体轨道混合，$3d^3$ 离子在八面体簇的旋轨耦合系数 ζ, ζ'，轨道缩减因子 k，k'和偶极超精细结构参量 P 和 P'可由离子簇近似表示为[97]

$$\begin{aligned}
&\zeta = N_t(\zeta_d^0 + \lambda_t^2\zeta_p^0 / 2)\\
&\zeta' = (N_tN_e)^{1/2}(\zeta_d^0 - \lambda_t\lambda_e\zeta_p^0 / 2)\\
&k = N_t(1+\lambda_t^2 / 2)\\
&k' = (N_tN_e)^{1/2}[1-\lambda_t(\lambda_e + \lambda_s A)/2]\\
&P = N_tP_0\\
&P' = (N_tN_e)^{1/2}P
\end{aligned} \tag{9-5}$$

这里 N_γ 和 λ_γ(或 λ_s)分别代表归一化因子和轨道混合系数。A 代表积分 $R\left\langle ns \mid \frac{\partial}{\partial y} \mid np_y \right\rangle$，其中 R 为研究体系杂质–配体距离。

这些分子轨道系数可由如下半经验方法确定。包含配体 p 和 s 轨道贡献的单电子波函数可表示为[97]

$$\begin{aligned}
&\Psi_t = N_t^{1/2}(\phi_t - \lambda_t\chi_{pt})\\
&\Psi_e = N_e^{1/2}(\phi_e - \lambda_e\chi_{pe} - \lambda_s\chi_s)
\end{aligned} \tag{9-6}$$

其中 φ_γ（$\gamma=e$ 和 t 代表 O_h 群的不可约表示）是 $3d^3$ 离子的 d 轨道。$\chi_{p\gamma}$ 和 χ_s 代表配体 p 和 s 轨道。N_γ 和 λ_γ（或 λ_s）分别代表归一化因子和轨道混合系数。将晶场下与自由离子时静电排斥之比与体系共价因素 f_γ 相联系[98–102]：

$$f_\gamma = \left\langle \psi_\gamma^2 \middle| e^2 / r_{12} \middle| \psi_\gamma^2 \right\rangle / \left\langle \phi_\gamma^2 \middle| e^2 / r_{12} \middle| \phi_\gamma^2 \right\rangle \tag{9-7}$$

定义群重迭积分

$$S_{dp}(\gamma) = \int d_\gamma^*(1)p_\gamma(2)\mathrm{d}\tau_1\mathrm{d}\tau_2 \tag{9-8}$$

和库仑积分

$$\left\langle AB,CD \right\rangle = \int \psi_A^*(1)\psi_B(1)\frac{e^2}{r_{12}}\psi_C^*(2)\psi_D(2)\mathrm{d}\tau_1\mathrm{d}\tau_2 \tag{9-9}$$

展开晶体中的库仑积分得

$$\begin{aligned}
\left\langle \psi_\gamma^2,\psi_\gamma^2 \right\rangle = N_\gamma^2\{&\left\langle d_\gamma^2,d_\gamma^2 \right\rangle + 2\lambda_\gamma^2\left\langle d_\gamma^2,p_\gamma^2 \right\rangle + 4\lambda_\gamma^2\left\langle d_\gamma p_\gamma,d_\gamma p_\gamma \right\rangle - 4\lambda_\gamma\left\langle d_\gamma^2,d_\gamma p_\gamma \right\rangle\\
&- 4\lambda_\gamma^3\left\langle d_\gamma p_\gamma,p_\gamma^2 \right\rangle + \lambda_\gamma^4\left\langle p_\gamma^2,p_\gamma^2 \right\rangle\}
\end{aligned} \tag{9-10}$$

利用 Mulliken 近似

$$d_\gamma^* p_\gamma^* = (1/2)S_{\mathrm{dp}}(\gamma)(d_\gamma^* d_\gamma + p_\gamma^* p_\gamma) \tag{9-11}$$

并略去小量 λ_γ^3 和 λ_γ^4 项可得到下列关系式[97]：

$$f_{\mathrm{t}} = N_{\mathrm{t}}^2[1+\lambda_{\mathrm{t}}^2 S_{\mathrm{dpt}}^2 - 2\lambda_{\mathrm{t}} S_{\mathrm{dpt}}]$$

$$f_{\mathrm{e}} = N_{\mathrm{e}}^2[1+\lambda_{\mathrm{e}}^2 S_{\mathrm{dpe}}^2 + \lambda_{\mathrm{s}}^2 S_{\mathrm{ds}}^2 - 2\lambda_{\mathrm{e}} S_{\mathrm{dpe}} - 2\lambda_{\mathrm{s}} S_{\mathrm{ds}}] \tag{9-12}$$

同时，单电子波函数满足归一化条件：

$$N_{\mathrm{t}}(1-2\lambda_{\mathrm{t}} S_{\mathrm{dpt}} + \lambda_{\mathrm{t}}^2) = 1$$

$$N_{\mathrm{e}}(1-2\lambda_{\mathrm{e}} S_{\mathrm{dpe}} - 2\lambda_{\mathrm{s}} S_{\mathrm{ds}} + \lambda_{\mathrm{e}}^2 + \lambda_{\mathrm{s}}^2) = 1 \tag{9-13}$$

共价因子 f_γ 通常可表示为平均共价因子 N 的平方，可由在晶体中 $3d^3$ 离子的 d→d 跃迁光谱数据得到。$S_{\mathrm{dp}\gamma}$（和 S_{ds}）为群重叠积分。一般地，混合系数随相应的群重叠积分增大而增大，故可近似采用混合系数与相应群重叠积分间的比例关系，例如相同不可约表示 E_{g} 下有 $\lambda_{\mathrm{e}}/S_{\mathrm{dpe}} \approx \lambda_s/S_{\mathrm{ds}}$[97]。

9.1.2 轴对称（三角和四角）晶场

对轴对称情形，体系微扰哈密顿量可表示为：

三角晶场：

$$\hat{H}' = H_{\mathrm{ele}}^b(B,C) + V_{\mathrm{tri}}(v,v') + \hat{H}_{\mathrm{SO}}(\zeta,\zeta') + \hat{H}_{\mathrm{Zee}}(k,k') + \hat{H}_{\mathrm{hf}}(P,P') \tag{9-14a}$$

四角晶场：

$$\hat{H}' = H_{\mathrm{ele}}^b(B,C) + V_{\mathrm{tetra}}(D_{\mathrm{s}},D_{\mathrm{t}}) + \hat{H}_{\mathrm{SO}}(\zeta,\zeta') + \hat{H}_{\mathrm{Z}}(k,k') + \hat{H}_{\mathrm{hf}}(P,P') \tag{9-14b}$$

其中 $V_{\mathrm{tri}}(v,v')$ 或 $V_{\mathrm{tetra}}(D_{\mathrm{s}},D_{\mathrm{t}})$ 分别为纯三角或四角晶场部分，v 和 v' 为三角晶场参量，D_{s} 和 D_{t} 为四角晶场参量。

将微扰哈密顿量作用于 $^4A_2$ 基态，采用前面介绍的 Mafarlane 强场微扰方法，可推出 $3d^3$ 离子在三角和四角八面体中自旋哈密顿参量的微扰公式。

1. 八面体三角晶场 $3d^3$ 离子自旋哈密顿参量微扰公式[103]

$$\begin{aligned}D = &(2/9)\zeta'^2 V(1/E_1^2 - 1/E_3^2) - \sqrt{2}\zeta\zeta' V'[2/(3E_1E_4 + 1/(E_2E_3) + 1/(3E_3E_4) \\ &+ 1/(E_2E_4) + \sqrt{2}B/(E_1E_4E_5)] - \sqrt{2}\zeta'^2 BV'[4/(E_3E_4E_5) + 9/(2E_2^2E_3)]\end{aligned}$$

$$\begin{aligned}g_{//} = &g_s - 8\zeta' k'/(3E_1) - 2\zeta(2k'\zeta - k\zeta' + 2g_s\zeta')/(9E_1^2) + 4\zeta'^2(k-2g_s)/(9E_3^2) \\ &- \zeta^2(k+g_s)/(3E_2^2) - \zeta\zeta' k'[1/(3E_1E_2) + 1/(9E_1E_3) + 1/(3E_2E_3) + 8\zeta'^2 k' V/(9E_1^2) \\ &- 4\sqrt{2}(k'\zeta + k\zeta')V'/(3E_1E_4)\end{aligned}$$

$$g_{\perp}=g_{//}-\zeta'k'V/(3E_1^2)+\sqrt{2}(2k\zeta'+k'\zeta)V'/(3E_1E_4)$$
$$A_{//}=P(g_{//}-g_s-k) \qquad (9\text{-}15)$$
$$A_{\perp}=P'(g_{\perp}-g_s-k)$$

能级分母 $E_i(i=1\sim5)$为[103]

$$E_1=10Dq,\ E_2=15B+5C,\ E_3=9B+3C+10Dq$$

$$E_4=12B+10Dq,\ E_5=3B+20Dq \qquad (9\text{-}16)$$

2. 八面体四角场 $3d^3$ 离子自旋哈密顿参量微扰公式

$$D=(35/9)D_t\zeta'^2(1/E_1^2-1/E_3^2]-35BD_t\zeta\zeta'/(E_2E_3^2)$$

$$g_{//}=g_s-8k'\zeta'/(3E_1)-2\zeta'(2k'\zeta-k\zeta'+2g_sk)/(9E_1^2)+4\zeta'^2(k-2g_s)/(9E_3^2)$$
$$-2\zeta^2(k+g_s)/(3E_2^2)+k'\zeta\zeta'[4/(9E_1E_3)$$
$$-4/(3E_2E_3)+4/(3E_2E_3)]+140k'\zeta'D_t/(9E_1^2)$$

$$g_{\perp}=g_{//}-210k'\zeta'D_t/(9E_1^2)$$
$$A_{//}=-P\cdot\kappa+(g_{//}-g_s)P' \qquad (9\text{-}17)$$
$$A_{\perp}=-P\cdot\kappa+(g_{\perp}-g_s)P'$$

其中能量分母 $E_i(i=1\sim3)$与立方时相同。

9.1.3　斜方或正交对称

在斜方或正交畸变八面体下，$3d^3$（如 V^{2+}，Cr^{3+}和 Mn^{4+}）的基态仍为 $^4A_{2g}$ 轨道单态，但原来的立方轨道二重态 ^2E 和轨道三重态 $^4T_2$ 和 $^4T_1$ 等会分裂为三个轨道单重态 $^4A_1$、$^4B_1$ 和 $^4B_2$。其能级分裂如图 9–1 所示。

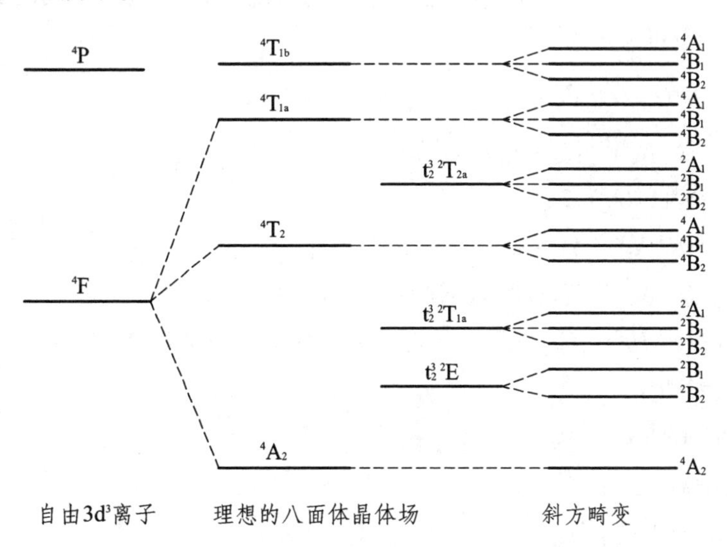

图 9-1　斜方畸变八面体中 $3d^3$ 离子的能级分裂

此时 $3d^3$ 离子一般会表现出磁场为零时的 EPR 谱线分裂，即零场分裂 D 和 E。如果体系具有较强的共价性或配体轨道和旋轨耦合作用相对中心离子较明显时，需考虑电荷转移机制对 g 因子和超精细结构常数的贡献。采用前面类似的微扰方法，并计入晶体场和电荷转移的贡献，对应八面体场单电子波函数可基于 LCAO−MO 表示为[104]：

$$\psi_t^x=(N_t^x)^{1/2}(\varphi_t-\lambda_t^x\chi_{pt})$$
$$\psi_e^x=(N_e^x)^{1/2}(\varphi_e-\lambda_e^x\chi_{pe}-\lambda_s^x\chi_s) \qquad (9\text{-}18)$$

这里上标 x（$=a$ 和 b）分别表示反键和成键轨道，φ_γ（γ=e 和 t 表示立方 O_h 群不可约表示 E_g 和 T_{2g}）为纯中心离子 3d 轨道，$\chi_{p\gamma}$ 和 χ_s 表示纯配体价电子 p−和 s−轨道。N_γ 和 λ_γ（或 λ_s）分别是归一化因子和轨道混合系数，可由归一化关系[104]

$$N_t^x\,[1+(\lambda_t^x)^2-2\lambda_t^xS_t]=1$$
$$N_e^x[1+(\lambda_e^x)^2+(\lambda_s^x)^2-2\lambda_e^xS_e-2\lambda_s^xS_s]=1 \qquad (9\text{-}19)$$

以及反键和成键轨道的正交关系[104]

$$1+\lambda_t^a\lambda_t^b-(\lambda_t^a+\lambda_t^b)S_t=0$$
$$1+\lambda_e^a\lambda_e+^b\lambda_s^a\lambda_s^b-(\lambda_e+^a\lambda_e^b)S_e-(\lambda_s+^a\lambda_s^b)S_s=0$$
$$\lambda_e^a\lambda_s^b+\lambda_s^a\lambda_e^b=0 \qquad (9\text{-}20)$$

求出。这里 S_t，S_e 和 S_s 是中心离子 3d 和配体 np 和 ns 轨道之间的群重叠积分。同时，反键轨道还满足如下近似关系[104]：

$$N^2\approx(N_t^a)^2[1+(\lambda_t^a)^2S_t^2-2\lambda_t^aS_t]$$
$$N^2\approx(N_e^a)^2[1+(\lambda_e^a)^2S_e^2+(\lambda_s^a)^2S_s^2-2\lambda_e^aS_e-2\lambda_s^aS_s] \qquad (9\text{-}21)$$

这里 N 仍为体系共价因子。此外，可采用相同不可约表示 E_g 对应的比例关系 $\lambda_s^x/\lambda_e^x\approx S_s/S_e$。

利用离子簇近似，八面体中 $3d^3$ 离子晶场和荷移机制下的旋轨耦合系数、轨道缩小因子和偶极超精细结构参量可表示为[104]

$$\zeta_{CF}=N_t^a[\zeta_d^0+(\lambda_t^a)^2\zeta_p^0/2]$$
$$\zeta_{CF}'=(N_t^aN_e^a)^{1/2}\,[\zeta_d^0-\lambda_t^a\lambda_e^a\zeta_p^0/2]$$
$$k_{CF}=N_t^a[1+(\lambda_t^a)^2/2\,]$$
$$k_{CF}'=(N_t^aN_e^a)^{1/2}\,[1-\lambda_t^a\lambda_e^a/2-A\,\lambda_t^a\lambda_s^a/2]$$
$$\zeta_{CT}'=(N_t^aN_e^b)^{1/2}\,[(1+\lambda_t^a-\lambda_s^a)\zeta_d^0+\lambda_t^a\lambda_e^a\zeta_p^0/2\,]$$
$$k_{CT}'=(N_t^aN_e^b)^{1/2}\,[1-\lambda_e^a+\lambda_t^a-2\lambda_t^aS_tS_e+\lambda_t^a\lambda_e^aS_t/2+A\lambda_t^b\lambda_s^a/2\,]$$
$$P_{CF}=N_t^aP_0$$
$$P_{CF}'=(N_t^aN_e^a)^{1/2}P_0$$
$$P_{CT}=N_t^bP_0$$
$$P_{CT}'=(N_t^bN_e^a)^{1/2}P_0 \qquad (9\text{-}22)$$

其中 N 为共价因子，ζ_d^0 和 ζ_p^0 分别是自由中心离子和配体的旋轨耦合系数，P_0 是自由中心离子的偶极超精细结构参量。

9.1.3.1 斜方畸变八面体中 3d^3 离子自旋哈密顿参量微扰公式

在考虑电荷转移对 g 因子和超精细结构常数的影响下，利用 Macfarlane 圈图微扰方法，将前面轴对称下微扰哈密顿中三角或四角晶场替换为斜方晶场 $V_{\rm rhom}(D_t, D_\xi, D_\eta)$，其中 D_t，D_ξ 和 D_η 为斜方场参量（二阶斜方场参量 D_s 的贡献刚好抵消，故不出现）。可得到八面体斜方畸变（平面上的 X 和 Y 轴平分对角线）自旋哈密顿参量的微扰公式为[104]

$$
\begin{aligned}
D=&(\zeta_{CF}'^2/9)(35D_t+7D_\eta)(1/E_1^2-1/E_3^2)+\zeta_{CF}'^2\zeta_{CF}(35D_t+7D_\eta)[(1/E_1^3+1/E_3^3-1/E_1^2E_3)/27\\
&+5/(108E_1E_3^2)]+\zeta_{CF}'^3(35D_t+7D_\eta)[4/(E_1^2E_2)-1/(E_3^2E_2)]/36\\
&+(1/72)\zeta_{CF}'^2\{-72B/(E_2E_3^2)(35D_t+7D_\eta)+(1/E_1^3-1/E_3^3)[(7D_t+7D_\xi-3D_\eta)^2\\
&+(7D_t-7D_\xi+3D_\eta)^2+112(5D_t+D_\eta)(7D_t-D_\eta)-32(7D_t+D_\eta)^2]\}\\
E=&(7\zeta_{CF}'^2/9)D_\xi(1/E_1^2+1/E_3^2)+(7\zeta_{CF}'^2/18)D_\xi[(1/E_1^3+1/E_3^3)(35D_t-7D_\eta)\\
&+18B/(E_2E_3^2)]+(7\zeta_{CF}'^2\zeta_{CF}/54)D_\xi[1/E_1^3-1/E_3^3-1/(E_1^2E_3)-5/(4E_1E_3^2)]\\
&+(7\zeta_{CF}'^3/18)D_\xi[1/(E_1^2E_2)+1/(4E_2E_3^2)]\\
g_x=&g_s-8k_{CF}'\zeta_{CF}'/3E_1+[2(k_{CF}-2g_s)\zeta_{CF}'^2-4k_{CF}'\zeta_{CF}'\zeta_{CF}]/9E_1^2+4\zeta_{CF}'^2(k_{CF}-2g_s)/9E_3^2\\
&-2\zeta_{CF}'^2(k_{CF}+g_s)/3E_2^2+4k_{CF}'\zeta_{CF}'\zeta_{CF}[1/(9E_1E_3)-1/(3E_1E_2)\\
&+1/(3E_2E_3)]+16k_{CF}'\zeta_{CF}'D_\eta/9E_1^2-2k_{CF}'\zeta_{CF}'(35D_t+7D_\xi+7D_\eta)/9E_1^2+8k_{CT}'\zeta_{CT}'/(3E_n)\\
g_y=&g_s-8k_{CF}'\zeta_{CF}'/3E_1+[2(k_{CF}-2g_s)\zeta_{CF}'^2-4k_{CF}'\zeta_{CF}'\zeta_{CF}]/9E_1^2+4\zeta_{CF}'^2(k_{CF}-2g_s)/9E_3^2\\
&-2\zeta_{CF}'^2(k_{CF}+g_s)/3E_2^2+4k_{CF}'\zeta_{CF}'\zeta_{CF}[1/(9E_1E_3)-1/(3E_1E_2)+1/(3E_2E_3)]\\
&+16k_{CF}'\zeta_{CF}'D_\eta/9E_1^2-2k_{CF}'\zeta_{CF}'(35D_t+7D_\xi+7D_\eta)/9E_1\\
&+28k_{CF}'\zeta'D_\xi/9E_1^2+8k_{CT}'\zeta_{CT}'/(3E_n)\\
g_z=&g_s-8k_{CF}'\zeta_{CF}'/3E_1+[2(k_{CF}-2g_s)\zeta_{CF}'^2-4k_{CF}'\zeta_{CF}'\zeta_{CF}]/9E_1^2+4\zeta_{CF}'^2(k_{CF}-2g_s)/9E_3^2\\
&-2\zeta_{CF}'^2(k_{CF}+g_s)/3E_2^2+4k_{CF}'\zeta_{CF}'\zeta_{CF}[1/(9E_1E_3)-1/(3E_1E_2)+1/(3E_2E_3)]\\
&+16k_{CF}'\zeta_{CF}'D_\eta/9E_1^2-2k_{CF}'\zeta_{CF}'(35D_t+7D_\xi+7D_\eta)/9E_1^2+2k_{CF}'\zeta_{CF}'(35D_t+7D_\xi\\
&+7D_\eta)/9E_1^2+8k_{CT}'\zeta_{CT}'/(3E_n)\\
A_x=&-P_{CF}\kappa+P_{CF}'(g_x-g_s)+8P_{CT}'k_{CT}'\zeta_{CT}'/3E_n-(\kappa/2)P_{CT}\\
A_y=&-P_{CF}\kappa+P_{CF}'(g_y-g_s)+8P_{CT}'k_{CT}'\zeta_{CT}'/3E_n-(\kappa/2)P_{CT}\\
A_z=&-P_{CF}\kappa+P_{CF}'(g_z-g_s)+8P_{CT}'k_{CT}'\zeta_{CT}'/3E_n-(\kappa/2)P_{CT}
\end{aligned}
\tag{9-23}
$$

这里 κ 是芯区极化常数，反映了磁性核自旋与电子自旋超精细相互作用的各向同性贡献。能量分母 $E_i(i=1-3)$分别表示基态 $^4A_{2g}$ 与激发态 $^4T_{2g}[t_2^2(^3T_1)e]$，$^2T_{2a}[(t_2^3)]$和 $^2T_{2b}[t_2^2(^3T_1)e]$之间的能级差，与前面立方或四角时相同。$E_n(\approx 30000\ [\chi(L)-\chi(M)]+14B\ {\rm cm}^{-1})$是电荷转移激发态 $^4T_{2g}{}^n$ 与基态 $^4A_{2g}$ 的能量差，其中 χ(L)和 χ(M)分别是配体和中心离子的光电负性[105]。

9.1.3.2 正交畸变八面体中 $3d^3$ 离子自旋哈密顿参量微扰公式

尽管与斜方八面体中 $3d^3$ 离子的基态 $^4A_{2g}$ 相同，但是正交畸变八面体（平面上 X 和 Y 通过配体）中 $3d^3$ 离子的基不一样，相当于斜方情形的 X 和 Y 轴旋转 45°。故正交畸变八面体中 $3d^3$ 离子自旋哈密顿参量微扰公式与前面斜方情形有所不同。采用 Macfarlanae 强场微扰方法，可得到[104]：

$$\begin{aligned}
D=&(35/9)\zeta_{CF}'^2D_t(1/E_1^2-1/E_3^2)-35BD_t\zeta_{CF}'\zeta_{CF}/(E_2E_3^2)+\zeta_{CF}'^2\{(49/216)[(175D_3\\
&+144D_\eta^2)/E_1^3+2(25D_3+144D_\eta^2)/E_3^3]+4[(D_s+5D_t/4)^2+(D_\xi+D_\eta)^2][1/(E_1^2E_4)\\
&+2/(E_3^2E_8)]\}+\zeta_{CF}\zeta_{CF}'^2\{(35D_t/108)[2/E_1^3+2/E_3^3-4/(E_1^2E_3)+5/(E_1E_3^2)]+(2/3)(D_s\\
&+5D_t/4)[2/(E_1^2E_4)+1/(E_1E_3E_4)]\}\\
E=&(-28\zeta_{CF}'^2/9)D_\eta(1/E_1^2-1/E_3^2)+28BD_\eta\zeta_{CF}'\zeta_{CF}/(E_2E_3^2)-\zeta_{CF}'^2\{(490D_tD_\eta/27)(1/E_1^3\\
&-1/E_3^3)-(16/3)(D_s+5D_t/4)(D_\xi+D_\eta)[1/(E_1^2E_4)-1/(E_3^2E_8)]\}+\zeta_{CF}'^2\zeta_{CF}\{(7D_\eta/27)[2/E_3^3\\
&-1/E_1^3-12/(E_1^2E_3)+5/(E_1E_3^2)]+(2/3)(D_\xi D_\eta)[1/(E_1^2E_4+1/(E_1E_3E_4))]\}\\
g_z=&g_s-8k_{CF}'\zeta_{CF}'/(3E_1)+[2(k_{CF}-2g_s)\zeta_{CF}'^2-4k_{CF}'\zeta_{CF}'\zeta_{CF}]/9E_1^2+4\zeta_{CF}'^2(k_{CF}-2g_s)/9E_3^2\\
&-2\zeta_{CF}'^2(k_{CF}+g_s)/3E_2^2+4k_{CF}'\zeta_{CF}'\zeta_{CF}[1/(9E_1E_3)-1/(3E_1E_2)+1/(3E_2E_3)]\\
&+140k_{CF}'D_t\zeta_{CF}'/9E_1^2+8\zeta_{CT}'k_{CT}'/(3E_n)\\
g_x=&g_s-8k_{CF}'\zeta_{CF}'/(3E_1)+[2(k_{CF}-2g_s)\zeta_{CF}'^2-4k_{CF}'\zeta_{CF}'\zeta_{CF}]/9E_1^2+4\zeta_{CF}'^2(k_{CF}-2g_s)/9E_3^2\\
&-2\zeta_{CF}'^2(k_{CF}+g_s)/3E_2^2+4k_{CF}'\zeta_{CF}'\zeta_{CF}[1/(9E_1E_3)-1/(3E_1E_2)+1/(3E_2E_3)]\\
&+140k_{CF}'D_t\zeta_{CF}'/9E_1^2-k_{CF}'\zeta_{CF}'(210D_t+168D_b)/9E_1^{2+}8\zeta_{CT}'k_{CT}'/(3E_n)\\
g_y=&g_s-8k_{CF}'\zeta_{CF}'/(3E_1)+[2(k_{CF}-2g_s)\zeta_{CF}'^2-4k_{CF}'\zeta_{CF}'\zeta_{CF}]/9E_1^2+4\zeta_{CF}'^2(k_{CF}-2g_s)/9E_3^2\\
&-2\zeta_{CF}'^2(k_{CF}+g_s)/3E_2^2+4k_{CF}'\zeta_{CF}'\zeta_{CF}[1/(9E_1E_3)-1/(3E_1E_2)+1/(3E_2E_3)]\\
&+140k_{CF}'D_t\zeta_{CF}'/9E_1^2-k_{CF}'\zeta_{CF}'(210D_t-168D_b)/9E_1^2+8\zeta_{CT}'k_{CT}'/(3E_n)
\end{aligned}\tag{9-24}$$

其中 D_s、D_t、D_ξ 和 D_η 是正交晶场参量，其他相关参量(ζ_{CF}，ζ_{CF}'，k_{CF}，k_{CF}'，ζ_{CT}'，k_{CT}'和 E_n)均与斜方公式中相同。相应的能量分母 $E_i(i=1\sim4，8)$可表示为[104]

$$\begin{aligned}
&E_1\approx10Dq，E_2\approx15B+4C，E_3\approx9B+3C+10\,Dq\\
&E_4\approx10Dq+12\,B，E_8\approx10Dq+15B+3C
\end{aligned}\tag{9-25}$$

9.1.4 应 用

9.1.4.1 立方对称：$CsMgX_3$：V^{2+}（X=Cl，Br，I）

掺杂过渡离子的 $CsMgX_3$（X=Cl，Br，I）晶体具有独特的发光特性，这些特性很大程度上依赖于杂质离子的局部结构和电子能级[97]。针对 $CsMgX_3$（X=Cl，Br，I）中掺 V^{2+}的 EPR 谱揭示该体系具有三角对称的 g 因子和超精细结构参量[106]。后来的工作者基于立方近似考虑了配体 p 轨道和配体旋轨耦合系数的贡献。然而当 X=I 的时候，理论结果与实验符合不是很好，这是因为配体 I 的旋轨耦合系数比中心离子 V^{2+} 大很多。为了进一步改进 $CsMgX_3$：V^{2+} 的自旋哈密顿参量计算值，这里采用前面得到的考虑配体 s 轨道贡献的立方八面体中 $3d^3$ 离子自旋哈密顿参量公式进行分析。

$CsMgX_3$（X=Cl，Br，I）晶体具有与 $CsNiCl_3$ 同形的结构。Mg–X 间距 R 对 X=Cl，Br，I 分别约为 249.6 pm，266.2 pm 和 289.9pm[107]。通过 R 和自洽场（SCF）波函数[108,109]，可求出群重叠积分 $S_{dp\gamma}$（以及积分 S_{ds} 和 A），并列于表 9-1。光谱参量 D_q，B 和 C 可以根据 VX_2 中类似 $[VX_6]^{4-}$ 基团的光学光谱实验数据得到，并列于表 9-1。通过前面的离子簇近似公式和自由离子 V^{2+} 的数值 $B_0\approx766\ cm^{-1}$，$C_0\approx2855\ cm^{-1}$[18]，可计算出分子轨道系数 N_γ 和 λ_γ 等。对自由离子 V^{2+}，$\zeta_d^0\approx167\ cm^{-1}$[18]，$P_0=128\times10^{-4}\ cm^{-1}$[110]，$\zeta_p^0$ 对 Cl，Br 和 I 分别为 587，2460 和 5060 cm^{-1}[106]，由此计算出 X=Cl，Br 和 I 时 ζ，ζ'，k，k'，P 和 P' 的数值，并列于表 9-1 中。超精细结构参量公式中的芯区极化常数可表示为 $\kappa\approx-2\chi/(3\langle r^{-3}\rangle)$[23,110]，$\chi$ 表示中心离子未成对电子的未配对自旋密度，$\langle r^{-3}\rangle$ 表示 3d 轨道径向波函数负三次方期望值。利用 $CdCl_2$ 和 VCl_2 种类似八面体 $[VCl_6]^{4-}$ 基团的 $\chi\approx-2.32\sim-2.67$a.u.以及 $\langle r^{-3}\rangle\approx2.748$a.u.，不难估计 $CsMgX_3$：V^{2+} 的芯区极化常数近似为 $\kappa\approx0.61$。

将上述参量代入前面立方八面体中 $3d^3$ 离子自旋哈密顿参量微扰公式，所得到的 g 因子和超精细结构参量列于表 9-2(Cal. c)。为了比较，忽略配体 s 轨道贡献的计算结果（采用 $S_{ds}=\lambda_s=0$ 和积分 $A=0$，类似于前人基于离子簇近似的工作）以及传统晶体模型（采用 $\zeta=\zeta'=\zeta_d^0N$，$k=k'=N, P=P'=NP_0$）分别列于表 9-2 中的 Cal. a 和 Cal. b。

表 9-1　$CsMgX_3$（X=Cl，Br，I）中 V^{2+} 的群重叠积分，光谱参量 D_q、B 和 C(cm^{-1})，分子轨道系数、旋轨耦合系数(cm^{-1})、轨道缩减因子和偶极超精细结构参量($10^{-4}cm^{-1}$)。

X	S_{dpt}	S_{dpe}	S_{ds}	A	D_q	B	C	f_γ	N_t
Cl	0.0261	0.0769	0.0455	1.2609	960	635	2400	0.835	0.922
Br	0.0223	0.0705	0.0384	1.2010	880	616	2320	0.808	0.906
I	0.0188	0.0619	0.0345	1.0800	790	590	2224	0.775	0.881
N_e	λ_t	λ_e	λ_s	ζ	ζ'	k	k'	P	P'
0.943	0.302	0.319	0.178	181	129	0.968	0.854	118	119
0.927	0.327	0.345	0.178	284	26	0.960	0.831	116	117
0.906	0.350	0.370	0.195	0458	−148	0.950	0.807	113	114

表 9-2　$CsMgX_3$（X=Cl，Br，I）中 V^{2+} 的 g 因子位移和超精细结构常数

	Δg				$A/10^{-4}\ cm^{-1}$			
X	Cal. a	Cal. b	Cal. c	Expt.*	Cal. a	Cal. b	Cal. c	Expt.[106]
Cl	−0.0392	−0.0315	−0.0311	−0.0283(6)	−75.9	−75.1	−75.1	−75.0(10)
Br	−0.0621	−0.0048	−0.0069	−0.0048(20)	−74.9	−70.5	−71.0	−70.0(20)
I	−0.0453	0.0535	0.0380	0.0377(100)	−74.3	−63.6	−65.0	−67.0(20)

注：a—基于传统晶场模型的计算值（即忽略配体轨道和旋轨耦合贡献）。

b—基于忽略配体 s 轨道贡献的离子簇近似的计算值（采用 $S_{ds}=\lambda_s=0$ 和积分 $A=0$）。

c—基于考虑配体 s 轨道贡献的离子簇近似的计算值。

从表 9-2 中可以发现，包括配体 s 轨道贡献的自旋哈密顿参量的理论结果比不考虑 s 轨道贡献时（或传统晶场模型的结果）与观测值符合更好。这就意味着在本书中建立的理论模型和相关参量值的取值是合理的。

与传统晶场模型结果（Cal. [a]）相比较，忽略配体 s 轨道贡献的离子簇模型的 g 因子（Cal.[b]）对所有体系均有较大改进，特别是给出了 X=I 时 Δg 的正确（正）符号，即对应于负的 ζ。然而，X=I 的 Δg 理论值仍比实验大 40%，这主要是因为考虑配体 I^-的 5p 轨道和旋轨耦合贡献后的旋轨耦合系数 ζ 被明显高估。实际上，包含配体 s 轨道会明显减小分子轨道系数 N_e 和 λ_e 以及 k'和 ζ'等参量，从而导致较小的 Δg 值。可见，Δg 对配体 s 轨道贡献其实很敏感，特别是对 I 等旋轨耦合系数非常大的配体，而前人普遍认为八面体中 $3d^n$ 离子（如 $KNiF_3$）中配体 s 轨道贡献可以忽略的假设此时将不再适用。另外，超精细结构常数对配体贡献的依赖则远不如 g 因子那么明显，这是因为 A 因子主要决定于归一化因子和芯区极化常数。

上述计算中仅考虑了晶场机制（与晶场能级有关）的贡献，而来自电荷转移机制（CT）机制贡献（与电荷转移能级有关）的 Δg 可以估计为：

$$\Delta g_{\mathrm{CT}} \sim k'_{\mathrm{CT}}\zeta'_{\mathrm{CT}} / E_n \sim N_e^b(\lambda_e + \lambda_t/2)N_e^b(\lambda_t\zeta_d^0 + \lambda_t\zeta_p^0/2)/E_n \tag{9-26}$$

其中 CT 能级分裂

$$E_n \approx 30{,}000[\chi(\mathrm{L}) - \chi(\mathrm{M})] \tag{9-27}$$

这里 $\chi(\mathrm{L})$和 $\chi(\mathrm{M})$分别为配体和金属的光学负电性。根据 Cl^-、Br^-和 I^-的光电负性值 3.4、3.3 和 3.0，以及由等电子 Cr^{3+}和 Mn^{4+}外推得到的 $\chi(V^{2+}) \approx 0.9$，可近似估计 Cl，Br，I 的 Δg_{CT} 分别约为 0.0003，0.0008 和 0.002。可见，CT 机制对 g 因子的贡献是很小的。

9.1.4.2 三角对称：$CdCl_2$，CdI_2 和 PbI_2 中的 V^{2+}

由于掺过渡离子的 $CdCl_2$，CdI_2 和 PbI_2 具有奇异的磁光、光学激励、极化拉曼散射、红外吸收以及光分解和光化学转化等性质而受到广泛关注[111]。上述性质一般对掺杂离子周围的局部结构很敏感。前人在 EPR 实验中测量了掺杂 V^{2+}的 $CdCl_2$，CdI_2 和 PbI_2 的零场分裂 D，g 因子 $g_{//}$，$g_{\perp}$和超精细结构常数 $A_{//}$，$A_{\perp}$[112, 113]。后来的理论工作者基于考虑配体 p 轨道和旋轨耦合贡献的三角对称（D_{3d}）下 $3d^3$ 离子 g 因子微扰公式对上述 EPR 实验结果进行了分析，但对于配体 I^-的理论结果与观测值符合不大好。另外，D 和超精细结构常数也未能统一地得到理论解释，并且未获得杂质中心局部结构的定量信息。下面采用考虑配体 s 轨道贡献的三角畸变八面体中 $3d^3$ 离子自旋哈密顿参量微扰公式进行理论计算。

$CdCl_2$，CdI_2 和 PbI_2 具有分层型阴离子–阳离子–阴离子夹层结构，属 $D_{3d}{}^5$ 或 $C_{6v}{}^4$ 空间群。二价 Cd^{2+}或 Pb^{2+}被三角畸变的卤八面体包围。夹层之间的相互作用很弱，而在夹层内则为较强的化学键。根据重叠模型[16, 17]，V^{2+}中心的三角场参量 V 和 V'可表示为[111]

$$\begin{aligned}
V &= (18/7)\bar{A}_2(R)(3\cos^2\beta - 1) + (40/21)\bar{A}_4(R)(35\cos^4\beta - 30\cos^2\beta + 3) \\
&\quad + (40\sqrt{2/3})\bar{A}_4(R)\sin^3\beta\cos\beta \\
V' &= (-6\sqrt{2/7})\bar{A}_2(R)(3\cos^2\beta - 1) + (10\sqrt{2/21})\bar{A}_4(R)(35\cos^4\beta - 30\cos^2\beta + 3) \\
&\quad + (20/3)\bar{A}_4(R)\sin^3\beta\cos\beta
\end{aligned} \tag{9-28}$$

上式中 β 为杂质–配体键与 C_3 轴的夹角。三角畸变程度可由角度畸变$|\beta-\beta_0|$表征，其中 β_0（≈

54.74°）为立方时的键角。$\overline{A}_2(R)$和$\overline{A}_4(R)$为本征参量（其中 R 为参考键长）。对于八面体中 $3d^n$ 离子，可以采用$\overline{A}_4(R)\approx(3/4)Dq$ 和 $\overline{A}_2(R)\approx10.8\,\overline{A}_4(R)$。

由于母体与杂质离子的半径不同，杂质中心的杂质–配体参考距离 R 和杂质–配体键角 β 一般不同于母体中的 R_H（对 $CdCl_2$，CdI_2 和 PbI_2 分别为 265.67pm，299.18pm 和 321.6pm）和 β_H（分别为 56.79°，54.91°和 54.89°）[114,115]。参考键长通常可用经验公式 $R\approx R_H+(r_i-r_h)/2$[116] 估计。其中，$r_i\approx88$pm 为杂质 V^{2+}半径，$r_h\approx97$pm 和 120pm[117]分别表示母体 Cd^{2+}和 Pb^{2+}的半径。利用间距 R 和 Slater–type 的自洽场（SCF）波函数可计算出群重叠积分 $S_{dp\gamma}$（以及积分 A）的数值。这些结果列于表 9-3。

上述体系的光谱参量 D_q，B 和 C 可利用类似的 VCl_2 和 VI_2 的光谱参量获得，相应的结果列于表 9-3。利用自由 V^{2+}的 Racah 参量 $B_0\approx766\text{cm}^{-1}$ 和 $C_0\approx2855\text{cm}^{-1}$ 计算出的共价因子 f_γ 以及分子轨道系数 N_γ 和 λ_γ 也列于表 9-3。由自由 V^{2+}的旋轨耦合系数 $\zeta_d{}^0\approx167\text{cm}^{-1}$，偶极超精细结构参量 $P_0\approx128\times10^{-4}\text{cm}^{-1}$ 以及 Cl^-和 I^-的旋轨耦合系数 $\zeta_p{}^0\approx587$ 和 5060cm^{-1} 可计算出 ζ,ζ'，k，k'，P 和 P'的值，并列于表 9-3。利用 V^{2+}的$\langle r^{-3}\rangle\approx2.748$a.u.，$CdCl_2$ 中 V^{2+}的未配对自旋 $\chi\approx-2.32$ a.u.，可估计其 $\kappa\approx0.648$。而 CdI_2 和 PbI_2 可近似分别取为 $\kappa\approx0.55$ 和 0.61。

表 9-3 $CdCl_2$，CdI_2 和 PbI_2 中 V^{2+}的杂质–配体间距 R（pm），群重叠积分，光谱参量 D_q，B 和 $C(\text{cm}^{-1})$，N_γ和 λ_γ(和 λ_s)，旋轨耦合系数(cm^{-1})，轨道缩减因子和偶极超精细结构参量(10^{-4} cm^{-1})

基质	R	S_{dpt}	S_{dpe}	S_{ds}	A	D_q	B	C	f_γ	N_t
$CdCl_2$	261.17	0.0189	0.0602	0.0338	1.3194	920	642	2430	0.843	0.924
CdI_2	294.68	0.0166	0.0564	0.0298	1.1238	800	640	2387	0.831	0.919
PbI_2	305.60	0.0124	0.0451	0.0226	1.1655	770	641	2390	0.822	0.918
基质	N_e	λ_t	λ_e	λ_s	ζ	ζ'	k	k'	P	P'
$CdCl_2$	0.940	0.305	0.288	0.162	180	132	0.861	0.861	118	119
CdI_2	0.934	0.314	0.298	0.157	383	–64	0.858	0.858	118	119
PbI_2	0.930	0.311	0.294	0.147	378	–59	0.858	0.858	118	119

将这些参量（以及母体键角 β_H）的值代入三角畸变八面体中自旋哈密顿参量微扰公式（9–15），计算出的自旋哈密顿参量（Cal. [a]）列于表 9-3。显然，计算值与实验吻合不大好，特别是 $CdCl_2$，CdI_2 和 PbI_2 的零场分裂理论值分别为观测值的两倍，30%和 60%。这意味着基于母体键角 β_H 的三角畸变不适合分析自旋哈密顿参量，而需要考虑 V^{2+}周围的局部晶格畸变。通过调节 D 的理论值使之符合观测值，得到 $CdCl_2$，CdI_2 和 PbI_2 对应的局部键角分别为：

$$\beta\approx55.65°，54.23°\text{和 }52.38° \tag{9-29}$$

可见，杂质中心的局部键角比母体键角更小，相应的角度变化 $\Delta\beta(=\beta-\beta_H)$分别为–1.14°，–0.68°和–2.51°。对应的自旋哈密顿参量计算值（Cal. [c]）列于表 9-4。为了比较，基于忽略配体 s 轨道贡献但考虑局部键角 β 的理论值（Cal. [b]）也列于表 9-4。

根据表 9-4，考虑配体 s 轨道贡献和局部角度畸变 $\Delta\beta$ 贡献的自旋哈密顿参量理论值比忽略上述贡献时更好地与观测值相符合，表明本工作采用的计算公式和相关参量是合理的。

表 9-4　$CdCl_2$，CdI_2 和 PbI_2 中 V^{2+} 的自旋哈密顿参量

	$D/10^{-4}$ cm^{-1}		$g_{//}$	$g_{\perp}$	$A_{//}/10^{-4}$ cm^{-1}	$A_{\perp}/10^{-4}$ cm^{-1}
$CdCl_2$	Cal. [a]	–4638	1.9636	1.9715	–77.0	–76.4
	Cal. [b]	–2016	1.9665	1.9701	–76.7	–76.4
	Cal. [c]	–2077	1.9666	1.9701	–76.8	–76.4
	Expt.[112]*	–2077	1.9661；1.968	1.9704；1.968	–76.7	–76.7
CdI_2	Cal. [a]	–339	2.020	2.020	–66	–66
	Cal. [b]	–1350	2.029	2.029	–65	–65
	Cal. [c]	–985	2.021	2.021	–65	–65
	Expt. [113] *	–985(5)	2.010(10)	2.010(10)	–64(1)	–64(1)
PbI_2	Cal. [a]	2700	2.019	2.019	–66	–66
	Cal. [b]	–5720	2.029	2.029	–65	–65
	Cal. [c]	–4190	2.023	2.021	–66	–66
	Expt. [113] *	–4190(20)	2.015(15)	2.00(1)	–70(1)	–66(1)

注：a—基于母体键角 β_H 和包含配体 s 轨道贡献的计算值。

b—基于局部键角 β 和忽略配体 s 轨道贡献的计算值。

c—基于局部键角 β 和考虑配体 s 轨道贡献的计算值。

* $CdCl_2$ 的 A 因子的负号通过 CdI_2 和 PbI_2 的 A 因子和类似卤化物中 V^{2+} 的 A 因子实验值确定。PbI_2 的 D 实验值通过理论计算得到，因 ζ 为负，故伸长八面体中（$\beta-\beta_0<0$）D 也应为负。

（1）考虑 $CdCl_2$ 中 V^{2+} 杂质局部晶格畸变，D 或 g 位移 $\Delta g(=g_i-g_s)$ 在考虑和忽略配体 s 轨道贡献时的相对差值分别为 3%或 0.3%。然而，上述相对差值对于 CdI_2 和 PbI_2 却达到 37%或 30%（忽略配体 s 轨道贡献时偏大）。因此，对于配体 I 的情形，应当考虑配体 s 轨道贡献。

（2）杂质局部角度畸变 $\Delta\beta$ 主要源于杂质 V^{2+} 的半径（≈88pm）与被替代的 Cd^{2+} 或 Pb^{2+}（≈97pm 或 120pm）的失配，导致杂质–配体键角 β 与母体键角 β_H 不同。首先，杂质 V^{2+} 替代较大的母体离子会引起明显的局部松弛。其次，由于夹层之间仅受到轻微的 VanderWaals 作用，局部的杂质–配体键角可发生轻微的旋转而略微偏向三次轴，从而造成了显著偏小的局部键角。有趣的是，EPR 研究也揭示出 $ZnSiF_6\cdot6H_2O$ 晶体中三角 Co^{2+}（也比被替代的母体 Zn^{2+} 小）中心也表现为较母体键角更小的杂质–配体键角。此外，PbI_2 较 $CdCl_2$ 或 CdI_2（$\Delta\beta\approx-1.14°$ 或$-0.68°$）更大的角度畸变（$\Delta\beta\approx-2.51°$）与前者更加明显的杂质–母体阳离子尺寸失配相一致。对于三角畸变的性质，$CdCl_2$ 中配体八面体从母体时的显著压缩（$\beta_H-\beta_0>>0$）变为杂质中心的轻微压缩（$\beta-\beta_0\geqslant0$），而 CdI_2 和 PbI_2 则由母体时的轻微压缩（$\beta-\beta_0\geqslant0$）变为杂质中心的轻微伸长（$\beta-\beta_0\leqslant0$）。

（3）上述计算中忽略了电荷转移机制的影响。对于上述体系中，光电负性值 $\chi(Cl^-)\approx3.4$，$\chi(I^-)\approx3.0$，由等电子 Cr^{3+} 和 Mn^{4+} 的光电负性值可外推得到 $\chi(V^{2+})\approx0.9$，这样，鉴于较大的 CT 能级（如 Cl^- 和 I^- 分别对应 $E_{CT}\sim75000$ 和 63000 cm^{-1}），在要求精度不太高时，对于 V^{2+} 在卤化物中的 EPR 理论分析可暂时忽略 CT 贡献。

9.1.4.3 四角对称：KBr 中四角 V^{2+} 中心

掺过渡离子的 KBr 晶体具有优良的热致发光和离子电导性，因而引起人们的关注。前人对 KBr 中四角杂质 V^{2+} 中心的 EPR 谱进行了测量，并获得了 g 因子和超精细结构常数的实验值[118]。前人对上述实验结果的理论解释与实验符合不是很好。这里采用四角八面体中 $3d^3$ 离子自旋哈密顿参量微扰公式对 KBr 中四角 V^{2+} 中心的 g 和 A 因子以及缺陷结构进行理论分析。

当 V^{2+} 被掺在 KBr 晶体中，它将占据母体 K^+ 格位。由于杂质离子带有多余的正电荷，将在 C_4 轴方向上产生一个次近邻阳离子空位 V_K 作为电荷补偿。结果，原来母体阳离子位置的立方对称降低为杂质中心的四角对称（C_{4V}）。因为 V_K 的有效电荷为负，处于 V_K 和 V^{2+} 之间的配体将在 V_K 的静电排斥作用下朝中心 V^{2+} 位移一段距离 ΔZ。由重叠模型，四角场参量 D_t 可表示为：

$$D_t = 8\overline{A}_4(R_0)[1-(\frac{R_0}{R_0-\Delta Z})^{t_4}]/21 \tag{9-30}$$

相关重叠模型参量的定义同前。对掺 V^{2+} 的 KBr，由于杂质 V^{2+} 的离子半径 $r_i(\approx 88\text{pm})$ 比母体 K^+ 的半径 $r_h(\approx 133\text{pm})$ 小得多，杂质–配体间距 R_0 可利用经验公式 $R_0 \approx R_H+(r_i-r_h)/2$[116]确定，其中母体中的阴阳离子间距 $R_H \approx 329\text{pm}$[114]，于是得到参考距离 $R_0 \approx 306.5\text{pm}$。计算出群重叠积分列于表 9-5。利用 KBr：$V^{2+}$ 的光谱可得到其光谱参量 D_q，B 和 C 的数值（表 9-5）。由 V^{2+} 的自由离子值 $B_0 \approx 766\text{cm}^{-1}$ 和 $C_0 \approx 2855\text{cm}^{-1}$ 计算出的 f_r，N_γ 和 λ_γ 的值也列于表 9-5。根据自由 V^{2+} 的 $\zeta_d^0 \approx 167\text{cm}^{-1}$，$P_0 \approx 128\text{cm}^{-1}$，以及自由 Br^- 的 $\zeta_p^0 \approx 2460\text{cm}^{-1}$，计算出的 ζ ζ'，k，k'，P 和 P' 也列于表 9-5。在 $A_{//}$ 和 $A_\perp$ 公式中，芯区极化常数可由 V^{2+} 的 $\langle r^{-3}\rangle \approx 2.748$ a.u.以及在溴化物中的 $\chi \approx -2.65$ a.u.估计，即 $\kappa \approx 0.643$。

表 9-5 KBr：V^{2+} 的群重叠积分，光谱参量 D_q，B 和 C（cm^{-1}），N_γ 和 λ_γ（和 λ_s），旋轨耦合系数（cm^{-1}），轨道缩小因子，偶极超精细结构参量（10^{-4}cm^{-1}）

R	S_{dpt}	S_{dpe}	S_{ds}	A	D_q	B	C	f_γ	N_t	N_e
3.065	0.0070	0.0285	0.0126	1.3817	591	625	2360	0.8213	0.9083	0.9158
λ_t	λ_e	λ_s	k	k'	ζ	ζ'	P	P'		
0.3248	0.3072	0.1358	0.9562	0.8388	270	40	116	117		

将上述参量代入四角畸变八面体中 $3d^3$ 离子中自旋哈密顿参量微扰公式（9-17），通过拟合零场分裂 D 的理论值与实验相符，可得到优化的配体位移 $\Delta Z \approx 0.110R_0$。这里定义该配体朝向 V^{2+}（或远离 V_K）的方向为正。相应的自旋哈密顿参量理论值列于表 9-6。

表 9-6 KBr 中四角 V^{2+} 中心的 g 位移，超精细结构常数和零场分裂（10^{-4}cm^{-1}）

	Δg	A	D
Cal.[a]	−0.0130		
Cal.[b]	−0.0168	−76.6	−87.6
Expt. [118]	−0.0167	−76.6	−87.6

（1）ΔZ 符号为正说明处于 V_K 和 V^{2+} 之间的配体的位移方向与基于静电相互作用的预期相

吻合。有趣的是，嵌入离子簇计算以及扩展X射线吸收精细结构(Extended X–ray absorption fine structure，EXAFS）方法和 X 射线吸收近边结构实验（XANES）也分别得到 MgO：Cr^{3+}中类似四角 Cr^{3+}–V_{Mg} 中心里 Cr^{3+}和 V_{Mg} 之间配体朝向 Cr^{3+}位移大约 ΔZ(≈$0.054R_0$ 和 $0.077(32)R_0$)。因此，通过分析自旋哈密顿参量得到的位移 ΔZ 是合理的。KBr 中该配体相对较小的轴向位移与其数值较小的零场分裂以及四角畸变相一致。

（2）对于共价性较强的配体 Br^-，其旋轨耦合系数非常大（ζ_p≈$2460cm^{-1}$），且混合系数 λ_t（≈0.3248)和 λ_e(≈0.3072)也较明显，故配体 Br 对自旋哈密顿参量的贡献很大而不容忽略。本书考虑配体 s 轨道贡献的 ζ'比忽略此贡献时大约 33.3%，使 Δg 理论值有所增大并与实验符合更好。故对于 Br 等 ζ_p^0 很大的配体，其 s 轨道贡献不能忽略。

（3）超精细结构常数计算值与实验也较吻合。低温下，V^{2+}在 KBr 中的超精细结构常数绝对值比在 NaBr 中大，这与体系共价性随杂质–配体间距增大而减小相一致，从而导致前者较大的 A 因子数值。

9.1.4.4 斜方或正交对称：三种温度下 NaCl 中不同的$[Cr(CN)_6]^{3-}$基团

NaCl 晶体被广泛应用于化学、食物和医疗等领域。由于与相邻金属离子之间强烈的相互作用，氰根离子是设计磁性多金属配合物非常有用的桥接配体。特别地，络合物$[Cr(CN)_6]^{3-}$具有重原子效应、磷光、发光和磁性等性质以及合成分子材料(如 $C_cA_a[B(CN)_6]_b \cdot nH_2O$，其中 C=碱金属离子；A，B=过渡离子)等应用前景[104]。这些性质主要与 $Cr(CN)_6^{3-}$络合物的电子态和局部结构密切相关，并可借助光吸收和 EPR 谱进行分析。前人测量了三种温度下 NaCl 晶体中三类 $Cr(CN)_6^{3-}$中心（斜方中心 I 和 II 以及正交中心 III）的自旋哈密顿参量[119]。下面利用斜方畸变八面体中 $3d^3$ 离子自旋哈密顿参量微扰公式进行理论分析。考虑到体系具有很强的共价性，故需考虑电荷转移对 g 位移的贡献。

1. 斜方中心 I

对于该中心，母体中阴阳离子间距为 R_H(≈281 pm)。当 $Cr(CN)_6^{3-}$络合物掺入 NaCl 后会取代母体的 $NaCl_6^{5-}$基团，并在最近邻的 <110> 和 <$\overline{1}\overline{1}0$> 方向产生两个阳离子空位 V_{Na} 作为电荷补偿。局部结构参量可由 XY 平面配体位移ΔR_P 和 Z 轴配体位移$\Delta R_P''$表征（图 9-2）。

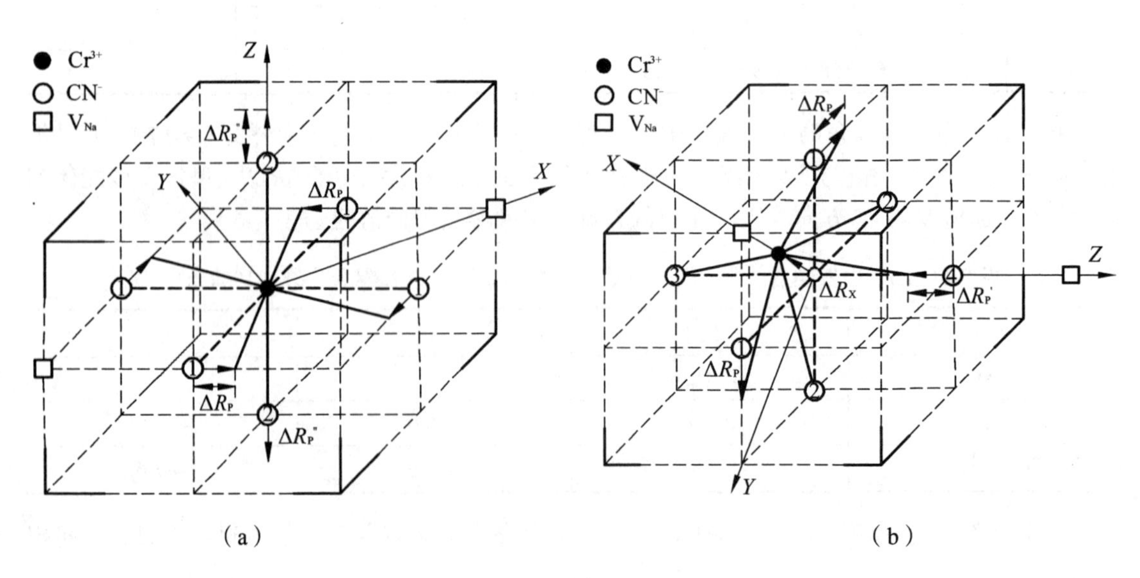

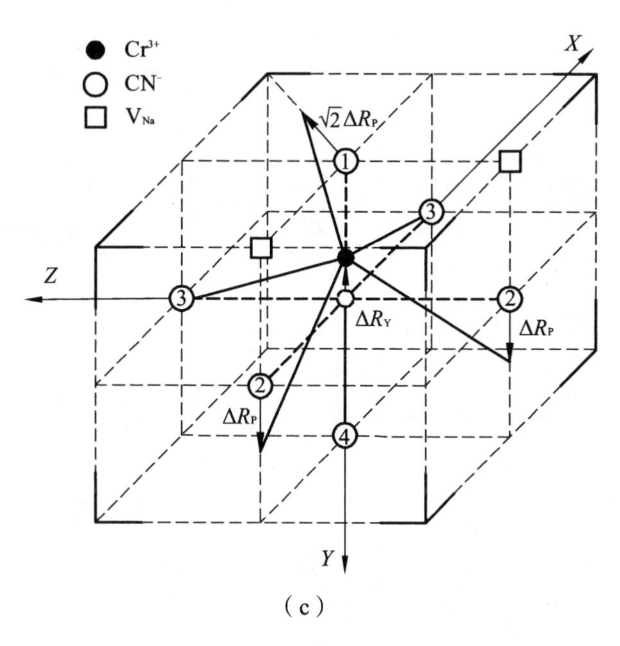

（c）

图 9-2　NaCl 中的 $Cr(CN)_6^{3-}$中心 I (a)，II (b)和III(c)

利用局部几何关系和重叠模型，斜方晶体场参量可表示为[104]

$$D_t \approx -8\,\bar{A}_4\,[(1/14)(R/R_1)^5+(2/21)(R/R_2)^5-1/6\,]$$

$$D_\xi \approx (80/21)\,\bar{A}_4\,(R/R_1)^5\cos 2\varphi_1$$

$$D_\eta \approx (20/3)\,\bar{A}_4\,[(R/R_1)^5\cos 4\varphi_1+1] \tag{9-31}$$

其中

$$R_1=(R^2+\Delta R_p{}^2)^{1/2},\quad R_2=R+\Delta R_P'',\quad \varphi_1=\pi/4+\arctan(\Delta R_p/R) \tag{9-32}$$

这里 R 是参考键长，本征参量仍取 $\bar{A}_4(R)\approx$（3/4）Dq 和 $\bar{A}_2\approx 10.8\,\bar{A}_4$。

根据氰化物中 Cr^{3+}的光谱，三种温度下中心 I（以及后面中心 II 和 III）的光谱参量 Dq 和 N 列于表 9-7。由杂质 Cr^{3+}的半径 r_i(≈61.5 pm)，母体 Na^+的半径 r_h(≈102 pm)，可估计参考键长 R≈260.75 pm。利用 Slater 型自洽场波函数和距离 R，计算出的群重叠积分列于表 9-7。对应晶场和荷移机制的相关分子轨道系数也列于表 9-7 中。

表 9-7　三种温度下 NaCl 中三类 $Cr(CN)_6^{3-}$中心的群重叠积分，立方场参量(cm^{-1})，共价因子，轨道混合系数，旋轨耦合系数(cm^{-1})，轨道缩小因子和局部结构参量(pm)

T	中心	S_{dpt}	S_{dpe}	S_s	A	Dq	N	N_t^a
4.2 K	I	0.0072	0.0262	0.0212	1.4505	2200	0.884	0.886
	II	0.0072	0.0262	0.0212	1.4505	2200	0.885	0.887
	III	0.0072	0.0262	0.0212	1.4505	2200	0.883	0.885
	中心	λ_e^b	λ_s^b	ζ_{CF}	ζ_{CF}'	k_{CF}	k_{CF}'	ζ_{CT}'
	I	−0.974	−0.788	246	240	0.946	0.787	185
	II	−0.979	−0.792	247	240	0.946	0.789	184
	III	−0.969	−0.784	246	239	0.945	0.785	185

续表

T	中心	S_{dpt}	S_{dpe}	S_s	A	Dq	N	N_t^a
4.2 K	中心	N_e^a	λ_t^a	λ_e^a	λ_s^a	N_t^b	N_e^b	λ_t^b
	Ⅰ	0.895	0.365	0.293	0.237	0.346	0.396	−1.378
	Ⅱ	0.896	0.364	0.292	0.236	0.344	0.393	−1.385
	Ⅲ	0.894	0.367	0.295	0.238	0.348	0.398	−1.372
	中心	k_{CT}'	ΔR_X	ΔR_Y	ΔR_P	$\Delta R_P'$	$\Delta R_P''$	
	Ⅰ	0.495	–	–	2.45	–	8.83	
	Ⅱ	0.493	6.2	–	2.8	13.4	–	
	Ⅲ	0.496	–	39.38	34.17	–	–	
77 K	中心	S_{dpt}	S_{dpe}	S_s	A	Dq	N	N_t^a
	Ⅰ	0.0072	0.0262	0.0212	1.4505	2200	0.865	0.866
	Ⅱ	0.0072	0.0262	0.0212	1.4505	2200	0.87	0.872
	Ⅲ	0.0072	0.0262	0.0212	1.4505	2200	0.865	0.868
	中心	λ_e^b	λ_s^b	ζ_{CF}	ζ_{CF}'	k_{CF}	k_{CF}'	ζ_{CT}'
	Ⅰ	−0.893	−0.723	242	234	0.936	0.752	195
	Ⅱ	−0.913	−0.738	243	236	0.939	0.761	192
	Ⅲ	−0.893	−0.723	242	234	0.936	0.752	195
	中心	N_e^a	λ_t^a	λ_e^a	λ_s^a	N_t^b	N_e^b	λ_t^b
	Ⅰ	0.877	0.398	0.318	0.258	0.386	0.439	−1.264
	Ⅱ	0.882	0.390	0.312	0.252	0.376	0.428	−1.292
	Ⅲ	0.877	0.398	0.318	0.258	0.386	0.439	−1.264
	中心	k_{CT}'	ΔR_X	ΔR_Y	ΔR_P	$\Delta R_P'$	$\Delta R_P''$	
	Ⅰ	0.521	–	–	2.53	–	9.41	
	Ⅱ	0.514	6.2	–	2.8	14.1	–	
	Ⅲ	0.521	–	39.67	34.49	–	–	
290 K	中心	S_{dpt}	S_{dpe}	S_s	A	Dq	N	N_t^a
	Ⅰ	0.0072	0.0262	0.0212	1.4505	2200	0.88	0.882
	Ⅱ	0.0072	0.0262	0.0212	1.4505	2200	0.88	0.882
	中心	λ_e^b	λ_s^b	ζ_{CF}	ζ_{CF}'	k_{CF}	k_{CF}'	ζ_{CT}'
	Ⅰ	−0.956	−0.773	246	238	0.944	0.780	187
	Ⅱ	−0.956	−0.773	246	238	0.944	0.780	187
	中心	N_e^a	λ_t^a	λ_e^a	λ_s^a	N_t^b	N_e^b	λ_t^b
	Ⅰ	0.892	0.372	0.299	0.242	0.355	0.405	−1.352
	Ⅱ	0.892	0.372	0.299	0.242	0.355	0.405	−1.352
	中心	k_{CT}'	ΔR_X	ΔR_Y	ΔR_P	$\Delta R_P'$	$\Delta R_P''$	
	Ⅰ	0.500	–	–	2.36	–	8.23	
	Ⅱ	0.500	6.1	–	2.5	12.8	–	

采用自由离子值 $\zeta_d^0(Cr^{3+})\approx273\ cm^{-1}$ 和 $\zeta_p^0(CN^-)\approx75\ cm^{-1}$，得到的旋轨耦合系数和轨道缩小因子列于表 9-3 中。Racah 参量 B 和 C 可由公式 $B\approx B_0N^2$ 和 $C\approx C_0N^2$ 以及 Cr^{3+} 的自由离子值 $B_0(\approx1030\ cm^{-1})$ 和 $C_0(\approx3850\ cm^{-1})$ 算出。由光电负性 $\chi(CN^-)\approx2.5$ 和 $\chi(Cr^{3+})\approx2.2$，可得到 $Cr(CN)_6^{3-}$ 基团的电荷转移能级 E_n。将上述参量代入自旋哈密顿参量微扰公式，并通过调节局部结构参量 ΔR_P 和 $\Delta R_P''$（表 9-7）以拟合零场分裂的理论值与实验相符，所得的三种温度下该中心最优的自旋哈密顿参量列于表 9-8。

表 9-8　三种温度下 NaCl 中不同 $Cr(CN)_6^{3-}$ 中心的零场分裂 D 和 $E(10^{-4}\ cm^{-1})$ 和 g 因子。

T	中心		D	E	g_x	g_y	g_z
4.2 K	Ⅰ	Calc.	590	−175	1.9906	1.9904	1.9911
		Expt. [119]	590(2)	−175(2)	1.9908(6)	1.9908(6)	1.9908(6)
	Ⅱ	Calc.	−449	−125	1.9916	1.9914	1.9909
		Expt. [119]	−448(2)	−124(2)	1.9914(7)	1.9914(7)	1.9914(7)
	Ⅲ	Calc.	829	−184	1.9913	1.9912	1.9913
		Expt. [119]	829(2)	−184(2)	1.9910(6)	1.9910(6)	1.9910(6)
77 K	Ⅰ	Calc.	584	−175	1.9938	1.9936	1.9943
		Expt. [119]	584(2)	−175(1)	1.9940(4)	1.9940(4)	1.9940(4)
	Ⅱ	Calc.	−447	−121	1.9941	1.9940	1.9935
		Expt. [119]	−448(2)	−120(1)	1.9935(6)	1.9935(6)	1.9935(6)
	Ⅲ	Calc.	824	−182	1.9943	1.9942	1.9943
		Expt. [119]	824(2)	−183(1)	1.9940(5)	1.9940(5)	1.9940(5)
290 K	Ⅰ	Calc.	542	−166	1.9913	1.9912	1.9918
		Expt. [119]	542(2)	−166(2)	1.992(1)	1.992(1)	1.992(1)
	Ⅱ	Calc.	−422	−114	1.9924	1.9923	1.9918
		Expt. [119]	−423(3)	−116(3)	1.992(1)	1.992(1)	1.992(1)

2. 斜方中心Ⅱ

中心Ⅱ中，有一个沿 $<0\bar{1}1>$ 轴的最近邻阳离子空位和一个沿 $<100>$ 轴的次近邻阳离子空位，局部对称性变为 C_s 对称，并以 {100} 为对称平面。鉴于三种不同温度下中心Ⅰ和Ⅱ具有相似的自旋哈密顿参量，中心Ⅱ可近似看作斜方（C_{2v}）对称，其局部结构参量为 ΔR_X，ΔR_P 和 $\Delta R_P'$（见表 9-7）。利用局部几何关系和重叠模型，斜方场参量可以写为

$$D_t\approx-(\bar{A}_4/21)[6(R/R_1)^5+6(R/R_2)^5+(35\cos^4\theta_3-30\cos^2\theta_3+3)(R/R_3)^5 +(35\cos^4\theta_4-30\cos^2\theta_4+3)(R/R_4)^5-28],$$

$$D_\xi\approx(10\bar{A}_4/21)[(R/R_1)^5\cos2\varphi_1+(R/R_2)^5\cos2\varphi_2]-2(R/R_3)^5\sin^2\theta_3(7\cos^2\theta_3-1) -2(R/R_4)^5\sin^2\theta_4(7\cos^2\theta_4-1)],$$

$$D_\eta\approx(5\bar{A}_4/6)[4(R/R_1)^5\cos4\varphi_1+4(R/R_2)^5\cos4\varphi_2+2(R/R_3)^5\sin^4\theta_3+2(R/R_4)^5\sin^4\theta_4+8] \qquad (9\text{-}33)$$

其中

$$R_1=[(R-\Delta R_X/\sqrt{2})^2+(\Delta R_P+\Delta R_X/\sqrt{2})^2]^{1/2},\ R_2=[\Delta R_X^2/2+(R+\Delta R_X/\sqrt{2})^2]^{1/2}$$

$$R_3=(\Delta R_X^2+R^2)^{1/2},\ R_4=[\Delta R_X^2+(R-\Delta R_P')^2]^{1/2}$$

$$\varphi_1=\pi/4+\arctan[(\sqrt{2}\Delta R_P+\Delta R_X)/(\sqrt{2}R-\Delta R_X)],\ \varphi_2=\pi-\arctan[R/(R+\sqrt{2}\Delta R_X)]$$

$$\theta_3=\arctan(\Delta R_X/R),\ \theta_4=\arctan[\Delta R_X/(R-\Delta R_P')] \qquad (9\text{-}34)$$

重叠模型参量定义同前，不同温度（4.2，77 和 290 K）下的相关参量也列于表 9-7 中。将上述参量代入斜方八面体中 $3d^3$ 离子自旋哈密顿参量微扰公式，拟合ΔR_X，ΔR_P 和$\Delta R_P'$（表 9-7）使零场分裂与实验相符合，所得到的三种温度下中心Ⅱ的自旋哈密顿参量列于表 9-8 中。

3. 正交中心Ⅲ

一般正交对称坐标系不同于斜方对称，前者是平面 X 和 Y 轴穿过配体，而后者 XY 坐标轴可视为绕 Z 轴旋转 45°。与斜方中心Ⅰ和Ⅱ不同，中心Ⅲ属于正交对称。虽然基态都是 $^4A_{2g}$，但基不一样，正交畸变八面体中 $3d^3$ 离子自旋哈密顿参量的微扰公式也有所不同。该中心有一个<$0\bar{1}1$>轴最近邻阳离子空位和另一个在低温下（4.2 和 77K）从原中心Ⅱ次近邻位置跳到<101>方向最近邻的空位，其局部结构参量可由杂质沿 Y 方向的位移ΔR_Y 和相应的配体位移ΔR_P 表征（图 9-1）。根据重叠模型，正交场参量可表示为：

$$D_s\approx-(\bar{A}_2/7)[(R/R_1)^3(3\cos^2\theta_1-1)+(R/R_2)^3(3\cos^2\theta_2-2)+(R/R_3)^3(3\cos^2\theta_3-2)-(R/R_4)^3],$$

$$\begin{aligned}D_t\approx&-(\bar{A}_4/21)\{[(R/R_1)^5(35\cos^4\theta_1-30\cos^2\theta_1+3)+(R/R_2)^5(35\cos^4\theta_2-30\cos^2\theta_2+6)\\&+(R/R_3)^5(35\cos^4\theta_3-30\cos^2\theta_3+6)+3(R/R_4)^5]-7[(R/R_1)^5\cos4\varphi_1\sin^4\theta_1\\&+(R/R_2)^5\cos4\varphi_2+(R/R_2)^5\sin^4\theta_2+(R/R_3)^5\cos4\varphi_3+(R/R_3)^5\sin^4\theta_3+(R/R_4)^5]\}\end{aligned}$$

$$\begin{aligned}D_\xi\approx&(\bar{A}_2/7)[(R/R_1)^3\cos2\varphi_1\sin^2\theta_1+(R/R_2)^3(\cos2\varphi_2-\sin^2\theta_2)\\&+(R/R_3)^3(\cos2\varphi_3-\sin^2\theta_2)-(R/R_4)^3]\end{aligned}$$

$$\begin{aligned}D_\eta\approx&-(5\bar{A}_4/21)\{(R/R_1)^5\cos2\varphi_1\sin^2\theta_1(7\cos^2\theta_1-1)-(R/R_2)^5[\cos2\varphi_2+\sin^2\theta_2(7\cos^2\theta_2-1)]\\&-(R/R_3)^5[\cos2\varphi_3+\sin^2\theta_3(7\cos^2\theta_3-1)]+(R/R_4)^5\}\end{aligned} \qquad (9\text{-}35)$$

其中

$$R_1=[2\Delta R_P^2+(R-\Delta R_Y)^2]^{1/2},\ R_2=[R^2+(\Delta R_P+\Delta R_Y)^2]^{1/2}$$

$$R_3=(\Delta R_Y^2+R^2)^{1/2},\ R_4=R+\Delta R_Y$$

$$\theta_1=\arctan\{[\Delta R_P^2+(R-\Delta R_Y)^2]^{1/2}/\Delta R_P\},\ \varphi_1=2\pi-\arctan[(R-\Delta R_Y)/\Delta R_P]$$

$$\theta_2=\pi-\arctan[(\Delta R_Y+\Delta R_P)/R],\ \varphi_2=\pi-\arctan[(\Delta R_Y+\Delta R_P)/R]$$

$$\theta_3=\arctan(\Delta R_Y/R),\ \varphi_3=\arctan(\Delta R_Y/R) \qquad (9\text{-}36)$$

中心Ⅲ在两种温度（4.2 和 77 K）下的相关参量列于表 9-7 中。将这些参量代入前面的正交八面体中 $3d^3$ 离子自旋哈密顿参量微扰公式，拟合局部结构参量ΔR_Y 和ΔR_P（表 9-7），得到的自旋哈密顿参量列于表 9-8 中。

从表 9-8 可以看出，三种温度下基于局部结构参量（如ΔR_X，ΔR_Y，ΔR_P，$\Delta R_P'$和$\Delta R_P''$）的零场分裂和基于电荷转移贡献的 g 因子与实验符合很好。因此，不同温度下 NaCl 中三类 $Cr(CN)_6^{3-}$中心的实验 EPR 谱得到了统一的理论解释。通过分析零场分裂还从理论上获得了杂质中心的缺陷结构信息。关于这些杂质中心的 EPR 性质和局部结构以及与温度的关系可做如下讨论（表 9-9）。

（1）体系的 EPR 性质可由零场分裂 D 和 E 的大小和符号来表征。为了描述 E 的性质，可引入斜方畸变参量 $H=-(\Delta\bar{\varphi})^{1/2}(\Delta\bar{R})^3/D$，其中$|\Delta\bar{R}|$表示轴向键长差异的平均值，$\Delta\bar{\varphi}$表垂向平面键角差异的平均值。EPR 实验文献中并未确定 D 和 E 的符号。从上述计算发现，中心Ⅰ和Ⅲ的 $D>0$，中心Ⅱ的 $D<0$，而所有中心的 $E<0$。从微观上讲，D 和 E 的符号和大小分别与$\Delta\bar{R}$和 H 的变化规律一致。例如，三种温度下所有中心 D 的大小与相应$|\Delta\bar{R}|$的大小近似成正比，并且 E 与 H 也有相似的变化规律。为了便于观察，三种温度下各个中心的 $D-\Delta\bar{R}$ 和 $E-H$ 关系如图 9-2 所示，其中的点揭示了 D 和 E 的符号和大小与$\Delta\bar{R}$和 H 的关系。一方面，相同温度下不同中心 D 和 E 的顺序分别与$\Delta\bar{R}$和 H 一致。另一方面，三种温度下中心Ⅰ和Ⅱ的 D 和 E 的趋势与$\Delta\bar{R}$和 H 相一致。4.2K 时的$|\Delta\bar{R}|$和$|\Delta\bar{\varphi}|$比 77K 时偏小，但此时$|D|$和$|E|$却比 77K 时稍大，原因可能是不同温度下共价性的差异。77K 时强共价性导致了最低的共价因子 N 以及最小的旋轨耦合系数和轨道缩小因子，尽管具有较大的$|\Delta\bar{R}|$和$|\Delta\bar{\varphi}|$，最终对应较小的$|D|$和$|E|$。相似地，290K 时中等的共价性导致了类似中等的零场分裂。如图 9-3 所示，4.2K 和 77K 时，同一中心 $D-T$ 和 $E-T$ 曲线的变化趋势分别与$\Delta\bar{R}-T$ 和 $H-T$ 曲线相反，而 290K 时则分别与$\Delta\bar{R}-T$ 和 $H-T$ 曲线一致。

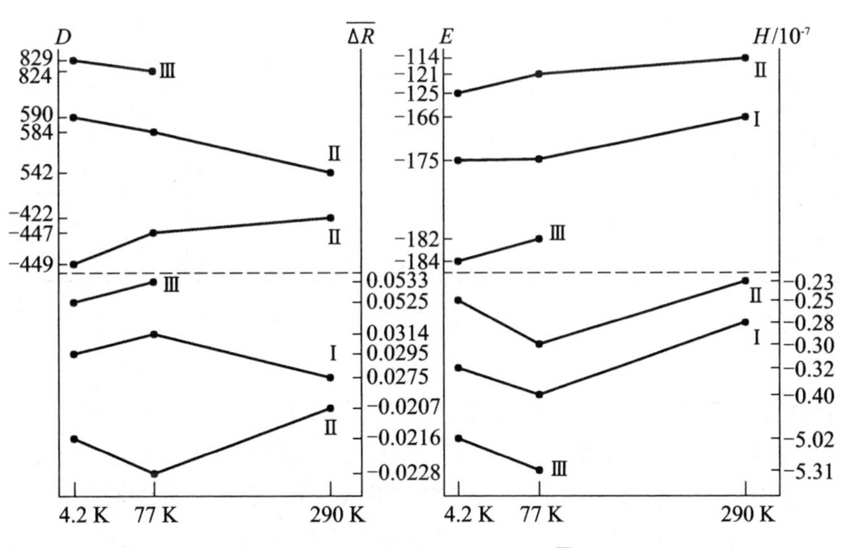

图 9-3　三种温度下三个不同中心的 $D-\Delta\bar{R}$ 和 $E-H$ 变化图

（2）三个中心自旋哈密顿参量在不同温度（4.2，77 和 290K）下的特点可描述如下。4.2K 时，所有杂质中心均表现出很小的斜方（或正交）畸变和最弱的共价性（或最大的 N)，而 77K 时出现最大的斜方畸变和最强的共价性（或最低的 N)。另一方面，g 位移（$=g_i-g_s$）的大小顺序为 77K < 290 K < 4.2K，与共价因子 N 一致。各个中心自旋哈密顿参量的温度依赖关系可根

据前面的微扰公式来说明。电荷转移机制对 g 位移的贡献与晶场机制反号，且相对比率 $|\Delta g_{CT}/\Delta g_{CF}|$揭示荷移贡献比晶场贡献大 51%~63%。因此，对于杂质具有高价态和强共价配体（如 CN^-）时，在计算 g 因子时应当考虑电荷转移机制的贡献，尽管配体的旋轨耦合系数很小。此外，三个中心的 g 因子各向异性都很小，这主要是由于低对称晶场和旋轨耦合协同作用对 g 因子各向异性的贡献来自三阶以上的微绕贡献，因而非常小。因此，考虑到测量误差，g 因子的观测值可近似认为具有各向同性的特点。

表 9-9　三种温度下不同中心的平面键角和键长相对于理想八面体的差异 $\delta\varphi_i$ 和 δR_i，平均键长差异 $\Delta\overline{R}$ 和键角差异 $\Delta\overline{\varphi}$ 以及斜方畸变参数 H

T	中心	$\|\delta\varphi_1\|$	$\|\delta\varphi_2\|$	$\|\delta\varphi_3\|$	$\|\delta\varphi_4\|$	$\overline{\Delta\varphi}$	δR_1	δR_2
4.2 K	Ⅰ	0.5383×4	—	—	—	0.5383	0.0001×4	0.0883×2
	Ⅱ	1.6052×2	0.9473×2	—	—	1.2763	−0.0428×2	0.0442×2
	Ⅲ	8.7748	15.7552	8.5882	0	8.2796	−0.3417	0.1017×2
77 K	Ⅰ	0.5559×4	—	—	—	0.5559	0.0001×4	0.0941×2
	Ⅱ	1.6052×2	0.9473×2	—	—	1.2763	−0.0428×2	0.0442×2
	Ⅲ	8.8671	15.8763	8.6505	0	8.3485	−0.3435	0.1034×2
290 K	Ⅰ	0.5186×4	—	—	—	0.5186	0.0001×4	0.0823×2
	Ⅱ	1.5220×2	0.9323×2	—	—	1.2272	−0.0422×2	0.0435×2
T	中心	δR_3	δR_4	$\overline{\Delta R}$	D	E	H	
4.2 K	Ⅰ	—	—	0.0295	590	−175	−0.32	
	Ⅱ	0.0007	−0.1332	−0.0216	−449	−125	−0.25	
	Ⅲ	0.0296×2	0.3938	0.0525	829	−184	−5.02	
77 K	Ⅰ	—	—	0.0314	584	−175	−0.40	
	Ⅱ	0.0007	−0.1402	−0.0228	−447	−121	−0.30	
	Ⅲ	0.03×2	0.3967	0.0533	824	−182	−5.31	
290 K	Ⅰ	—	—	0.0275	542	−166	−0.28	
	Ⅱ	0.0007	−0.1272	−0.0207	−422	−114	−0.23	

注：$\delta\varphi_i$（$=\varphi_i-\varphi_{i0}$）；δR_i（$=R_i-R_{i0}$）；$\Delta\overline{R}$（$=(1/6)\sum\delta R_i$，i=1～6）；$\Delta\overline{\varphi}$（$=(1/4)\sum\delta\varphi_i$，$i$=1～4）；$H=-(\Delta\overline{\varphi})^{1/2}(\Delta\overline{R})^3/D$（$10^{-7}$）。

（3）三个中心局部畸变随温度的变化规律可做如下讨论。4.2K 时畸变较小，77K 时畸变量最大（此时共价性最强，共价因子 N 最小），为使 D 和 E 理论值与实验符合，77K 时需要更大的畸变量。低温下出现的中心Ⅲ的局部畸变参量 ΔR_Y 和 ΔR_p 比其他中心大很多，这是因为：① 杂质受两个最近邻阳离子空位吸引而发生沿 Y 轴负向的位移，所以 ΔR_Y 较大。② 杂质发生较大的负向位移后距离 X 轴负方向和 Z 轴负方向上配体变远，对配体静电吸引力减弱，导致该两个配体在阳离子空位排斥作用下更容易移向远处，故配体位移 ΔR_p 比其他两个中心大得多。③ 中心Ⅱ的杂质离子受到一个最近邻阳离子空位的吸引，所以杂质离子位移 ΔR_X 较小，而[100]方向的配体受到另外一个次近邻阳离子空位的排斥作用，由于该配体距此空位较近而距杂质较远，故导致较大的 $\Delta R_p'$；<001>和 $<0\bar{1}0>$ 方向的配体除受到最近邻阳离子空位的排斥作用外，还受到因杂质位移引起的增强的静电吸引作用，上述两个相互竞争的因素导致该配体仅移动了很小的距离ΔR_p。④ 中心 I 中的两个阳离子空位距中心杂质的距离是参考键长 R 的$\sqrt{2}$ 倍，引起较明显的垂向和轴向配体位移ΔR_p 和$\Delta R_p''$，但四个平面配体因空位排斥而靠近后的同种电荷间的排斥阻止了ΔR_p进一步增加；由于两个轴向配体受到两个杂质最近邻阳离子空位的排斥，故其$\Delta R_p''$比仅受单个阳离子空位排斥引起的平面配体位移ΔR_p大两倍多。

9.2 四面体中的 3d⁷ 离子

与八面体中的 $3d^3$ 离子类似，四面体中的 $3d^7$ 离子表现出相似的能级，具有轨道无简并的 $^4A_2$ 基态。虽然四面体中 $3d^7$ 离子自旋哈密顿参量的微扰公式与八面体中 $3d^3$ 离子类似，但四面体中的单电子波函数以及旋轨耦合系数和轨道缩小因子等参量的形式会有所不同。更重要的是，四面体中过渡离子体系的共价性通常较强，此时除了常规的晶场（CF）机制（与晶场能级有关）外，电荷转移（CT）机制（与电荷转移能级有关）也会对自旋哈密顿参量产生贡献。对于四面体中的 $3d^n$ 离子，包含 CF 和 CT 机制的微扰哈密顿可表示为[120]

$$H'=H_{ele}{}^{b}+H_{SO}{}^{CF}+H_{Ze}{}^{CF}+H_{hf}{}^{CF}+H_{SO}{}^{CT}+H_{Ze}{}^{CT}+H_{hf}{}^{CT} \tag{9-37}$$

其中 $H_{ele}{}^{b}$，H_{SO}，H_{Ze} 和 H_{hf} 分别是静电库仑相互作用的非对角部分，旋轨耦合作用，电子塞曼项和超精细作用项。上标 CF 和 CT 分别表示相互作用的晶场和荷移贡献。

考虑到荷移机制对自旋哈密顿参量的贡献，CT 组态的多电子波函数可表示为以 $t_2{}^{a}$，$t_2{}^{b}$ 和 e^{n} 组合的形式，其中上标 a，b 和 n 分别表示反键轨道（对应于晶场机制），成键轨道（对应于荷移机制）和非键轨道。基态 $^4A_2$ 波函数可表示为[120]

$$|^4A_2\frac{3}{2}a_2\rangle=[\theta^+\theta^-\varepsilon^+\varepsilon^-\xi^+\eta^+\zeta^+|\xi^+\xi^-\eta^+\eta^-\zeta^+\zeta^-] \tag{9-38}$$

这里方括号里左栏为 e^{n} 和 $t_2{}^{a}$ 轨道，右栏为 $t_2{}^{b}$ 轨道。只有一个激发的 CT 组态 $(e^{n})^4(t_2{}^{a})^4(t_2{}^{b})^5$(或 $^4T_2{}^{n}$)与基态 $^4A_2$之间存在非零的旋轨耦合相互作用，其对应于 M_S=3/2 的 ζ–分量波函数可表示为[120]

$$|^4T_2{}^{n}\frac{3}{2}\zeta\rangle=\{[\theta^+\theta^-\varepsilon^+\varepsilon^-\xi^+\eta^+\eta^-\zeta^+|\xi^+\xi^-\eta^+\eta^-\zeta^+]+[\theta^+\theta^-\varepsilon^+\varepsilon^-\xi^+\xi^-\eta^+\zeta^+|\xi^+\xi^-\eta^+\eta^-\zeta^+]\}/\sqrt{2} \tag{9-39}$$

根据 LCAO-MO 近似，四面体中 $3d^7$ 基团的波函数可写为[120]

$$\psi_t{}^{x}=N_t{}^{x}(|d_t\rangle+\lambda_\sigma{}^{x}|\sigma_t\rangle+\lambda_\pi{}^{x}|\pi_t\rangle),$$

$$\psi_e{}^{x}=N_e{}^{x}(|d_e\rangle+\sqrt{3}\lambda_\pi{}^{x}|\pi_e\rangle) \tag{9-40}$$

其中 γ(=t 和 e)表示 T_d 群不可约表示，φ_{dt} 和 φ_{de} 代表纯 $3d^7$ 离子的 d 轨道。$\chi_{p\sigma}$、$\chi_{p\pi t}$、$\chi_{p\pi e}$ 和 χ_s 分别表示与 σ 和 π 键对应的配体 p 和 s 轨道。N_γ 为归一化因子，λ_σ、λ_π 或 λ_s 为轨道混合系数。x(=a 或 b)表示反键或成键轨道。上述单电子波函数满足归一化条件[121]：

$$(N_t{}^{x})^2[1+(\lambda_\sigma{}^{x})^{2+}(\lambda_\pi{}^{x})^2-2\lambda_\sigma{}^{x}S_\sigma-2\lambda_s{}^{x}S_s-2\lambda_\pi{}^{x}S_\pi]=1$$

$$(N_e{}^{x})^2[1+3(\lambda_\pi{}^{x})^{2+}6\lambda_\pi{}^{x}\,\mathrm{S}_\pi]=1 \tag{9-41}$$

成键和反键轨道之间满足正交化关系[120]：

$$1+3\lambda_\pi^{a}\lambda_\pi^{b}-3(\lambda_\pi^{a}+\lambda_\pi^{b})S_\pi=0$$

$$1+\lambda_\pi^{a}\lambda_\pi^{b}+\lambda_\sigma^{a}\lambda_\sigma^{b}+\lambda_s^{a}\lambda_s^{b}-(\lambda_\pi^{a}+\lambda_\pi^{b})S_\pi-(\lambda_\sigma^{a}+\lambda_\sigma^{b})S_\sigma-(\lambda_s^{a}+\lambda_s^{b})S_s=0$$

$$\lambda_\pi^{a}\lambda_\pi^{b}+\lambda_s^{a}\lambda_s^{b}=0 \tag{9-42}$$

展开四面体场下的库仑积分，由密立根近似并忽略混合系数三阶以上的贡献，可得到反键轨道满足以下近似关系[120,121]：

$$N^2\approx(1+6\lambda_\pi S_\pi+9\lambda_\pi^2S_\pi^2)(1+3\lambda_\pi^2+6\lambda_\pi S_\pi)^{-2}$$

$$N^2\approx(1+2\lambda_\pi S_\pi+2\lambda_\sigma S_\sigma+2\lambda_s S_s+2\lambda_\pi S_\pi\lambda_\sigma S_\sigma+2\lambda_\pi S_\pi\lambda_s S_s+\lambda_\pi^2S_\pi^2$$

$$+\lambda_\sigma^2S_\sigma^2+\lambda_s^2S_s^2)\times(1+\lambda_\pi^2+\lambda_\sigma^2+\lambda_s^2+2\lambda_\pi S_\pi+2\lambda_\sigma S_\sigma+2\lambda_s S_s)^{-2} \tag{9-43}$$

其中 S_π、S_σ 和 S_s 是 $3d^7$ 离子 d 轨道与配体 p（或 s）轨道之间的群重叠积分。N 为平均共价因子，反应了中心离子与配体之间的共价性。一般地，轨道混合系数随相应的群重叠积分增大而增大，因此可近似采用二者之间的比例关系，即对相同的 σ 成分有 $\lambda_\sigma^x/S_\sigma\approx\lambda_s^x/S_s$。

由离子簇近似可得到晶场机制相应的参量为[120,121]

$$\zeta_{CF}=N_t^{a}\{\zeta_d^{0}+[\sqrt{2}\lambda_\pi^{a}\lambda_\sigma^{a}-(\lambda_\pi^{a})^2/2-\sqrt{2}w\lambda_\pi^{a}\lambda_s^{a}]\zeta_p^{0}\}$$

$$\zeta_{CF}=(N_t^{a}N_e^{a})^{1/2}\{\zeta_d^{0}+[\lambda_\pi^{a}\lambda_\sigma^{a}/\sqrt{2}+(\lambda_\pi^{a})^2/2-w\lambda_\pi^{a}\lambda_s^{a}/\sqrt{2}]\zeta_p^{0}\}$$

$$k_{CF}=N_t^{a}[1-(\lambda_\pi^{a})^2/2+\sqrt{2}\lambda_\pi^{a}\lambda_\sigma^{a}-2\lambda_\sigma^{a}S_\sigma-2\lambda_s^{a}S_s-2\lambda_\pi^{a}S_\pi-\sqrt{2}w\lambda_\pi^{a}\lambda_s^{a}]$$

$$k_{CF}'=(N_t^{a}N_e^{a})^{1/2}[1+(\lambda_\pi^{a})^2/2+\lambda_\pi^{a}\lambda_\sigma^{a}/\sqrt{2}-4\lambda_\pi^{a}S_\pi-\lambda_\sigma^{a}S_\sigma-\lambda_s^{a}S_s-w\lambda_\pi^{a}\lambda_s^{a}/\sqrt{2}]$$

$$P_{CF}=N_t^{a}P_0$$

$$P_{CF}'=(N_t^{a}N_e^{a})^{1/2}P_0 \tag{9-44}$$

与荷移机制相应的参量为[120, 121]：

$$\xi_{CT}=(N_t^{b}N_t^{a})^{1/2}[\xi_d^0+(\frac{\lambda_\pi^a\lambda_\sigma^b+\lambda_\pi^b\lambda_\sigma^a}{\sqrt{2}}-\frac{\lambda_\pi^a\lambda_\pi^b}{2}-\sqrt{2}w\lambda_s^a\lambda_\pi^b)\xi_p^0]$$

$$\xi_{CT}'=(N_t^{b}N_e^{a})^{1/2}[\xi_d^0+(\frac{\lambda_\pi^a\lambda_\sigma^b}{\sqrt{2}}+\frac{\lambda_\pi^b\lambda_\pi^a}{\sqrt{2}}-w\lambda_s^a\lambda_\pi^b/\sqrt{2})\xi_p^0]$$

$$k_{CT}=(N_t^{b}N_t^{a})^{1/2}[1-\frac{\lambda_\pi^a\lambda_\pi^b}{2}+\frac{\lambda_\pi^a\lambda_\sigma^b+\lambda_\pi^b\lambda_\sigma^a}{\sqrt{2}}-(\lambda_s^a+\lambda_s^b)S_s-(\lambda_\sigma^a+\lambda_\sigma^b)S_\sigma$$
$$-(\lambda_\pi^a-\lambda_\pi^b)S_\pi-\sqrt{2}w\lambda_s^a\lambda_\pi^b]$$

$$k_{CT}'=(N_t^{b}N_t^{a})^{1/2}[1+\frac{\lambda_\pi^a\lambda_\pi^b}{2}+\frac{\lambda_\pi^a\lambda_\sigma^b}{\sqrt{2}}-3\lambda_\pi^aS_\pi-\lambda_\pi^bS_\pi-\lambda_\sigma^bS_\sigma-\lambda_s^bS_s-w\lambda_s^a\lambda_\pi^b/\sqrt{2}]$$

$$P_{CT}=N_t^{a}N_t^{b}P_0$$

$$P_{CT}'=(N_t^{b}N_e^{a})^{1/2}P_0 \tag{9-45}$$

9.2.1 立方四面体中 $3d^7$ 离子自旋哈密顿参量的微扰公式

采用 Macfarlane 强场微扰圈图方法，类似于八面体中的 $3d^3$ 离子，取正四面体晶场和电子间库仑排斥相互作用对角部分为零级哈密顿，取电子间库仑排斥相互作用非对角部分、旋轨耦合作用、电子塞曼项和超精细相互作用项为微扰哈密顿，将其作用于包含晶场和荷移贡献的 $^4A_2$ 基态波函数，可得到考虑晶场和荷移贡献的正四面体中 $3d^7$ 离子自旋哈密顿参量的微扰公式[120]：

$$\Delta g=g-g_s=\Delta g_{CF}+\Delta g_{CT}$$

$$\Delta g_{CF}=8k_{CF}'\zeta_{CF}'/(3E_1)-2\zeta_{CF}'(2k_{CF}'\zeta_{CF}-k_{CF}\zeta_{CF}'+2g_s\zeta_{CF}')/(9E_1^2)$$

$$+4\zeta_{CF}'^2(k_{CF}-2g_s)/(9E_3^{2)}-2\zeta_{CF}^2(k_{CF}+g_s)/(3E_2^2)+4k_{CF}'\zeta_{CF}\zeta_{CF}'$$

$$\times[1/(9E_1E_3)-1/(3E_1E_2)+1/(3E_2E_3)]$$

$$\Delta g_{CT}=8\ k_{CT}'\zeta_{CT}'/(3E_n)$$

$$A=A_{CF}+A_{CT}$$

$$A_{CF}=-P_{CF}'[8k_{CF}'\zeta_{CF}'/3E_1+2\zeta_{CF}'(2k_{CF}'\zeta_{CF}-k_{CF}\zeta_{CF}'+2g_S\zeta_{CF}')/9E_1^2$$

$$-4\zeta_{CF}'^2(k_{CF}-2g_S)/9E_3^{2+}2\zeta_{CF}^2(k_{CF}+g_s)/3E_2^2$$

$$-4k_{CF}'\zeta_{CF}'\zeta_{CF}(1/9E_1E_3-1/3E_1E_{2\ +}1/3E_2E_3]-\kappa P_{CF}$$

$$A_{CT}=8P_{CT}'k_{CT}'\zeta_{CT}'/(3E_n)+(\kappa/2P_{CT}) \qquad (9\text{-}46)$$

这里能量分母 E_1, E_2 和 E_3 为晶场激发能级 $^4T_2(t_2^4e^3)$, $^2T_{2a}(t_2^3e^4)$和 $^2T_{2b}(t_2^4e^3)$与基态 $^4A_2(t_2^3e^4)$之间的能级差，其表达式与八面体中 $3d^3$ 离子的情形相同。其余相关参量同前。$B_4=(N_t^a)^3\ N_e^a\ B_0$。$E_n$ 表示配体到金属荷移激发态 $^4T_2^n$ 与基态 $^4A_2(t_2^3e^4)$间的能级差，可由如下经验公式得到[105]：

$$E_n\approx 30000\ [\chi(L)-\chi(M)]\text{cm}^{-1} \qquad (9\text{-}47)$$

其中 χ(L)和 χ(M)分别是配体和金属离子的光电负性。

9.2.2 三角畸变四面体中 $3d^7$ 离子自旋哈密顿参量的微扰公式

将包含纯三角四面体晶场的微扰哈密顿作用于四面体中 $3d^7$ 离子的 $^4A_2$ 基态波函数，可得到包含晶场和荷移贡献的三角畸变（相应的三角场参量为 v 和 v'）四面体中 $3d^7$ 离子自旋哈密顿参量微扰公式[121]：

$$D=D^{CF}+D^{CT}.$$
$$g_{\parallel}=g_{\parallel}^{CF}+g_{\parallel}^{CT},\qquad g_{\perp}=g_{\perp}^{CF}+g_{\perp}^{CT} \qquad (9\text{-}48)$$
$$A_{\parallel}=A_{\parallel}^{CF}+A_{\parallel}^{CT},\qquad A_{\perp}=A_{\perp}^{CF}+A_{\perp}^{CT}$$

其中

$$D^{CF}=2\zeta_{CF}'^2(1/E_1^2-1/E_3^2)\nu/9-\sqrt{2}\nu\zeta_{CF}\zeta_{CF}'(2/(3E_1E_4)+1/(E_2E_3)+1/(E_3E_4)$$
$$+4\sqrt{2}B/(E_1E_4E_5))-\sqrt{2}\zeta_{CF}'^2\nu B(4/(E_3E_4E_5)+9/(2E_2^2E_3))$$
$$D^{CT}=35\upsilon(\zeta_{CT}'/E_n)^2/6$$
$$g_{\parallel}^{CF}=g_s+8\zeta_{CF}'k_{CF}'/(3E_1)-2\zeta_{CF}'(2k_{CF}'\zeta_{CF}-k_{CF}\zeta_{CF}'+2g_s\zeta_{CF}')/(9E_1^2)$$
$$+4\zeta_{CF}\zeta_{CF}'^2(k_{CF}-2g_s)/\left(9E_3^2\right)$$
$$-2\zeta_{CF}'^2(k_{CF}+g_s)/\left(3E_3^2\right)+4k_{CF}'\zeta_{CF}\zeta_{CF}'\left[1/\left(9E_1E_3\right)-1/\left(3E_1E_2\right)+1/\left(3E_2E_3\right)\right]$$
$$-8k_{CF}'\zeta_{CF}'\nu/(9E_1^2)+4\sqrt{2}\nu'(k_{CF}'\zeta_{CF}+k_{CF}\zeta_{CF}')/(3E_1E_4)$$
$$g_{\parallel}^{CT}=8k_{CT}'\zeta_{CT}'/(3E_n)-106\sqrt{2}\nu k_{CT}'\zeta_{CT}'/(E_n^2)$$
$$g_{\perp}^{CF}=g_{\parallel}^{CF}+4k_{CF}'\zeta_{CF}'\nu/(3E_1^2)-4\sqrt{2}\nu'(k_{CF}'\zeta_{CF}+2k_{CF}\zeta_{CF}')/(3E_1E_4)$$
$$g_{\perp}^{CT}=8k_{CT}'\zeta_{CT}'/(3E_n)+53\sqrt{2}\nu k_{CT}'\zeta_{CT}'/(E_n^2).$$
$$A_{\parallel}^{CF}=P_{CF}'(g_{\parallel}^{CF}-g_s)-P_{CF}\kappa$$
$$A_{\parallel}^{CT}=8P_{CT}'\kappa\zeta_{CT}'/(3E_n)-P_{CT}\kappa/2+106\sqrt{2}P_{CT}'\nu\zeta_{CT}'k_{CT}'/(E_n^2)$$
$$A_{\perp}^{CF}=P_{CF}'(g_{\perp}^{CF}-g_s)-P_{CF}\kappa k_{CF}'\zeta_{CF}'\nu/(3E_1^2)-4\sqrt{2}\nu'(k_{CF}'\zeta_{CF}+2k_{CF}\zeta_{CF}')/(3E_1E_4)$$
$$A_{\perp}^{CT}=8P_{CT}'\kappa\zeta_{CT}'/(3E_n)-P_{CT}\kappa/4+323P_{CT}'\nu\zeta_{CT}'k_{CT}'/(E_n^2)$$

（9-49）

这里能量分母 E_1, E_2, E_3, E_4 和 E_5 表示晶场激发能级 $^4T_2(t_2^4e^3)$，$^2T_{2a}(t_2^3e^4)$，$^2T_{2b}(t_2^4e^3)$，$^4T_{1a}(t_2^3e^4)$ 和 $^4T_{1b}(t_2^4e^3)$与基态 $^4A_2(t_2^3e^4)$之间的能级差，其表达式与八面体中 3d^3 离子的情形相同。

9.2.3 四角畸变四面体中 3d^7 离子自旋哈密顿参量的微扰公式

将包含纯四角四面体晶场（相应的四角场参量为 D_s 和 D_t）的微扰哈密顿作用于四面体中 3d^7 离子的 $^4A_2$ 基态波函数，可得到包含晶场和荷移贡献的四角畸变四面体中 3d^7 离子自旋哈密顿参量的微扰公式[122]：

$$D=D^{CF}+D^{CT}$$
$$D^{CF}=(35/9)D_t\zeta_{CF}'^2[1/E_1^2-1/E_3^2]-35B_4D_t\zeta_{CF}\zeta_{CF}'/(E_2E_3^2)$$
$$D^{CT}=8(5D_t-3D_s)\zeta_{CT}'^2/E_n^2$$
$$g_{//}=g_{//}^{CF}+g_{//}^{CT}$$
$$g_{//}^{CF}=g_s+8k_{CF}'\zeta_{CF}'/(3E_1)-2\zeta_{CF}'(2k_{CF}'\zeta_{CF}-k_{CF}\zeta_{CF}'+2g_sk_{CF})/(9E_1^2)$$
$$+4\zeta_{CF}'^2(k_{CF}-2g_s)/(9E_3^2)-2\zeta_{CF}^2(k_{CF}+g_s)/(3E_2^2)$$
$$+k_{CF}'\zeta_{CF}\zeta_{CF}'[4/(9E_1E_3)-4/(3E_1E_2)+4/(3E_2E_3)]-140k_{CF}'\zeta_{CF}'D_t/(9E_1^2)$$

$$g_{//}^{CT}=8k_{CT}'\zeta_{CT}'/(3E_n)-(5D_t-3D_s)k_{CT}'\zeta_{CT}'/(6E_n^2)$$
$$g_\perp=g_\perp^{CF}+g_\perp^{CT}$$
$$g_\perp^{CF}=g_{//}^{CF}-\Delta g^{CF}$$
$$\Delta g^{CF}=-210k_{CF}'\zeta_{CF}'D_t/(9E_1^2)$$
$$g_\perp^{CT}=g_{//}^{CT}-\Delta g^{CT}$$
$$\Delta g^{CT}=-(5D_t-3D_s)k_{CT}'\zeta_{CT}'/(4E_n^2) \qquad (9\text{-}50)$$

公式中的其他相关参量同前。

9.2.4 应 用

9.2.4.1 立方四面体中的 $3d^7$ 离子：Ⅱ～Ⅵ半导体中的 Co^{2+}

纯晶体和掺杂过渡离子的Ⅱ～Ⅵ半导体 ZnX（X=S，Se，Te）和 CdTe 具有独特的磁光、电子、光学和激光等性能而受到关注，其中过渡离子杂质对其性能起着重要作用，并与杂质(如二价钴离子)的局部结构和电子能级密切相关。例如，前人利用 EPR 实验测试了掺杂 Co^{2+} 的 ZnX(X=S，Se，Te)和 CdTe，并获得了上述体系中立方 Co^{2+} 中心的 g 因子和超精细结构常数[123]。下面用立方四面体中 $3d^7$ 离子自旋哈密顿参量微扰公式来分析Ⅱ～Ⅵ半导体 ZnX 和 CdTe 中立方 Co^{2+} 的 g 因子和超精细结构常数。当 Co^{2+} 进入Ⅱ～Ⅵ半导体的晶格时，将取代母体二价阳离子位置并保持原有的立方对称。由于杂质与母体阳离子的半径有所差别，杂质–配体间距 R 与纯晶体中母体阴阳离子间距 R_H 也有所不同，可借助经验公式 $R\approx R_H+(r_i-r_h)/2$ 确定。这里杂质离子半径 $r_i(Co^{2+})\approx 72$ pm，母体阳离子半径为 $r_h(Zn^{2+})\approx 74$ pm，$r_h(Cd^{2+})\approx 97$ pm[117]，ZnS，ZnSe，ZnTe 和 CdTe 的 R_H 分别为 234.2 pm，245.4 pm，263.7 pm 和 280.6 pm[114]。由此所得的参考键长 R 列于表 9-10。对应的群重叠积分可由 R 和 Slater 型 SCF 波函数求出。根据Ⅱ～Ⅵ半导体中二价钴的光谱实验数据，可基于 N_t、N_e 和 Δ_{eff} 模型确定其中的上述参量(表 9-10)利用 Co^{2+} 的自由离子值 ζ_d^0(≈ 533 cm^{-1} [18])和 P_0($\approx 254\times10^{-4}$ cm^{-1} [110])以及配体旋轨耦合系数 ζ_p^0(对 S^{2-}，Se^{2-} 和 Te^{2-} 分别为 365，1596 和 3384 cm^{-1}[124])，可由离子簇模型公式算出晶场和荷移机制对应的旋轨耦合系数、轨道缩小因子和偶极超精细结构参量（表 9-10）。

表 9-10 ZnX(X=S, Se, Te)和 CdTe 中 Co^{2+} 的有效立方场参量 Δ_{eff}(cm^{-1})，归一化因子 N_t^a 和 N_e^a，杂质–配体间距 R(pm)，群重叠积分以及晶场(CF)和荷移(CT)机制对应的旋轨耦合系数(cm^{-1})，轨道约化因子和偶极超精细结构参量(10^{-4}cm^{-1})以及芯区极化常数 κ

基质	Δ_{eff}	N_t^a	N_e^a	R	S_π	S_σ	ζ_{CF}	ζ_{CF}'	ζ_{CT}	ζ_{CT}'
ZnS	4680	0.904	0.933	233.2	0.0098	0.0291	389	432	435	406
ZnSe	4420	0.897	0.927	244.4	0.0092	0.0287	234	368	686	507
ZnTe	4280	0.878	0.867	262.7	0.0084	0.0262	195	308	967	583
CdTe	4190	0.879	0.886	268.1	0.0074	0.0240	157	316	929	556
基质	k_{CF}	k_{CF}'	k_{CT}	k_{CT}'	P_{CF}	P_{CF}'	P_{CT}	P_{CT}'	κ	
ZnS	0.652	0.772	0.855	0.783	230	214	173	178	0.238	

续表

基质	Δ_{eff}	N_t^a	N_e^a	R	S_π	S_σ	ζ_{CF}	ζ_{CF}'	ζ_{CT}	ζ_{CT}'
ZnSe	0.653	0.765	0.841	0.762	228	211	168	174	0.230	
ZnTe	0.650	0.711	0.788	0.680	223	193	157	155	0.221	
CdTe	0.674	0.737	0.750	0.653	223	198	148	150	0.215	

对于$(CoS_4)^{6-}$基团，$\chi(Co^{2+})\approx1.9$，$\chi(S^{2-})\approx2.5$[105]。根据周期表中同一主族元素的电负性随原子序数增大而减小，可近似估计$\chi(Se^{2-})\approx2.4$，$\chi(Te^{2-})\approx2.2$，由此得到各体系的荷移能级E_n。

超精细结构常数公式中的芯区极化常数通常可表示为$\kappa\approx-2\chi/(3<r^{-3}>)$，其中$\chi$为中心离子核附近的未配对自旋密度，$<r^{-3}>$为中心离子 3d 径向波函数负三次方的期望值。根据Co^{2+}的$<r^{-3}>(\approx6.035a.u.)$以及 ZnX 和 CdTe 中$Co^{2+}$的$\chi$值(这里 ZnSe：$Co^{2+}$的值近似取为 ZnS：$Co^{2+}$和 ZnTe：$Co^{2+}$的平均值)，可得到上述体系的$\kappa$值并列于表 9-10。将上述参数代入正四面体中$3d^7$离子包含晶场和荷移机制的自旋哈密顿参量微扰公式，所得结果列于表 9-11。另外，基于忽略荷移机制(即纯晶场机制的贡献Δg_{CF}和A_{CF})也列于表 9-11。

表 9-11　ZnX(X=S，Se，Te)和 CdTe 中Co^{2+}的g位移和超精细结构常数($10^{-4}cm^{-1}$)

基质	Δg_{CF}	Δg_{CT}	$\Delta g_{CT}/\Delta g_{CF}$	Δg_{tot}	Δg_{expt}[123]
ZnS	0.1983	0.0472	0.24	0.2454	0.2457
ZnSe	0.1813	0.0858	0.47	0.2671	0.2677
ZnTe	0.1290	0.1663	1.29	0.2953	0.2949
CdTe	0.1465	0.1614	1.10	0.3079	0.3070
基质	A_{CF}	A_{CT}	A_{CT}/A_{CF}	A_{tot}	A_{expt}[123]
ZnS	−10.9	15.4	−1.41	4.5	1.8
ZnSe	−14.1	22.7	−1.61	8.6	
ZnTe	−26.3	44.8	−1.70	18.5	17.5
CdTe	−22.2	43.3	−1.95	21.1	24.3

注：* Ham et al，1960。

从表 9-11 可以看出，基于包含晶场和荷移机制贡献的自旋哈密顿参量理论值比基于纯晶场机制的结果与实验符合更好，说明对于此类共价性较强和配体旋轨耦合系数较大的体系，荷移机制的贡献应当予以考虑。

荷移机制对g因子位移的贡献Δg_{CT}与纯晶场的贡献Δg_{CF}符号相同，且重要性(即比率$\Delta g_{CT}/\Delta g_{CF}$)随体系共价性增大(或荷移能级$E_n$减小)和配体旋轨耦合系数$\zeta_p^0$增大而迅速增大，即$S^{2-}<Se^{2-}<Te^{2-}$。特别是对于 ZnTe 和 CdTe 中的$Co^{2+}$，$\Delta g_{CT}$数值上甚至超过$\Delta g_{CF}$。因此，对于$Se^{2-}$和$Te^{2-}$等配体，荷移机制对$\Delta g$的贡献应当予以考虑。至于超精细结构常数，$A_{CT}$与$A_{CF}$符号相反。同时，$A_{CT}$的重要性(即比率$|A_{CT}/A_{CF}|$)在 1.4～2.0，显示出重要的荷移贡献。事实上，Ⅱ～Ⅵ半导体的共价性较强，杂质Co^{2+}的 3d 与配体$np(n=3，4，5)$轨道之间的混合以及电荷转移贡献都很显著。

应当注意的是，上述模型中未考虑配体 s 轨道的贡献，由此可解释 ZnS：Co^{2+}的超精细结构常数理论值与实验有所偏差，因而可通过引入配体 s 轨道贡献进一步改进。

9.2.4.2　三角畸变四面体中的 $3d^7$ 离子：ZnO 微线、薄膜和块体中的 Co^{2+} 中心

氧化锌由于具有独特的电学和光学以及高的热学和化学稳定性而受到关注，在很多领域具有广泛应用。为了满足不同行业的需求，对不同氧化锌的形态以及掺杂后的性能进行了系统的研究。例如，ZnO 薄膜中加入 $Co^{2+}(3d^7)$ 为稀磁半导体的电阻率和室温铁磁性提供了可能[125,126]。通常这些性质与杂质局部结构（晶格畸变）相关，并可通过 EPR 谱手段进行分析。前人测量了微线、薄膜以及块体 ZnO 掺 Co^{2+} 的 EPR 谱，并获得了零场分裂 D、各向异性 g 因子和超精细结构常数的实验值[127–129]。实验 g 和 A 因子具有如下特点：$g_{//}>g_{\perp}>2$ 和 $|A_{//}|>|A_{\perp}|$，这属于典型的三角畸变四面体中 $3d^7$ 离子 $^4A_2$ 基态的性质。但上述实验结果尚未得到满意的理论解释。这里采用前面三角畸变四面体中 $3d^7$ 离子自旋哈密顿量微扰公式，对上述三种 Co^{2+} 杂质中心的局部结构和自旋哈密顿参量进行理论分析。

尽管 EPR 实验中的 ZnO：Co^{2+} 是通过不同方法和条件合成的，但是杂质 Co^{2+} 均占据母体中三角畸变的四面体 Zn^{2+} 位置（即 $[CoO_4]^{6-}$ 基团），并得到相似的 EPR 谱。由于 Co^{2+} 的离子半径比 Zn^{2+} 大，可能产生杂质局部沿轴向的应力；同时阴阳离子电负性差从母体时 Zn^{2+}–O^{2-} 的 1.9 减小到杂质中心 Co^{2+}–O^{2-} 的 1.7，意味着局部的共价相互作用增强。因此，Co^{2+} 可能并非占据理想的 Zn^{2+} 位置，而是沿三次轴方向发生一段位移 ΔZ 来释放上述局部应力（图 9-4）。

对于 ZnO 微线、薄膜和块体中母体 Zn^{2+} 位置，有一个沿 C_3 轴的配体（对应于键长 R_1）和形成三角形的另外三个配体（对应于键长 R_2 和相对于 C_3 轴的键角 β）。根据该杂质中心的几何关系和重叠模型，三角场参量可表示为[121]：

$$v=(-3/7)\bar{A}_2[3(R/R_2)^{t_2}(3\cos^2\beta-1)+2(R/R_1)^{t_2}]-(20/63)\bar{A}_4[8(R/R_1)^{t_4}$$
$$+3(35\cos^4\beta-30\cos^2\beta+3)(R/R_2)^{t_4}]-(20\sqrt{2}/3)\bar{A}_4\sin^3\beta\cos\beta(R/R_2)^{t_4}$$
$$v'=(\sqrt{2}/7)\bar{A}_2[2(R/R_1)^{t_2}+3(3\cos^2\beta-1)(R_0/R_2)^{t_2}]-(5\sqrt{2}/63)\bar{A}_4[8(R/R_1)^{t_4}$$
$$+3(35\cos^4\beta-30\cos^2\beta+3)(R/R_2)^{t_4}]-(10/3)\bar{A}_4\sin^3\beta\cos\beta(R/R_2)^{t_4} \quad (9\text{-}51)$$

相关重叠模型参量定义同前。对于四面体中的 $3d^n$ 离子，可取 $\bar{A}_4\approx(3/4)Dq$ 和 $\bar{A}_2\approx10.8\bar{A}_4$。

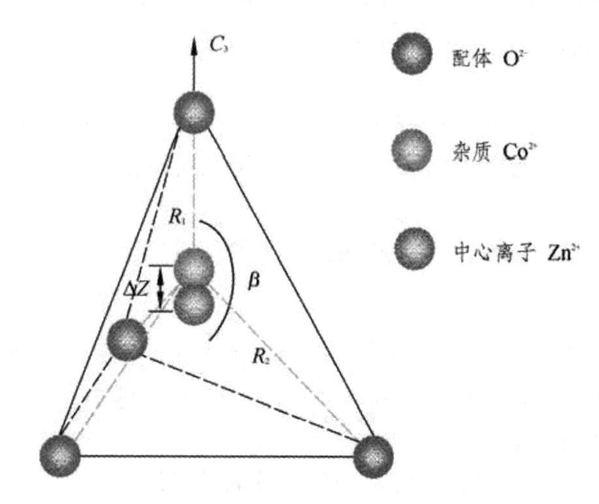

图 9-4　ZnO：Co^{2+} 微线、薄膜和块体中三角 Co^{2+} 中心的局部结构（杂质 Co^{2+} 沿三次轴向远离配体三角形方向位移一段距离 ΔZ）

根据三个形态母体 ZnO 的结构数据 $R_1 \approx 199.02$pm，199.0pm，199.2 pm；$R_2 \approx 197.3$pm，197.62pm，197.61 pm 以及键角 $\beta \approx 108.1°$，108.3°，108.2°[130−132]，可得到参考键长 R，并由 Slater 型自洽场函数计算出群重叠积分列在表 9-12 中。参照 ZnO 中 Co^{2+}的光谱实验数据[133,134]，可得到三个体系的立方场参量 $Dq \approx 350, 345, 335$ cm^{-1} 和共价因子 $N \approx 0.887, 0.883, 0.882$。由此计算出晶场和荷移机制分别对应的归一化因子和轨道混合系数。基于 Co^{2+}的自由离子参数 $B_0 \approx 1115$ cm^{-1}，$C_0 \approx 4366$ cm^{-1} [18]，可计算出晶体中的 Racah 参量。由 Co^{2+}的旋轨耦合系数 $\zeta_d^0 \approx 533$ cm^{-1} [18]，偶极超精细结构常数 $P_0 \approx 254 \times 10^{-4}$ cm^{-1} [110]以及 O^{2-}的旋轨耦合系数 $\zeta_p^0 \approx 151$ cm^{-1} [135]，可计算出晶场和荷移机制分别对应的旋轨耦合系数、轨道约化因子和偶极超精细结构参量。这些数值都列于表 9-12 中。利用光电负性数据 $\chi(Co^{2+}) \approx 1.9$ 和 $\chi(O^{2-}) \approx 3.5$[105]，可得到电荷转移能级。芯区极化常数对 ZnO 微线、薄膜和块体分别取 $\kappa \approx$ 0.263，0263 和 0.269。

表 9-12　ZnO：Co^{2+}微线、薄膜和块体中 Co^{2+}中心的群重叠积分以及晶场和荷移机制分别对应的归一化因子，轨道混合系数（cm^{-1}），轨道约化因子和偶极超精细结构参量（10^{-4}cm^{-1}）

基质	S_σ	S_π	S_s	w	N_t^a	N_e^a	N_t^b	N_e^b	λ_σ^a
微线	0.0075	−0.0327	0.0321	1.2873	0.804	0.880	0.216	0.218	0.285
薄膜	0.0075	−0.0327	0.0321	1.2875	0.798	0.876	0.221	0.225	0.291
块体	0.0074	−0.0324	0.0318	1.2891	0.797	0.875	0.222	0.226	0.293
基质	λ_π^a	λ_s^a	λ_σ^b	λ_π^b	λ_s^b	ζ_{CF}	ζ_{CF}'	ζ_{CT}	ζ'_{CT}
微线	−0.209	−0.280	−1.126	1.025	−1.147	403	441	272	255
薄膜	−0.213	−0.286	−1.105	1.026	−1.126	399	438	274	257
块体	−0.214	−0.287	−1.100	1.025	−1.120	398	438	275	257
基质	k_{CF}	k_{CF}'	k_{CT}	k_{CT}'	P_{CF}	P_{CF}'	P_{CT}	P_{CT}'	
微线	0.665	0.800	0.741	0.588	204	214	106	111	
薄膜	0.654	0.793	0.748	0.594	203	212	107	112	
块体	0.651	0.791	0.750	0.596	203	212	107	112	

如前所述，Co^{2+}掺入后的杂质局部结构与母体会有所不同，故三角场参量公式中母体的 R_1，R_2 和 β 应替换为基于局部晶格畸变（杂质轴向位移）ΔZ 的新的 R_1'，R_2'和 β'，通过拟合零场分裂 D 实验值，可得到微线、薄膜和块体优化的杂质位移分别为：

$$\Delta Z \approx 4.6\text{pm}，4.4\text{pm}，4.5\text{ pm} \tag{9-52}$$

对应的自旋哈密顿参量（Cal. c）列于表 9-13。为了阐明杂质位移和荷移机制的重要性，考虑荷移贡献和母体 Zn^{2+}位置结构数据的结果（Cal. a）以及考虑杂质位移但忽略荷移机制的结果（Cal. b）也列于表 9-13。

从表 9-13 可以看出，包含电荷转移和杂质位移的计算结果（Cal. c）与实验符合最好。这样该体系的 EPR 实验结果得到了满意的理论解释，并得到了三种不同 ZnO 形态掺 Co^{2+}的局部结构信息。

表 9-13 ZnO：Co^{2+}微线、薄膜和块体中 Co^{2+}中心的零场分裂 D（cm^{-1}），g 因子和超精细结构常数（10^{-4} cm^{-1}）

基质		D	$g_{//}$	$g_{\perp}$	$A_{//}$	$A_{\perp}$
微线	Cal.[a]	−3.42	2.280	2.252	−10.2	-8.7
	Cal.[b]	2.65	2.236	2.260	−3.8	1.4
	Cal.[c]	2.76	2.238	2.273	−16.2	-2.9
	Expt. [127]	2.76	2.238	2.277	−16.2	-2.9
薄膜	Cal.[a]	−3.19	2.278	2.253	−10.6	-8.4
	Cal.[b]	2.59	2.235	2.259	−3.7	1.3
	Cal.[c]	2.71	2.238	2.273	−16.3	-2.9
	Expt. [128]	2.75	2.238	2.277	−15.9	-2.9
块体	Cal.[a]	−3.37	2.285	2.258	−10.42	-8.5
	Cal.[b]	2.44	2.242	2.265	−3.28	2.5
	Cal.[c]	2.75	2.244	2.279	−16.51	-2.9
	Expt. [129]	2.75	2.243	2.279	−16.11	-3.0

注：a—基于母体 Zn2+位置的结构数据并考虑荷移机制贡献的计算值。

b—基于杂质轴向位移 ΔZ 但忽略荷移贡献的计算值。

c—基于轴向位移 ΔZ 并考虑荷移贡献的计算值。

（1）基于母体结构数据，微线、薄膜和块体 ZnO 的计算结果（Cal. [a]）都与实验值相差较大，尤其是零场分裂 D 反号且数值上比实验值大很多。同时，g 因子各向异性 Δg（$=g_{//}-g_{\perp}$）的符号也与实验相反，而超精细结构常数 $A_{//}$和 $A_{\perp}$的绝对值分别比实验值明显偏小和偏大。这表示基于母体锌位置结构数据的三角畸变明显被高估，不适于分析杂质 Co^{2+}中心的 EPR 谱。另一方面，忽略电荷转移贡献会导致数值上偏小的 D、$g_{\perp}$和 $A_{//}$（Cal. [b]），且上述差异不能通过调节相关的光谱参量（Dq 和 N）以及杂质位移 ΔZ 来消除。实际上，电荷转移对 D，$g_{\perp}-g_s$ 和 $A_{//}$的影响分别占到了 4%~11%，4%~7%和 76%~79%的比例，因而荷移贡献应当予以考虑。另外，EPR 实验文献未给出超精细结构常数的符号，本工作的计算表明 $A_{//}$和 $A_{\perp}$均为负。

（2）Co^{2+}中心里的杂质位移 ΔZ 可归因于杂质替代母体离子时的尺寸失配以及阴阳离子电负性差从 Zn^{2+}–O^{2-}的 1.9 降低到 Co^{2+}–O^{2-}的 1.7，即局部增强的共价相互作用可导致沿三次轴方向明显的局部应力。有趣的是，ZnO 晶体中其他杂质离子（如 Cu^{2+}、Mn^{2+}、Fe^{3+}和 Mg^{2+}）也表现出相似的轴向位移（分别为 1pm，8.7pm，7.6pm 和 0.5pm）。计算表明，杂质位移导致局部三角畸变相比母体时显著减小，即使很小的 ΔZ 也会对局部杂质–配体键角 β'产生很大影响，从而最终影响到自旋哈密顿参量（特别是零场分裂 D）。

（3）不同形态 ZnO 中 Co^{2+}中心 EPR 谱的特点和缺陷结构可进一步讨论。所有中心都表现为符号为正且较大的零场分裂 D、为负且较大的 g 因子各向异性 Δg、为正且较大的超精细结构常数各向异性 ΔA 以及为正且很小的杂质位移 ΔZ。另一方面，不同形态中二价钴中心的自旋哈密顿参量也略有差别，如块体中的 $g_{//}$略大。这可能源于三种不同样品的合成工艺和 EPR 测试条件略有不同。首先，块体材料展现出最小的立方场参量 D_q（≈ 335 cm^{-1}），对应于最大的参考键长。其次，由于微线 ZnO 母体时具有最小的键角，杂质 Co^{2+}在其中的位移也最大，相对于理想四面体的三角畸变角 $\delta\beta$（$\approx\beta-\beta_0$）也最大，故需要略大的 ΔZ 来补偿基于母体锌位置的、为负且很大的 D（Cal. [a]）。最后，相对块体而言，微线和薄膜体系略小的 κ 可归因于小尺寸下杂质钴 3d–3s（4s）轨道的各向同性混合有所减弱，从而对应于略小的超精细结构常数绝对值。

9.2.4.3　四角畸变四面体中的 $3d^7$ 离子：Cs_3CoX_5（X=Cl，Br）的钴位置

Cs_3CoX_5（X=Cl，Br）因其磁性的$[CoX_4]^{2-}$基团而受到关注并被广泛用于极化中子衍射研究（PND），而其相关磁结构和自旋密度也得到了系统的分析。上述性质与$[CoX_4]^{2-}$基团的结构密切相关，而 EPR 技术能有效地研究晶体中磁性中心的结构性质，故前人已测试了 Cs_3CoX_5 体系的 EPR 谱，得到了自旋哈密顿参量（零场分裂 D 和 g 因子）实验值[136]。上述四角（D_{2d}）$[CoX_4]^{2-}$基团的 EPR 实验结果已由前人用晶体场理论进行了分析[136–139]。但是，前人工作主要存在以下不足。首先，未考虑配体轨道和旋轨耦合作用的贡献，而此时配体 Br^-（或 Cl^-）的旋轨耦合系数远大于（或接近于）中心离子 Co^{2+}的旋轨耦合系数，且体系共价性以及金属–配体轨道混合也较明显。更重要的是，前人计算仅考虑了传统晶场机制的贡献而忽略了荷移机制的影响。实际上，荷移能级随周期表中同一主族元素的原子序数增大而降低，因而荷移机制的贡献不容忽略。最后，前人工作未能将 EPR 分析与$[CoX_4]^{2-}$基团的局部结构性质相联系，仅借助零场分裂的简单二阶公式估计了四角畸变角 $\Delta\theta$。因此，有必要对 Cs_3CoX_5 的谱学和局部结构进行进一步的分析。

根据重叠模型，$[CoX_4]^{2-}$基团的四角场参量 D_s 和 D_t 可表示为[122]：

$$D_s=4\,\bar{A}_2(R)(3\cos^2\theta-1)/7$$

$$D_t=4\,\bar{A}_4(R)[7(1-\cos^2\theta)^2+(35\cos^4\theta-30\cos^2\theta+3)]/21 \tag{9-53}$$

这里相关定义同前。对四面体中的 $3d^n$ 离子，可采用经验公式 $\bar{A}_4(R)\approx(27/160)\varDelta$(这里 $\varDelta$ 为立方场分裂)和 $\bar{A}_2(R)\approx10.8\,\bar{A}_4(R)$。$\theta$ 是金属–配体键 R 与 C_4 轴之间的夹角。这样，体系的四角畸变(局部结构)与四角场参量以及自旋哈密顿参量(特别是零场分裂 D 和 g 因子各向异性 Δg)相联系。

对于 Cs_3CoX_5，Co–X 间距 R 在 X=Cl 和 Br 时分别为 225.2pm 和 239.1pm[136]，由此计算出的群重叠积分为：对 Cs_3CoCl_5，$S_\pi\approx0.0086$，$S_\sigma\approx0.0341$，$S_s\approx0.0172$ 和 $A\approx1.744$；对 Cs_3CoBr_5，$S_\pi\approx0.0078$，$S_\sigma\approx0.0326$，$S_s\approx0.0164$ 和 $A\approx1.559$。利用 $\chi(Co^{2+})\approx1.9$，$\chi(Cl^-)\approx3.0$ 和 $\chi(Br^-)\approx2.8$[105]，得到 X=Cl 和 Br 时的荷移能级 E_n 分别为 33000 和 27000 cm^{-1}。

考虑到四面体晶场中 $3d^n$ 离子基团具有明显的共价性以及 p–d 杂化的各向异性，传统的 B，C 和 $\varDelta$ 晶场图像需替换为改进的 N_t^a，N_e^a 和 $\varDelta_{eff}$ 图像。在该图像中，N_t^a，N_e^a 和自由 $3d^n$ 离子 Racah 参量 B_0 和 C_0 描述了电子间的库仑排斥相互作用[122]。有效立方场参量 $\varDelta_{eff}$ 包含了球对称部分的 Racah 参量 A_0 而忽略了 $A_0(N_t^{a2}-N_e^{a2})^2$ 项有关的小差别。根据前人的工作，轨道混合一般随相应轨道重叠的增大而增大，故反键轨道的混合系数可近似表示为[122]

$$\lambda_\pi^a\approx k_0 S_\pi,\ \lambda_\sigma^a\approx k_0 S_\sigma,\ \lambda_s^a\approx k_0 S_s \tag{9-54}$$

这里 k_0 和 $\varDelta_{eff}$ 可作为调节参量。通过拟合上述体系中二价钴的光谱实验数据[136]，得到的 k_0 和 $\varDelta_{eff}$ 列于表 9-14。基于 Co^{2+}的自由离子值 ζ_d^0($\approx533cm^{-1}$)，B_0(≈1115 cm^{-1})和 $C_{0(}$$\approx4366$ cm^{-1})

以及配体 Cl^- 和 Br^- 自由离子值 ζ_p^0（≈587 和 2460 cm^{-1}），求出的晶场和荷移机制对应的旋轨耦合系数和轨道缩小因子列于表 9-14。

表 9-14　Cs_3CoX_5(X=Cl，Br)中的比例系数 k_0，有效立方场参量 Δ_{eff}(cm^{-1})，旋轨耦合系数(cm^{-1})，轨道约化因子和四角场参量(cm^{-1})

X	k_0	Δ_{eff}	ζ_{CF}	ζ_{CF}'	ζ_{CT}	ζ_{CT}'	k_{CF}	k_{CF}'	k_{CT}	k_{CT}'	D_s	D_t
Cl	7.1	2925	505	516	161	144	0.927	0.960	0.294	0.260	257	–39
Br	7.9	2920	506	515	375	337	0.922	0.957	0.273	0.255	259	–39

自旋哈密顿参量公式中仅键角 θ 未知。将上述参数代入四角四面体中 $3d^7$ 离子自旋哈密顿参量微扰公式并拟合零场分裂理论值与实验相符合，可得到键角 θ（或四角畸变角 Δθ）对 Cs_3CoCl_5 为

$$\theta \approx 53.06°，\Delta\theta \approx -1.68° \tag{9-55}$$

对 Cs_3CoBr_5 为

$$\theta \approx 53.03°，\Delta\theta \approx -1.71° \tag{9-56}$$

对应的四角场参量列于表 9-14。计算出的自旋哈密顿参量（Cal. [e]）与实验值的比较列于表 9-15。利用上述 g 因子计算值及其与有效磁矩的关系 $\mu_{eff} \approx \bar{g}\sqrt{J(J+1)}$（其中 $\bar{g} \approx (g_{//}+2g_{\perp})/3$，$J$=3/2），可得到有效磁矩并列于表 9-15。此外，前人基于传统晶场机制的结果（Cal. [a] – Cal. [c]）以及前人基于温度无关磁化率分析的磁矩计算值（Cal. [d]）也列于表 9-15。为了进一步讨论荷移机制的贡献，晶场和荷移机制对零场分裂和 g 因子位移的贡献列于表 9-16。

从表 9-15、表 9-16 可以看出，基于包含晶场和荷移机制贡献以及局部键角 θ 的 Cs_3CoX_5 自旋哈密顿参量理论值与实验符合较好，且相对前人的理论结果有所改进。

表 9-15　Cs_3CoX_5(X=Cl, Br)的 D(cm^{-1})，$g_{//}$和各向异性 $\Delta g(=g_{//}-g_{\perp})$及有效磁矩 $\mu_{eff}(\mu_B)$

	X=Cl				X=Br			
	D	$g_{//}$	Δg	μ_{eff}	D	$g_{//}$	Δg	μ_{eff}
Cal.[a]	–3.75	—	—		–4.36	—	—	
Cal.[b]	–4.66	2.33	0.06	4.43	—	—	—	
Cal.[c]	—	2.46	0.04	4.71	—	—	—	
Cal.[d]	—	—	—	4.49	—	—	—	4.58
Cal.[e]	–4.26	2.45	0.06	4.66	–5.35	2.48	0.10	4.67
Expt.[136]	–4.30(4)	2.40(2)	0.10(4)	4.57	–5.34	2.42	0.10	4.60

注：a—前人基于传统晶场模型以及 X=Cl 和 Br 对应的四角畸变角 Δθ≈–1.5°和–1.69°的计算值[136]。

b—前人基于传统晶场模型的计算值[137]。

c—前人基于传统晶场模型的计算值[138]。

d—前人基于温度无关磁化率分析得到的磁矩计算[139]。

e—本书基于同时考虑晶场和荷移机制的四角四面体中 3d7 离子自旋哈密顿参量微扰公式以及 Cl 和 Br 的四角畸变角 Δθ≈–1.68°和–1.71°的计算值。

表 9-16　Cs_3CoX_5(X=Cl, Br)中零场分裂和 g 因子各向异性的晶场和荷移机制贡献

	D/cm^{-1}			Δg		
X	D^{CF}	D^{CT}	D	Δg^{CF}	Δg^{CT}	Δg
Cl	−4.10	−0.16	−4.26	0.052	0.005	0.057
Br	−4.15	−1.20	−5.35	0.055	0.041	0.096

（1）零场分裂的荷移贡献 D^{CT} 与晶场贡献 D^{CF} 符号相同，且比率 D^{CT}/D^{CF} 对 Cs_3CoCl_5 和 Cs_3CoBr_5 分别为 4%和 29%。类似的，g 因子位移 Δg 的荷移贡献也与对应的晶场贡献同号，且其相对比率对 X=Cl 和 Br 分别为 10%和 75%。由于荷移机制的贡献随配体原子序数（即配体旋轨耦合系数）的增加而迅速增大，荷移机制对 Cs_3CoX_5(X=Cl 和 Br)自旋哈密顿参量的贡献应当予以考虑。

（2）本工作得到负的四角畸变角 $\Delta\theta$（$=\theta-\theta_0$，其中 θ_0=54.74°，为立方四面体的键角揭示 $[CoX_4]^{2-}$四面体基团具有轻微的四角伸长畸变，这与实验测得负的零场分裂 D 相一致。同时，本书基于 EPR 分析得到的上述局部四角畸变角 $\Delta\theta$ 与前人基于纯晶场得到的 Cs_3CoCl_5 和 Cs_3CoBr_5 的键角(≈−1.5°和−1.69°)以及基于轴向和静水压分析得到的 Cs_3CoCl_5 的键角（≈−0.8°）相差不大。有趣的是，Cs_3CoCl_5 的畸变角 $\Delta\theta$（≈−1.68°）与基于 XRD 测得的数值（≈−1.7°）很接近，因而是合理的。另外，Cs_3CoBr_5 在数值上较 Cs_3CoCl_5 略大的畸变角 $\Delta\theta$ 与前者绝对值更大的 D（或四角畸变）相一致。当然，上述结果还有待进一步的实验验证。

10　八面体中的 $3d^8$ 离子和四面体中的 $3d^2$ 离子自旋哈密顿参量的微扰公式

10.1　八面体中的 $3d^8$ 离子

八面体立方场（O_h）作用下，$3d^8$ 离子的 ^3F 谱项将分解为两个三重轨道简并的 $^3T_{1g}$ 和 $^3T_{2g}$ 态和一个单重轨道简并的 $^3A_{2g}$ 态，基态为 $^3A_{2g}$ 态。当八面体沿三次轴伸长（或压缩）时，对称性即从 O_h 降低为 D_{3d}，基态 $^3A_{2g}$ 在无外磁场时将分裂为一个自旋单重态和一个自旋双重态，对应于零场分裂 $D=[E(\pm1)-E(0)]$[6,19,23]。$3d^8(Ni^{2+})$在各种对称下的能级分裂如图 10-1 所示。

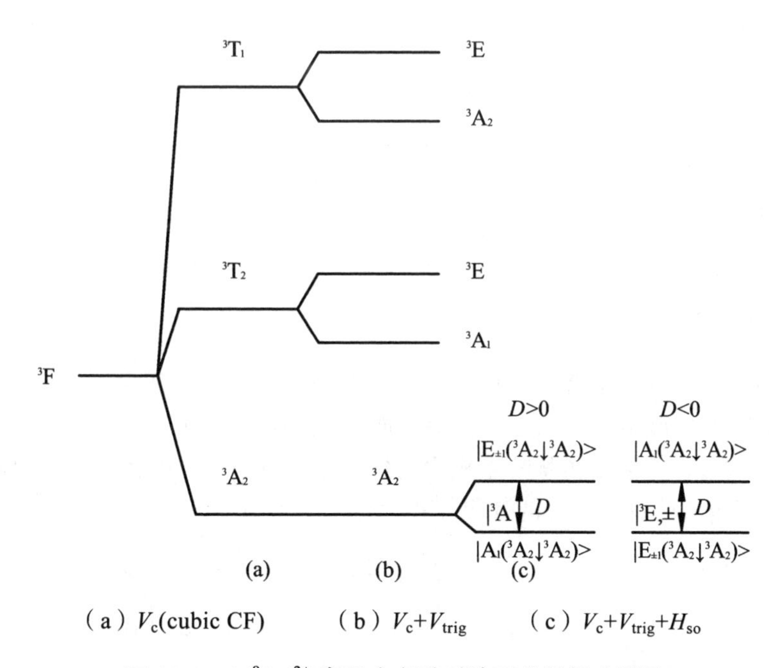

（a）V_c(cubic CF)　　（b）V_c+V_{trig}　　（c）$V_c+V_{trig}+H_{so}$

图 10-1　$3d^8(Ni^{2+})$离子在各种对称下的能级分裂图

前人在八面体中 $3d^8$ 离子自旋哈密顿参量的理论研究方面，通常采用 Macfarlane 强场微扰方法[95,96,140]，基于传统晶场模型获得了自旋哈密顿参量微扰公式。后来发展了包含配体 p 轨道和旋轨耦合贡献的改进公式，但其中忽略了配体 s 轨道的贡献。与上一章八面体中 $3d^3$ 离子类似，本章将在离子簇近似基础上，考虑配体 s 轨道贡献，建立自旋哈密顿参量的微扰公式。

10.1.1 三角对称

对于基态为轨道单重态的体系，类似于上一章三角畸变八面体中 $3d^8$ 离子的情形，即零级哈密顿包含电子间库仑排斥相互作用的对角部分和立方晶场，微扰哈密顿包含电子间库仑排斥相互作用的非对角部分、纯三角晶场、旋轨耦合和电子塞曼项。利用 Macfarlane 微扰圈图法，将微扰哈密顿作用于考虑配体 s 轨道的基态 $^3A_{2g}$ 波函数[6, 19]

$$|\,^3A_{2g}(t_2^{\,6}e^2)\rangle=|\xi^+\xi^-\eta^+\eta^-\zeta^+\zeta^-\theta^+\varepsilon^+| \tag{10-1}$$

可得到三角畸变八面体中 $3d^8$ 离子自旋哈密顿参量的微扰公式[141]：

$$\begin{aligned}
D&=(1/2)\zeta'^2 v(1/E_1^{\,2}-1/E_3^{\,2})+(3\sqrt{2}/2)\zeta\zeta' v'\{1/(E_2E_3)-1/(E_1E_3)\\
&\quad+4\zeta'^2 Bv'[1/(E_2E_3E_5)+1/(E_2^{\,2}E_5)-3/(E_1E_3E_4)-3/(E_2E_3E_4)]\}\\
g_{/\!/}&=g_s+4k'\zeta'/E_1-[g_s\zeta'^2+k'\zeta\zeta'-k\zeta'^2/2]/E_1^{\,2}-(g_s-k/2)\zeta^2/E_2^{\,2}-k'\zeta\zeta'/(E_1E_2)-6Bk'\zeta'^2\\
&\quad\times[2/(E_1E_2E_5)+1/(E_2^{\,2}E_5)]-4k'\zeta' v/(3E_1^{\,2})+4\sqrt{2}\zeta' v'[k/(E_1E_3)+12k'B/(E_1E_3E_4)]\\
g_\perp&=g_{/\!/}+2\zeta' k' v/E_1^{\,2}-6\sqrt{2}\zeta' v'[k/(E_1E_3)+12\,k'B/(E_1E_3E_4)]
\end{aligned} \tag{10-2}$$

上式中 g_s(=2.0023)为纯自旋值。$E_i(i=1\sim5)$分别表示激发态 $^3T_{2g}$、$^1T_{2a}$、$^1T_{2b}$、$^3T_{1a}$、$^3T_{1b}$ 与基态 $^3A_{2g}$ 的能量差[141]：

$$\begin{aligned}
&E_1=10Dq,\ E_2=10Dq+8B+2C,\ E_3=9B+2C+20Dq\\
&E_4=12B+10Dq,\ E_5=12\mathrm{B}+2C+10Dq
\end{aligned} \tag{10-3}$$

公式中其他参量的定义与前面三角八面体中 $3d^3$ 离子的情形相同。

10.1.2 四角对称

当八面体沿四次轴方向压缩（或伸长）时，对称性即从 O_h 降低为四角（如 C_{4v}），此时基态 $^3A_{2g}$ 也分裂为一个自旋单重态和一个自旋双重态，对应于零场分裂 $D=[E(\pm1)-E(0)]$[6,18,19]。采用类似的微扰方法，将前面微扰哈密顿中的纯三角晶场换为纯四角晶场，可得到四角畸变八面体中 $3d^8$ 离子自旋哈密顿参量的微扰公式[142]：

$$\begin{aligned}
D&=(35/4)D_t\zeta'^2(1/E_1^{\,2}-1/E_3^{\,2})+9\zeta\zeta'^2(D_s-5D_t/4)(1/E_1-1/E_3)/(2E_1E_2)+35\zeta\zeta'^2D_t/(8E_1^{\,3})\\
&\quad-(1225/16)\zeta'^2D_t^{\,2}(1/E_3^{\,3}-1/E_1^{\,3})+3\zeta'^2(D_s-5D_t/4)^2[1/(E_1^{\,2}E_2)-1/(E_3^{\,2}E_4)]\\
&\quad-35\zeta\zeta'^2D_t(2/E_3-1/E_1)/(8E_1E_3)\\
g_{/\!/}&=4k'\zeta'/\mathrm{E}_1-k'\zeta\zeta'[1/(E_1E_2)+1/E_1^{\,2}]+(k/2-g_s)\zeta'^2(1/E_1^{\,2}+1/E_3^{\,2})-(28k'\zeta'D_t)/E_1^{\,2}\\
g_\perp&=g_{/\!/}+35k'\zeta'D_t/E_1^{\,2}
\end{aligned} \tag{10-4}$$

式中 $E_i(i=1\sim4)$的定义和具体表达式同前。显然，当四角场参量 $D_s=D_t=0$ 时，上述公式可回复到立方情况。

10.1.3　斜方对称

当体系对称性进一步降低为斜方（如 C_{2v}）时，$^3A_{2g}$ 将进一步分裂，并对应于零场分裂 D 和 E。此时可在微扰哈密顿中将纯四角晶场替换为纯斜方晶场，类似地，可得到斜方八面体中 $3d^8$ 离子自旋哈密顿参量的微扰公式[143]：

$$
\begin{aligned}
D=&(35/4)D_t\zeta'^2(1/E_1^2-1/E_3^2)+9\zeta\zeta'^2(D_s-5D_t/4)(1/E_1-1/E_3)/(2E_1E_2)+35\zeta\zeta'^2D_t/(8E_1^3)\\
&-49\zeta'^2(25D_t^2/16-D_\eta^2)(1/E_3^3-1/E_1^3)\\
&+3\zeta'^2[(D_s-5D_t/4)^2-3(D_\xi+D_\eta)^2]\,[1/(E_1^2E_2)-1/(E_3^2E_4)]\\
&-35\zeta\zeta'^2D_t(2/E_3-1/E_1)/(8E_1E_3)\\
E=&-7\zeta'^2D_\eta(1/E_1^2-1/E_3^2)+9/(2E_1E_2)\zeta\zeta'^2(D_\xi+D_\eta)(1/E_1-1/E_3)\\
&+7/(4E_1^3)\zeta\zeta'^2D_\eta+(49/2)\zeta'^2D_tD_\eta(1/E_3^3-1/E_1^3)+7/(2E_1E_3)\zeta\zeta'^2D_\eta(1/E_1-2/E_3)\\
&+6\zeta'^2(D_s-5D_t/4)(D_\xi+D_\eta)[1/(E_1^2E_2)-1/(E_3^2E_4)]\\
g_z=&g_s+4k'\zeta'/E_1-k'\zeta\zeta'[1/(E_1E_2)+1/E_1^2]+(k/2-g_s)\zeta'^2(1/E_1^2+1/E_3^2)-(28k'\zeta'D_t)/E_1^2,\\
g_x=&g_{z+}7k'\zeta'(D_t+D_\eta)/E_1^2\\
g_y=&g_{z+}7k'\zeta'(D_t-D_\eta)/E_1^2
\end{aligned}
\tag{10-5}
$$

显然在上述斜方公式中，当垂向斜方场参量 D_ξ 和 D_η 为零时，便回复到四角对称的情形。

10.1.4　应　用

这里利用前面所得的不同对称下 $3d^8$ 离子自旋哈密顿参量微扰公式，对各类 $3d^8(Ni^{2+})$ 中心的局部结构和 EPR 谱进行理论分析。

10.1.4.1　三角对称：$CsMgX_3$（X=Cl, Br, I）中的 Ni^{2+} 中心

掺入过渡离子杂质的 $CsMgX_3$（X=Cl, Br, I）晶体具有独特的发光特性，这些特性很大程度上依赖于杂质离子的电子态和局部结构性质，可借助 EPR 谱进行研究。例如，前人测量了掺 Ni^{2+} 的 $CsMgX_3$ 的 EPR 谱，并获得了三角 Ni^{2+} 杂质中心的零场分裂 D 和各向异性 g 因子[106]。前人对该实验结果的理论解释一般将三角晶场参量作为调节参量处理，用于拟合 D 和 g 因子的实验值，所得到的 $CsMgBr_3$ 和 $CsMgI_3$ 的 g 因子较实验结果偏小，这可能是由于忽略了配体 s 轨道和局部晶格畸变的影响。

为了克服前人工作的不足，本书将采用三角畸变八面体中 $3d^8$ 离子 D 和 g 因子微扰公式进行分析。三角场参量可由重叠模型和体系的局部结构确定[141]：

$$
\begin{aligned}
v=&(18/7)\bar{A}_2(R)(3\cos^2\beta-1)+(40/21)\bar{A}_4(R)(35\cos^4\beta-30\cos^2\beta+3)+(40\sqrt{2}/3)\sin^3\beta\cos\beta\\
v'=&(-6\sqrt{2}/7)\bar{A}_2(R)(3\cos^2\beta-1)+(10\sqrt{2}/21)\bar{A}_4(R)(35\cos^4\beta-30\cos^2\beta+3)\\
&+(20/3)\bar{A}_4(R)\sin^3\beta\cos\beta
\end{aligned}
\tag{10-6}
$$

其中 β 为金属–配体键相对于 C_3 轴的夹角，其余重叠模型参量定义同前。这里仍取 $\bar{A}_4(R)\approx(3/4)Dq$ 和 $\bar{A}_2(R)\approx10.8\,\bar{A}_4(R)$[141]。对于 $CsMgX_3$：Ni^{2+}体系，母体 Mg^{2+}格位键长 R 对 X=Cl，Br 和 I 分别为 249.6pm，266.2pm 和 289.9pm，键角 β 分别为 51.73°，52.44°和 52.89°[107]。利用 R 和 Slater 型自洽场波函数，可得到群重叠积分 $S_{dp\gamma}$(以及积分 S_{ds} 和 A)，并列于表 10-1。

表 10-1　$CsMgX_3$：Ni^{2+}的群重叠积分，光谱参量 Dq，B 和 $C(cm^{-1})$，N_γ 和 λ_γ(和 λ_s)，以及旋轨耦合系数(cm^{-1})和轨道缩小因子

X	R/pm	S_{dpt}	S_{dpe}	S_{ds}	A	Dq	N	B	C
Cl	2.496	0.0071	0.0238	0.0125	1.2609	695	0.893	963	3556
Br	2.662	0.0060	0.0216	0.0101	1.2001	610	0.890	957	3532
I	2.899	0.0051	0.0190	0.0090	1.1056	585	0.879	933	3445
X	N_t	N_e	λ_t	λ_e	λ_s	ζ	ζ'	k	k'
Cl	0.900	0.906	0.341	0.310	0.163	615	558	0.952	0.824
Br	0.891	0.897	0.355	0.329	0.154	717	452	0.948	0.813
I	0.878	0.883	0.378	0.348	0.165	888	278	0.941	0.792

根据 $CsMgX_3$：Ni^{2+}的光谱实验数据可得到相应的谱学参量，即立方场参量 Dq 和共价因子 N，分别列于表 10-1。基于 Ni^{2+}的自由离子值 $B_0\approx1208\ cm^{-1}$，$C_0\approx4459cm^{-1}$，$\zeta_d^0\approx649cm^{-1}$，配体 Cl^-，Br^-和 I^-的旋轨耦合系数 $\zeta_p^0\approx587$，2460 和 5060 cm^{-1}，利用离子簇近似公式算出的分子轨道系数以及旋轨耦合系数和轨道缩小因子等也列于表 10-1。采用上述参数和母体键角 β（≈51.73°, 52.44°和 52.89°）得出的自旋哈密顿参量（Cal.[b]）列于表 10-2。显然，该理论值与实验符合不太好，特别是 D 的理论值比实验大约一个数量级（甚至符号相反）。这意味着基于母体键角 β 的三角畸变是不合理的，因为 Ni^{2+}取代 Mg^{2+}后杂质局部结构会与母体时有所不同，故应当考虑杂质周围的晶格（角度）畸变，即用局部键角 β'代替母体键角 β。通过调节 β'使 D 因子理论值与实验相符合，可得到 X=Cl，Br 和 I 的局部键角分别为

$$\beta'\approx54.17°, 54.16°, 54.68° \qquad (10\text{-}7)$$

可见，杂质中心的键角比母体时更大，相应的角度畸变 $\Delta\beta$（$=\beta'-\beta$）>0。对应的自旋哈密顿参量理论值（Cal.[d]）也列于表 10-2。为了比较，基于前人将三角场参量作为调节参量的计算结果（Cal.[a]）以及基于局部键角 β'并忽略配体 s 轨道贡献的结果（Cal.[c]）也一并列于表 10-2。根据表 10-2，考虑配体 s 轨道和局部角度畸变 $\Delta\beta$ 的自旋哈密顿参量理论值比忽略上述贡献的结果更好地与实验相符合，表明本工作采用的理论模型和选取的参量是合理的。

（1）对 $CsMgCl_3$，前人只考虑配体 p 轨道贡献的结果与本工作包含 s 轨道贡献的结果基本一致，说明在 ζ_p^0 不太大时，只考虑 p 轨道贡献的离子簇模型是一个很好的近似，例如对$(NiF_6)^{4-}$基团（$\zeta_p^0\approx220\ cm^{-1}$）。但是对配体 Br^-和 I^-，前人得到的 g 因子比实验小很多；同时，前人得出 $CsMgI_3$ 的 D 理论值是比实验大 5 倍多。因此，在配体旋轨耦合系数很大的情况下，配体 s 轨道贡献应当予以考虑。

（2）体系的三角畸变一般可由角度畸变 $\delta\beta'(=\beta'-\beta_0$，这里 $\beta_0\approx54.74°$为立方时的数值)表征，它强烈地影响三角场参量和自旋哈密顿参量。EPR 实验未给出 $CsMgX_3$：Ni^{2+}零场分裂 D 的符

号，但是根据 D 与 $g_{//}-g_{\perp}$ 的经验关系和各种三角晶场下 Ni^{2+} 的 EPR 实验结果以及本工作的计算可以得出 D 和 $g_{//}-g_{\perp}$ 反号，即伸长八面体（$\delta\beta'<0$）对应于负的 D 值。从表 10-2 可以看出，用母体键角计算的 D 比实验大 3~28 倍，说明基于母体畸变角 $\delta\beta$ ($=\beta-\beta_0\approx-3.01°$, $-2.30°$ 和 $-1.85°$) 的三角畸变被过分夸大。为了满意解释实验结果，应沿三次轴方向稍微压缩配体八面体，故较小的局部畸变角 $\delta\beta'$($\approx-0.57°$, $-0.58°$ 和 $-0.06°$)似更为合理。

表 10-2　$CsMgX_3$：Ni^{2+} 的自旋哈密顿参量

		$D/10^{-4}$ cm^{-1}	$g_{//}$	$g_{\perp}$
X=Cl	Cal.[a]	2.076	2.256	2.242
	Cal.[b]	−10.777	2.195	2.267
	Cal.[c]	−1.9755	2.259	2.245
	Cal.[d]	−2.000	2.252	2.239
	Expt.[106] *	−2.000(8)	2.257(5)	2.241(8)
X=Br	Cal.[a]	1.697	2.180	2.170
	Cal.[b]	−6.839	2.192	2.242
	Cal.[c]	−1.622	2.233	2.221
	Cal.[d]	−1.703	2.233	2.221
	Expt.[107] *	−1.700(20)	2.230(10)	2.230(10)
X=I	Cal.[a]	0.702	2.100	2.090
	Cal.[b]	−2.994	2.130	2.155
	Cal.[c]	−0.088	2.137	2.136
	Cal.[d]	−0.103	2.147	2.146
	Expt.[107]*	−0.103(5)	2.160(20)	2.160(20)

注：a—前人将三角场参量作为可调参量的计算值。

b—本书基于母体键角 β 和包含配体 s 轨道贡献的计算值。

c—基于局部键角 β' 但忽略配体 s 轨道贡献的计算值。

d—基于局部键角 β' 并考虑配体 s 轨道贡献的计算值。

* 实验文献未给出 D 的实验结果，根据 D 和 $g_{//}-g_{\perp}$ 经验关系及本书计算可得出 D 为负。

（3）杂质中心局部键角 β' 比母体键角大约 2°。事实上，$CsMgX_3$ 中的 $[MgCl_3]_n^-$ 长链极易因杂质离子进入而发生畸变，且极微小的晶格畸变（如通过杂质–配体键沿三次轴的弯曲）即可使杂质中心的局部键角 β' 发生显著改变。在 $CsMgX_3$：Ni^{2+} 体系中，由于杂质 Ni^{2+} 的离子半径（≈69pm）比母体 Mg^{2+} 的半径（≈66 pm）稍大而会产生沿三次轴的局部应力，从而将配体八面体沿轴向方向稍微压缩，使母体时明显伸长的八面体变为杂质中心轻微伸长的八面体。

10.1.4.2　四角对称：AgX(X=Cl, Br)中的四角 Ni^{2+} 中心

由于掺杂过渡离子的 AgX(X=Cl, Br)具有独特的激光、光电子和成像特性以及在传感器等领域的应用而引起广泛关注。此外，AgX 晶体掺杂二价过渡离子（如 Ni^{2+} 等）后出现 Ag 离子

空位(V_{Ag})所导致的离子电导性也受到重视[142]。上述性质与 AgX 中的杂质局部结构密切相关。当 Ni^{2+}掺入 AgX 后，它将取代母体 Ag^{+}，由于杂质带有多余的正电荷，可在 C_4 轴方向上产生一个次近邻空位 V_{Ag} 作为电荷补偿。前人已对掺 Ni^{2+}的 AgX 进行了 EPR 实验研究，并测得了各种（立方、四角和斜方）Ni^{2+}中心的自旋哈密顿量[144,145]。为了解释上述实验结果，前人建立了立方和四角对称下 $3d^8$ 离子 g 因子和零场分裂的微扰公式，其中对 g 因子的处理考虑了配体 p 轨道和旋轨耦合作用的贡献，而对四角中心零场分裂的计算则采用传统晶场模型（晶场参量由点电荷–偶极模型确定），并直接采用阴阳离子半径之和作为杂质–配体有效距离。前人得到的四角中心的各向异性 g 因子与实验结果仍有一定的偏差。事实上，AgX：Ni^{2+}中配体旋轨耦合系数很大（特别是 Br），前人忽略配体 s 轨道可能会对结果造成一定影响。此外，杂质 Ni^{2+}的离子半径与母体 Ag^{+}的半径不同，而且杂质–配体间距通常并不等同于母体中的阴阳离子间距。为了克服上述不足，这里采用前面得到的四角畸变八面体中 $3d^8$ 离子自旋哈密顿参量微扰公式对 AgX：Ni^{2+}中的四角杂质中心进行进一步研究。

Ni^{2+}被掺入 AgX 晶体后，会在 C_4 轴方向上产生一个次近邻 V_{Ag}，因为 V_{Ag} 的有效电荷为负，处于 V_{Ag} 和 Ni^{2+}之间的配体将在 V_{Ag} 的静电排斥作用下朝 Ni^{2+}位移一段距离 ΔZ，使原来母体阳离子所处的立方对称降低为杂质中心的四角对称。四角场参量 D_s 和 D_t 可由重叠模型和杂质中心局部结构（配体位移 ΔZ）表示为

$$D_s=2\,\bar{A}_2(R)\{1-[R/(R-\Delta Z)]^{t_2}\}/7$$

$$D_t=8\,\bar{A}_4(R)\{1-[R/(R-\Delta Z)]^{t_4}\}/21 \qquad (10\text{-}8)$$

上式中重叠模型参量的定义和取值如前所述。由于 Ni^{2+}的离子半径 r_i(≈69 pm)远小于 Ag^{+}的半径 r_i(≈126 pm)，杂质–配体参考距离 R 不同于母体中阴阳离子间距 R_H(对 AgCl 和 AgBr 分别为 277.46pm 和 288.73pm)。参考距离 R 可由经验公式 $R\approx R_H+(r_i-r_h)/2$ 来确定，由此得到的结果列于表 10-3。利用 R 和 Slater 型自洽场波函数，计算出的群重叠积分也列于表 10-3。立方场参量 D_q 和共价因子 N 可由 AgX：Ni^{2+}的光谱实验数据获得。这样可计算出该体系的 Racah 参量。进而由相关自由离子值计算出归一化因子和轨道混合系数，以及旋轨耦合系数和轨道缩小因子等参数。这些数值都列于表 10-3。

在自旋哈密顿参量公式中仅位移 ΔZ 未知，通过拟合 D 理论值与实验相符，可得到对 X=Cl 和 Br 配体位移 ΔZ 分别为：

$$\Delta Z\approx 11\text{pm 和 } 0.15\text{pm} \qquad (10\text{-}9)$$

这里定义该配体朝向 Ni^{2+}(或远离 V_{Ag})的位移方向为正。基于该位移计算出的自旋哈密顿参量列于表 10-4。为了分析配体 s 轨道和旋轨耦合贡献的重要性，忽略配体 s 轨道的结果(即令 $S_{ds}=\lambda_s=0$ 和 $A=0$)也列于表 10-4。同时，前人基于传统晶场模型的零场分裂计算结果也列在此表。此外，令四角公式中 $D_s=D_t=0$，便得到立方中心的 g 因子。类似地，表 10-4 也列出了忽略配体 s 轨道贡献的立方中心 g 因子结果以及前人基于简单离子簇近似的结果。

从表 10-4 可见，基于位移 ΔZ 的四角中心自旋哈密顿参量理论值与实验符合很好，且立方中心 g 因子也较吻合。因而本工作采用的计算公式与相关参量是合理的。

（1）ΔZ 符号为正说明处于 V_{Ag} 和 Ni^{2+}之间的配体位移方向与基于静电相互作用的预期一

致。有趣的是，嵌入量子簇计算以及扩展 X 射线吸收精细结构(EXAFS)方法和 X 射线吸收近边结构实验也分别得到 MgO：Cr^{3+}中类似四角 Cr^{3+}–V_{Mg}中心里 Cr^{3+}和 V_{Mg}之间配体朝向 Cr^{3+}位移了大约 $\Delta Z(\approx 0.054R$ 和 $0.077(32)R)$。由于 Ni^{2+}–V_{Ag}中心里 Ni^{2+}和 V_{Ag}之间的静电相互作用相对 Cr^{3+}–V_{Mg}中心里 Cr^{3+}和 V_{Mg}之间静电相互作用更小，本书通过分析 EPR 谱得到的 ΔZ以及相对位移 $\Delta Z/R(\approx 4\%\sim5\%)$是合理的。对于不同的杂质中心，可用相对位移 $\Delta Z/R$ 来表征其四角畸变大小，显然 AgBr 中配体较大的相对位移与更大的零场分裂以及四角畸变相一致。

（2）对 AgCl：Ni^{2+}，只考虑配体 p 轨道贡献得到的结果(Cal. [b])比考虑配体 s 轨道贡献的结果小 2%~10%，这意味着前人只计入配体 p 轨道的离子簇近似对氯化物中的 Ni^{2+}是个很好的近似。比较零场分裂 D 的结果，发现本书考虑配体 s 轨道贡献的结果较前人有较大改进。因此，针对配体旋轨耦合系数很大的情形，应当考虑配体 s 轨道对自旋哈密顿参量的贡献。

表 10-3　AgCl(X=Cl，Br)：Ni^{2+}的群重叠积分，光谱参量 D_q，B 和 $C(cm^{-1})$，
分子轨道系数 N_γ 和 λ_γ(和 λ_s)，旋轨耦合系数(cm^{-1})和轨道缩小因子

基质	R/pm	S_{dpt}	S_{dpe}	S_{ds}	A	D_q	N	N_t
AgCl	249.0	0.0072	0.0242	0.0127	1.2577	650	0.901	0.915
AgBr	260.2	0.0072	0.0249	0.0122	1.1732	600	0.851	0.854
基质	N_e	λ_t	λ_e	λ_s	ζ	ζ'	k	k'
AgCl	0.921	0.312	0.285	0.149	620	572	0.960	0.850
AgBr	0.861	0.421	0.386	0.189	740	385	0.929	0.748

表 10-4　AgX 中四角和立方 Ni^{2+}中心的自旋哈密顿参量

基质		四角中心			立方中心
		$D/10^{-4}\ cm^{-1}$	$g_{//}$	$g_\perp$	g
AgCl	Cal.[a]	−2.94	—	—	2.268
	Cal.[b]	−2.906	2.289	2.270	2.276
	Cal.[c]	−2.965	2.282	2.263	2.271
	Expt.[144]	−2.96(5)	2.281(3)	2.281(3)	2.276(4)
AgBr	Cal.[a]	−2.95	—	—	2.228
	Cal.[b]	−2.696	2.221	2.197	2.210
	Cal.[c]	−2.926	2.222	2.198	2.212
	Expt.[145]	−2.92(5)	2.20(3)	2.20(3)	2.238(5)

注：a—前人基于传统晶体场模型的四角中心零场分裂计算值或忽略配体 s 轨道贡献的立方中心 g 因子。
b—本书基于配体位移 ΔZ 和忽略配体 s 轨道贡献的计算值。
c—本书基于配体位移 ΔZ 和配体 s 轨道贡献的计算值。

10.1.4.3　斜方对称：AgX 中的斜方 Ni^{2+}中心

前人借助 EPR 实验已对掺 Ni^{2+}的 AgX(X=Cl，Br)中各类杂质中心自旋哈密顿参量进行了测量[144,145]。除了前面讨论的立方和四角中心外，还有一个斜方 Ni^{2+}中心的零场分裂 D 和 E 以及各向异性 g 因子尚未得到理论解释。一方面，对更加复杂的斜方 AgX：Ni^{2+}局部结构和自

旋哈密顿参量的理论研究有助于了解掺过渡离子卤化物的结构性质；另一方面，Ni^{2+}–X^-之间存在较强的共价性，并且配体(特别是 Br)具有很大的旋轨耦合系数，因此配体轨道(包括 s 轨道)和旋轨耦合贡献应当予以考虑。

当 Ni^{2+}进入 AgX(X=Cl, Br)晶格时，它将占据母体 Ag^+的位置，可在沿[110]轴方向最近邻位置产生一个 V_{Ag}作为电荷补偿，从而形成斜方(C_{2v})Ni^{2+}–V_{Ag}中心。由于 V_{Ag}的有效电荷为负，中心 Ni^{2+}将会在 V_{Ag}静电吸引作用下向 V_{Ag}移动一段距离 ΔR_{Ni}。另一方面，由于 V_{Ag}的静电推斥作用，沿[100]和[010]轴方向与 V_{Ag}最靠近的配体 X^-会向远离 V_{Ag}的方向移动一段距离 ΔR_X(图 10-2)。由于其他配体离 V_{Ag}较远，其位移以及相关的键长和键角改变会非常小，因而暂时忽略不计，同时也可减少调节参量的数目。这样，杂质局部的所有键长和键角可由参考距离 R 以及位移 ΔR_{Ni} 和 ΔR_X 表示：

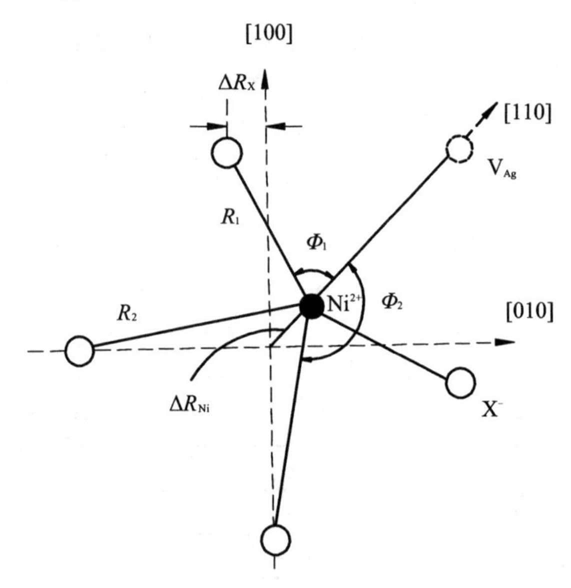

图 10-2　AgX(X=Cl, Br)中斜方 Ni^{2+}中心的局部结构

$$R_1=[(R_0-\Delta R_{Ni}/\sqrt{2})^2+(\Delta R_X+\Delta R_{Ni}/\sqrt{2})^2]^{1/2}$$

$$\Phi_1=\pi/4+\arctan[(\sqrt{2}\Delta R_X+\Delta R_{Ni})/(\sqrt{2}R_0-\Delta R_{Ni})]$$

$$R_2=[\Delta R_{Ni}^2/2+(R_0+\Delta R_{Ni}/\sqrt{2})^2]^{1/2}$$

$$\Phi_2=\pi-\arctan[R_0/(R_0+\sqrt{2}\Delta R_{Ni})]$$

$$R_3=(\Delta R_{Ni}^2+R_0^2)^{1/2}$$

$$\Phi=\arctan(\Delta R_{Ni}/R_0) \tag{10-10}$$

该斜方中心的斜方场参量可由重叠模型和几何关系表示为

$$D_s=-\frac{2}{7}\bar{A}_2(R_0)[(\frac{R_0}{R_1})^{t_2}+(\frac{R_0}{R_2})^{t_2}-(3\cos^2\Phi-1)(\frac{R_0}{R_3})^{t_2}]$$

$$D_\xi=-\frac{2}{7}\bar{A}_2(R_0)[\cos 2\Phi_1(\frac{R_0}{R_1})^{t_2}-\cos 2\Phi_2(\frac{R_0}{R_2})^{t_2}+\sin^2\Phi(\frac{R_0}{R_3})^{t_2}]$$

$$D_t = \frac{2}{21}\bar{A}_4(R_0)[7\cos 4\Phi_1 + 3)(\frac{R_0}{R_2})^{t_4} + [7\cos 4\Phi_2 + 3)(\frac{R_0}{R_2})^{t_4}]$$
$$+\frac{2}{21}\bar{A}_4(R_0)[7\sin^4\Phi + 35\cos^4\Phi - 30\cos^2\Phi + 3)(\frac{R_0}{R_2})^{t_4}]$$

$$D_\eta = -\frac{10}{21}\bar{A}_4(R_0)[\cos 2\Phi_1(\frac{R_0}{R_2})^{t_4} - \cos 2\Phi_2(\frac{R_0}{R_2})^{t_4} + \sin^2\Phi[7\cos^2\Phi - 1)(\frac{R_0}{R_2})^{t_4}] \quad (10\text{-}11)$$

上式中重叠模型参量的定义和取值同前。斜方 AgX：Ni^{2+}体系的参考距离 R、光谱参量、分子轨道系数以及旋轨耦合系数和轨道缩小因子等参数均与前面四角中心相同（表 10-3）。这样，公式中仅位移 ΔR_{Ni} 和 ΔR_X 未知。拟合该中心零场分裂理论值与实验相符合，可得到对 AgCl 和 AgBr 体系的相关位移分别为

$$\Delta R_{Ni} \approx 9.2\ \text{pm},\ 33.5\text{pm},$$

$$\Delta R_X \approx -6.5\ \text{pm},\ 0.6\ \text{pm} \quad (10\text{-}12)$$

这里，所有位移的正方向均定义为朝向 V_{Ag}。相应的自旋哈密顿参量计算值列于表 10-5。为了比较，基于传统晶场模型的结果（令 $\zeta \approx \zeta' \approx N\zeta_d^0$，$k \approx k' \approx N$）也列于此表。可见，基于考虑配体贡献以及位移 ΔR_{Ni} 和 ΔR_X 的自旋哈密顿参量理论值与实验符合很好。

（1）基于传统晶场模型的 D 和 E 比考虑配体贡献的结果大 9%~11%和 80%~300%，与实验相差较大，并且该差别不能通过调整位移 ΔR_{Ni} 和 ΔR_X 来消除，说明配体贡献不能忽视。从零场分裂的微扰公式可以看出，D 和 E 对三阶微扰项(与 ζ'^2 有关)非常敏感，并依赖于混合系数 λ_γ 和配体旋轨耦合系数 ζ_p^0。由于 Br^-的 ζ_p^0 比 Cl^-约大三倍，前者包含配体贡献的结果有更大的改进。根据离子簇近似公式，考虑配体贡献对 k'和 ζ'的修正也影响到 g 因子结果，例如 Cal.[a] 中 g 因子位移 $g_i- g_s(i=x, y, z)$比 Cal.[b] 中大 20%~130%。可见，本书考虑配体轨道(包括 s 轨道)和旋轨耦合作用贡献的微扰公式是合理的，并特别适用于配体旋轨耦合系数很大的情况。

（2）位移 ΔR_{Ni} 符号为正说明 Ni^{2+}的位移方向与基于静电相互作用的预期相符合。对 AgCl：Ni^{2+}，ΔR_X 符号为负说明距离 V_{Ag} 最近的两个配体 Cl^-的位移与 V_{Ag} 静电排斥作用下该配体的位移方向一致。虽然 Ni^{2+}沿[110]方向的移动也会拉动该配体朝向 V_{Ag} 位移，但由于 ΔR_{Ni}($\approx$9.2pm)很小，其影响几乎可以忽略不计。但是在 AgBr：Ni^{2+}中，ΔR_{Ni}($\approx$33.5 pm)约比 AgCl 中大三倍，此大位移将导致两个配体 Br^-向靠近 V_{Ag} 的方向移动，Br^-的位移 ΔR_X($\approx$0.6 pm)为正说明这两个配体受到 Ni^{2+}位移的影响较 V_{Ag} 略大。无独有偶，在最近报道的 CaO 中斜方 Gd^{3+}–V_{Ca} 中心也有类似的情形，即由于很大的杂质偏心位移 ΔR_{Gd} 而使最靠近 V_{Ca} 的两个氧配体朝向 V_{Ca} 移动。从数值上来看，AgX：Ni^{2+}体系较大的零场分裂 D 和 E 源于由杂质和配体位移 ΔR_{Ni} 和 ΔR_X 所引起的明显斜方畸变。

（3）从表 10-5 可见，AgBr 的 g_x 和 g_y 计算值明显小于实验值。这些差异可能源于本书所采用理论模型的近似和计算公式的误差所造成的。事实上，AgBr：Ni^{2+}中 g 因子各向异性 [$(g_x+g_y)/2-g_z \approx 0.4$]明显大于 AgCl：$Ni^{2+}$的 0.02，同时前者的 D 因子也比后者大 1.5 倍。另外，$[NiBr_6]^{4-}$有很强的共价性(较小的 k'和较大的配体旋轨耦合系数(较小的 ζ'，因此对 g 因子的二阶贡献较小，故 AgBr 中立方和四角 Ni^{2+}中心的 g 因子平均值也小于 AgCl。有趣的是，过渡离子在氯化物(如 NH_4Cl: Cu^{2+}, AgCl: Ru^{3+}, $CdCl_2$: Co^{2+})中的 EPR 谱表明 g 因子平均值都明显高

于同系溴化物(NH_4Br: Cu^{2+}, AgBr: Ru^{3+}, $CdBr_2$: Co^{2+})的数值。而本书计算出 AgBr 中斜方 Ni^{2+} 的 g 因子平均值(≈2.108)也小于 AgCl 的情况(≈2.250)，与上述规律一致。至于 AgBr：Ni^{2+} 较大的 g_x 和 g_y 实验值，还有待进一步的实验验证。

表 10-5　AgCl(X=Cl, Br)中斜方 Ni^{2+}中心零场分裂 D 和 E($10^{-4}cm^{-1}$)和各向异性 g 因子

基 质		D^c	E^c	g_z	g_x	g_y
AgCl	Cal.[a]	0.69	0.025	2.297	2.291	2.296
	Cal.[b]	0.62	0.023	2.252	2.247	2.251
	Expt.[144]	0.60(3)	0.023(3)	2.27(2)	2.27(2)	2.25(2)
AgBr	Cal.[a]	6.19	0.11	2.273	2.227	2.261
	Cal.[b]	1.51	0.06	2.116	2.097	2.111
	Expt.[145]	1.5(1)	0.06(2)	2.4(1)	2.4(1)	2.0(1)

注：a—基于传统晶场模型的计算结果。

b—基于包含配体轨道和旋轨耦合贡献的计算结果。

c—上述计算是在坐标系 X'//[$1\bar{1}0$]，Y'//[110]和 Z'//[001]下进行的，而 EPR 实验则是在坐标系 X//[001]，Y//[$1\bar{1}0$]和 Z'//[110]实施的。为了便于比较，可用公式 $D=(D'+3E')/2$ 和 $E=(E'-D')/2$，$g_x=g_y'$，$g_y=g_z'$，$g_z=g_x'$对自旋哈密顿参量计算值进行转换。

10.2　四面体中的 $3d^2$ 离子

本节将利用 Macfarlane 微扰方法，在离子簇近似基础上建立不同对称（立方、三角和四角）四面体中 $3d^2$ 离子自旋哈密顿参量的微扰公式，且考虑晶场和电荷转移机制的贡献。将上述公式应用于 Si：Cr^{4+}和 Mn^{5+}、ZnO：V^{3+}以及 BGO：Cr^{4+}等体系，在满意解释其 EPR 实验结果的基础上获得杂质离子的局部结构信息。

10.2.1　立方对称

过渡离子中的 Cr^{4+}和 Mn^{5+}属于典型的 $3d^2$ 组态，在四面体晶场中表现为自旋三重态（S=1）的轨道非简并基态 $^3A_2$。在理想四面体中，它的最低光谱项 ^3F 分裂成两个轨道三重态 $^3T_1$ 和 $^3T_2$ 和一个轨道单重态 $^3A_2$，后者是最低能级，对应的 g 因子和超精细结构常数一般具有各向同性的特点。例如 Cr^{4+}和 Mn^{5+}进入硅的晶格时，它们将占据四面体替代位置并保持原来的立方（T_d）对称，对应于各向同性的 g 因子。

在包含配体 s 轨道贡献的离子簇模型基础上[101]，考虑晶场和电荷转移的贡献，利用前面的微扰方法，取正四面体晶场和电子间库仑排斥相互作用的对角部分为零级哈密顿，取电子间库仑排斥相互作用的非对角部分、电子塞曼项和超精细相互作用项为微扰哈密顿，将其作用于基态波函数[6,18,19]

$$|^3A_2(e^2)\rangle=|\theta^+\varepsilon^+| \tag{10-13}$$

利用相关算符的性质，可建立正四面体中 $3d^2$ 离子 g 因子位移 $\Delta g(=g-g_s)$和超精细结构常

数的微扰公式[146]：

$$
\begin{aligned}
&\Delta g=g-g_s=\Delta g_{CF}+\Delta g_{CT}\\
&\Delta g_{CF}=-4k_{CF}'\zeta_{CF}'^2/E_1-[g_s\zeta_{CF}^2+k_{CF}'\zeta_{CF}'\zeta_{CF}-k_{CF}\zeta_{CF}'^2/2]/E_1^2-g_s-k_{CF}/2\zeta_{CF}'^2/E_2^2\\
&\qquad -k_{CF}'\zeta_{CF}'\zeta_{CF}/(E_1E_2)-6B_4k_{CF}'\zeta_{CF}'^2[2/(E_1E_2E_5)+1/(E_2^2E_5)]\\
&\Delta g_{CT}=4(k_{CT}'\zeta_{CT}'/E_n+k_{CT}\zeta_{CT}/E_a)]\\
&A=A_{CF}+A_{CT}\\
&A_{CF}=P_{CF}'\Delta g_{CF}-P_{CF}\kappa\\
&A_{CT}=8P_{CT}'k_{CT}'\zeta_{CT}'/(3E_n)-\kappa P_{CT}
\end{aligned}
\qquad (10\text{-}14)
$$

这里 $E_i(i=1,2,5)$是激发态 $^3T_2(t_2e)$，$^1T_{2a}(t_2^2)$和 $^1T_{2b}(t_2e)$与基态 $^3A_2(e^2)$间的能级差，可用基于正四面体中 $3d^2$ 离子的(N_t, N_e, Δ_{eff})晶场图像或较简单的(D_q, B, C)晶场图像对角化能量矩阵得到。E_n 和 E_a 表示两个最低的电荷转移激发态 $^3T_2^n[(e^n)^3(t_2^b)^5]$和 $^3T_2^a[(t_2^a)(e^n)^2(t_2^b)^5]$与基态 $^3A_2$ 之间的能级差，可从经验关系[105,146]

$$
\begin{aligned}
&E_n\approx 30000\,[\chi(L)-\chi(M)]-28B/3\\
&E_a\approx E_n-28B/3+10D_q
\end{aligned}
\qquad (10\text{-}15)
$$

其中 $\chi(L)$和 $\chi(M)$仍分别表示配体和金属离子的光电负性。

10.2.2 三角对称

当 $V^{3+}(3d^2)$离子所处的正四面体发生三角畸变时，在不考虑外磁场情况下，原来立方对称下轨道非简并的基态 $^3A_2$ 将分裂成一个轨道单重态和一个双重态，对应于零场分裂 $D=[E(\pm1)-E(0)]$[19,23]。例如 ZnO 中的 V^{3+}表现为各向异性的 g 因子和轴向（三角）的零场分裂 D。此时，配体氧的共价性较弱，配体旋轨耦合系数也比中心离子小得多，可认为电荷转移能级较高，对自旋哈密顿参量贡献预计很小，故可在离子簇近似下考虑配体轨道和旋轨耦合贡献而暂时忽略荷移机制的影响。

采用包含纯三角晶场的微扰哈密顿作用于四面体下 $3d^2$ 离子的 $^3A_2$ 基态波函数，可建立三角畸变四面体中 $3d^2$ 离子自旋哈密顿参量的微扰公式[147]：

$$
\begin{aligned}
&D=v\zeta'^2(1/E_1^2-1/E_3^2)/2+(3/\sqrt{2})\zeta\zeta'(1/E_2E_3-1/E_1E_3)v'+(3/\sqrt{2})\zeta'^2B_4v'[4/(E_2E_3E_5)\\
&\qquad +4/(E_2^2E_5)-12/(E_1E_3E_4)-12/(E_2E_3E_4)]\\
&g_{//}=g_s-4k'\zeta'/E_1-(g_s\zeta'^2+k'\zeta\zeta'-k\zeta'^2/2)/E_1^2-(g_s-k/2)\zeta'^2/E_2^2-k'\zeta\zeta'/E_1E_2-6B_4k'\zeta'^2[2/(E_1E_2E_5)\\
&\qquad +1/(E_2^2E_5)]+4k'\zeta'v\,/3E_1^2-4\sqrt{2}k\zeta'v'/(E_1E_3)-48\sqrt{2}B_4k'\zeta'v'/(E_1E_3E_4)\\
&g_\perp=g_{//}-2k'\zeta'v/E_1^{2+}6\sqrt{2}k\zeta'v'/(E_1E_3)+72\sqrt{2}B_4k'\zeta'v'/E_1E_3E_4)\\
&A_{//}=P(g_{//}-g_s-\kappa)\\
&A_\perp=P'(g_\perp-g_s-\kappa)
\end{aligned}
\qquad (10\text{-}16)
$$

这里能量分母 $E_i(i=1\sim5)$定义同前。v 和 v'表示三角场参量，与杂质中心的局部结构(三角畸变)有关。

10.2.3　四角对称

对于四角畸变四面体中的 $3d^2$ 离子，原立方 $^3A_2$ 基态在没有外磁场下仍将分裂成一个自旋单重态和一个自旋双重态，并表现为轴向(四角)零场分裂 D 和各向异性 g 因子($g_{//}$和 $g_\perp$)。例如，BGO 晶体中 $Cr^{4+}(3d^2)$中心的 g 因子满足 $g_{//}>g_\perp$，可将之归因于占据 Ge^{4+}位置的四角畸变(伸长)四面体 Cr^{4+}中心。考虑到配体氧的共价性较弱以及电荷转移能级较高，可只考虑晶场机制的贡献。类似地，将包含纯四角晶场的微扰哈密顿作用于四面体中 $3d^2$ 离子基态 $^3A_2$ 的波函数，可得到四角畸变四面体中 $3d^2$ 离子自旋哈密顿参量的微扰公式[148]：

$$D=(35/4)D_t\zeta'^2(1/D_1^2-1/D_3^2)+9\zeta\zeta'^2(D_s-5D_t/4)(1/D_1-1/D_3)/(2D_1D_2)-35\zeta\zeta'^2D_t/(8D_1^3)$$
$$-(1225/16)\zeta'^2D_t^2(1/D_3^3-1/D_1^3)+3\zeta'^2(D_s-5D_t/4)^2[1/(D_1^2D_2)-1/(D_3^2D_4)]$$
$$+35\zeta\zeta'^2D_t(2/D_3-1/D_1)/(8D_1D_3)$$
$$g_{//}=g_s-4k'\zeta'^2/D_1+k'\zeta\zeta'[1/(D_1D_2)+1/D_1^2]+(k/2-g_s)\zeta'^2(1/D_1^2+1/D_3^2)$$
$$-(28k'\zeta'Dt)/D_1^2$$
$$g_\perp=g_\parallel+35k'\zeta'D_t/D_1^2 \tag{10-17}$$

这里能量分母 $D_i(i=1\sim4)$表示激发态 $^3T_2(t_2e)$, $^1T_{2b}(t_2e)$, $^1T_{2a}(t_2^2)$和 $^1T_1(t_2e)$与基态 $^3A_2(e^2)$间的能量差，可由基于四角畸变四面体中 $3d^2$ 离子的(N_t, N_e, Δ_{eff})晶场图像或简单的(D_q, B, C)晶场图像对角化能量矩阵得到。

10.2.4　应　用

10.2.4.1　立方对称：硅中的 Cr^{4+}和 Mn^{5+}中心

这里将上述公式应用于硅中立方 Cr^{4+}和 Mn^{5+}中心的 g 因子和超精细结构常数[149]的理论分析。由于体系具有很强的共价性，需同时考虑晶场和荷移机制的贡献。立方场参量和共价因子 N 可从对应的光谱实验数据获得。利用硅单晶中替代位置的键长 235.1 pm 计算出的两个中心的群重叠积分数据以及由此算出的晶场和荷移机制分别对应的分子轨道系数列于表 10-6。根据自由 Cr^{4+}和 Mn^{5+}的旋轨耦合系数 $\zeta_d^0\approx328$ 和 $452cm^{-1}$ 以及 Si 的旋轨耦合系数 $\zeta_p^0\approx215cm^{-1}$[146]，求出的晶场和荷移机制的旋轨耦合系数和轨道缩小因子等参量均列于表 10-6。由自由 Cr^{4+}和 Mn^{5+}的 Racah 参量 $B_0\approx1039$ 和 $1092cm^{-1}$ 以及 $C_0\approx4238$ 和 $5160cm^{-1}$[146]，可求出两个杂质中心的 Racah 参量和相应的能量分母。利用等电子的 Ti^{2+}和 V^{3+}的光电负性以及第四主族 C 元素的数值，可外推得到 $\chi(Cr^{4+})\approx1.9$，$\chi(Mn^{5+})\approx2.4$ 和 $\chi(Si)\approx3.2$[146]，由此得到公式中的电荷转移能级 E_n 和 E_a。自由 Cr^{4+}和 Mn^{5+}的偶极超精细结构参量分别为 $P_0\approx-45$ 和 $250\times10^{-4}\ cm^{-1}$ [110]。两个中心的芯区极化常数均取为第一过渡族离子在晶体中的期望值 $\kappa\approx0.3$[18]。把这些参量代入正四面体中 $3d^2$ 离子自旋哈密顿参量的微扰公式，计算出硅中 Cr^{4+}和

Mn^{5+}的 g 和 A 因子理论值(Cal. [b])列于表 10-7。为了阐明电荷转移贡献的重要性，仅考虑晶场机制贡献的计算结果(Cal. [a])也列于表 10-7。

表 10-7 中 Cr^{4+}和 Mn^{5+}中心同时考虑晶场和荷移贡献的计算值(Cal. [b])与实验符合很好。电荷转移对 g 位移的贡献在符号上为负，且比晶场贡献大得多。随中心离子价态增加，共价因子 N 减小，荷移机制(可由两种机制贡献的相对比率$|\Delta g_{CT}/\Delta g_{CF}|$表征)变得更加重要，即该比率从 Cr^{4+}的 76%增加到 Mn^{5+}的 162%。因此，从 Si：Cr^{4+}到 Si：Mn^{5+}，g 因子位移从负变为正，意味着高价态 $3d^2$ 离子在强共价环境（如硅）中具有明显的荷移贡献，对应的电荷转移能级 E_n和 E_a较低，尽管配体硅的旋轨耦合系数($\approx$215 cm^{-1})比杂质 Cr^{4+}或 Mn^{5+}的($\approx$328 或 452 cm^{-1})更小。另一方面，在晶场机制下，共价性的增加导致配体对 g 因子的贡献增加，即$|\Delta g_{CF}(Cr^{4+})| < |\Delta g_{CF}(Mn^{5+})|$。在现在的离子簇近似下，轨道缩减因子和旋轨耦合系数的相对差值(各向异性)$k_{CF}'/k_{CF}-1$ 和 $\zeta_{CF}'/\zeta_{CF}-1$ 分别达到 500%和 40%，表明硅中上述杂质的 3d 轨道具有显著的非局域化和各向异性扩展。

至于超精细结构常数，来自电荷转移机制的贡献 A_{CT} 与来自晶场机制的贡献 A_{CF} 同号且前者比后者大 80%~90%。因此在计算硅中高价态 $3d^2$ 离子的超精细相互作用时，应该考虑电荷转移机制的影响。Cr^{4+}较大的 A 因子数值源自其较大的偶极超精细结构参量 P_0 和较高的共价因子 N。此外，Cr^{4+}和 Mn^{5+}符号相反的超精细结构常数可归因于二者符号相反的 P_0。

表 10-6 硅中 Cr^{4+}和 Mn^{5+}中心的群重叠积分，立方场参量(cm^{-1})和共价因子以及与晶场和荷移机制相关的归一化因子和轨道混合系数，旋轨耦合系数(cm^{-1})，轨道缩减因子和偶极超精细结构参量(10^{-4} cm^{-1})

	S_t	S_e	S_s	A	Dq	N	N_t^a	N_e^a	λ_t^a	λ_e^a
Cr^{4+}	0.0215	−0.0448	0.0348	0.9468	2600	0.62	0.518	0.665	0.901	−0.402
Mn^{5+}	0.0215	−0.0488	0.0348	0.9468	2800	0.57	0.449	0.616	1.041	−0.508
	λ_s^a	N_t^b	N_e^b	λ_t^b	λ_e^b	λ_s^b	ζ_{CF}	ζ_{CF}'	ζ_{CT}	ζ_{CT}'
Cr^{4+}	1.459	0.494	0.704	−0.353	0.974	0.218	192	263	153	202
Mn^{5+}	1.685	0.510	0.761	−0.302	0.964	0.187	229	321	214	279
	k_{CF}	k_{CF}'	k_{CT}	k_{CT}'	P_{CF}	P_{CF}'	P_{CT}	P_{CT}'		
Cr^{4+}	0.119	0.691	0.497	0.710	−23	−26	−23	−26		
Mn^{5+}	0.106	0.707	0.517	0.758	117	137	124	146		

表 10-7 硅中 Cr^{4+}和 Mn^{5+}中心的 g 位移和超精细结构常数

	Δg			$A/10^{-4}$ cm^{-1}		
	Cal.[a]	Cal.[b]	Expt.[149]	Cal.[a]	Cal.[b]	Expt.[149]
Cr^{4+}	−0.0342	−0.0081	−0.0061	7.08	12.83	12.54
Mn^{5+}	−0.0377	0.0233	0.0236	−34.22	−66.13	−63.09

注：a—基于只考虑晶场机制贡献的计算值。

b—基于同时包含晶场和电荷转移贡献的计算值。

10.2.4.2 三角对称：ZnO 中的 V^{3+}中心

掺杂 V^{3+}的 ZnO 具有奇异的荧光、结构、磁性和电学性质，而这些性质通常与基质晶体中三价钒的局部结构和电子能级关系密切。尤其是 $V^{3+}(3d^2)$因含有两个未配对电子而常作为 EPR 研究晶体中局部结构性质的模型体系(图 10-3)。前人测量了 ZnO：V^{3+}的 EPR 谱，并测得了三角 V^{3+}中心的零场分裂 D 和各向异性 g 因子 $g_{//}$和 $g_{\perp}$以及超精细结构常数 $A_{//}$和 $A_{\perp}$[150]。这里采用前面的三角畸变四面体中 $3d^2$ 离子自旋哈密顿参量微扰公式对该 EPR 实验结果进行理论分析。

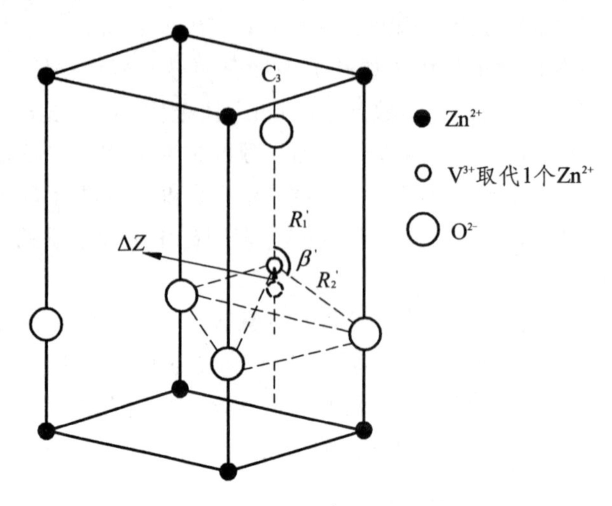

图 10-3　ZnO 中杂质 V^{3+}的局部结构示意图

ZnO 母体 Zn^{2+}的局部结构可用键长 $R_1\approx198.8$pm，$R_2\approx197.5$pm 及其相对于 C_3 轴的键角 $\beta\approx108.17°$描述。根据$[VO_4]^{5-}$基团的几何结构和重叠模型，可得到三角场参量[147]：

$$v=(-3/7)\bar{A}_2(R_0)[3(R_0/R_2)^{t_2}(3\cos^2\beta-1)+2(R_0/R_1)^{t_2}]-(20/63)\bar{A}_4(R_0)[8(R_0/R_1)^{t_4}$$
$$+3(35\cos^4\beta-30\cos^2\beta+3)(R_0/R_2)^{t_4}]-(20\sqrt{2}/3)\bar{A}_4(R_0)\sin^3\beta\cos\beta(R_0/R_2)^{t_4}$$
$$v'=(\sqrt{2}/7)\bar{A}_2(R_0)[3(R_0/R_2)^{t_2}(3\cos^2\beta-1)+2(R_0/R_1)^{t_2}]-(5\sqrt{2}/63)\bar{A}_4(R_0)[8(R_0/R_1)^{t_4}$$
$$+3(35\cos^4\beta-30\cos^2\beta+3)(R_0/R_2)^{t_4}]-(10/3)\bar{A}_4(R_0)\sin^3\beta\cos\beta(R_0/R_2)^{t_4} \quad (10\text{-}18)$$

这里重叠模型参量定义和取值同前。对于四面体中的 $3d^n$ 离子，可取 $\bar{A}_4(R_0)\approx(27/16)D_q$ 和 $\bar{A}_2(R_0)\approx10.8\bar{A}_4(R_0)$。这样，通过三角场参量将所研究体系的局部结构与自旋哈密顿参量(特别零场分裂 D 和各向异性 $\Delta g(=g_{\perp}-g_{//})$)定量地联系起来。

从 ZnO：V^{3+}的光谱数据可以获得立方场参量 D_q 和共价因子 N 并列在表 10-8 中。利用平均键长$[=(R_1+3R_2)/4\approx197.8$pm]和 Slater−型自洽场(SCF)波函数，可计算出群重叠积分 S_π，S_σ，S_s和积分 A 并列在表 10-8 中。由此求出的归一化因子 N_t和 N_e，轨道混合系数 λ_σ，λ_π和 λ_s也列于此表。根据 V^{3+}的自由离子值 $\zeta_d^0(\approx209\ cm^{-1})$，$P_0(\approx150\times10^{-4}\ cm^{-1})$以及 O^{2-}的 $\zeta_p^0(\approx151cm^{-1})$，可计算出旋轨耦合系数、轨道缩小因子和偶极超精细结构参量，并列于表 10-8。基于自由 V^{3+}的 Racah 参量 $B_0(\approx861\ cm^{-1})$和 $C_0(\approx4165\ cm^{-1})$可求出杂质中心的 Racah 参量以及能量分母 $E_i(i=1\sim5)$，这些数值均列于表 10-8。超精细结构常数公式中的芯区极化常数取 $\kappa\approx0.58$。将上述参数以及 ZnO 中母体 Zn^{2+}位置的结构参数代入三角畸变四面体中 $3d^2$ 离子自旋哈密顿参量微扰公式，得到的自旋哈密顿参量理论值列于表 10-9 中。

表 10-8　ZnO：V^{3+}中相关模型参量的计算值

Parameter	Description	Value
D_q/cm^{-1}	cubic field parameter	589
N	average covalency factor	0.52
S_π	group overlap integrals	0.005
S_σ	group overlap integrals	0.227
S_s	group overlap integrals	0.224
A	integral	1.2813
N_t	molecular orbital coefficients	0.455
N_e	molecular orbital coefficients	0.524
λ_π	molecular orbital coefficients	–0.555
λ_σ	molecular orbital coefficients	0.365
λ_s	molecular orbital coefficients	–0.624
ζ/cm^{-1}	spin–orbit coupling coefficients	99
ζ'/cm^{-1}	spin–orbit coupling coefficients	168
k	the orbital reduction factors	0.137
k'	the orbital reduction factors	0.559
P/10^{-4}cm^{-1}	dipolar hyperfine structure parameters	68
P'/10^{-4}cm^{-1}	dipolar hyperfine structure parameters	73
κ	core polarization constant	0.58
cm^{-1}	Racah parameters	233
C/cm^{-1}	Racah parameters	1126
E_1/ cm^{-1}	energy denominators	5890
E_2 /cm^{-1}	energy denominators	10005
E_3 /cm^{-1}	energy denominators	16128
E_4 /cm^{-1}	energy denominators	8684
E_5 /cm^{-1}	energy denominators	10936
$\bar{A}_2(R_0)$ /cm^{-1}	intrinsic parameters	10735
$\bar{A}_4(R_0)$ /cm^{-1}	intrinsic parameters	994
R_1'/pm	local impurity–ligand bond length	190.8
R_2'/pm	local impurity–ligand bond length	200.1
β'/°C	local impurity–ligand bond angle	110.35
v/cm^{-1}	trigonal field parameters	–2158
v'/cm^{-1}	trigonal field parameters	695

表 10-9　ZnO 中的三角 V^{3+}中心的自旋哈密顿参量

	D/cm^{-1}	$g_{//}$	$g_{\perp}$	$A_{//}/10^{-4}\ cm^{-1}$	$A_{\perp}/10^{-4}\ cm^{-1}$
Cal.[a]	0.2378	1.9510	1.9526	−65.7	−71.9
Cal.[b]	−0.3686	1.9630	1.9612	−74.6	−74.8
Cal.[c]	−0.7460	1.9433	1.9343	−66.5	−74.2
Expt.[150]	−0.7464(5)	1.9451(5)	1.9329(5)	−66.0(5)	−77.1(5)

注：a—基于 ZnO 中 Zn^{2+}的母体结构数据并且包含配体贡献的计算值。

b—基于位移 ΔZ 并忽略配体贡献的计算值。

c—基于位移 ΔZ 并考虑配体贡献的计算值。

从上表发现，理论值与实验符合不好，特别是零场分裂 D 和各向异性 Δg 分别仅为实验值的 31%和 18%，这意味着基于母体 Zn^{2+}位置的结构数据明显低估了杂质中心的三角畸变。考虑到杂质 V^{3+}比母体 Zn^{2+}具有更大的半径和较高的电荷，该尺寸和电荷失配的替代会引起较明显的杂质–配体间静电相互作用失衡，从而导致杂质中心局部应力增大。因此，杂质 V^{3+}可沿 C_3 轴向远离氧三角形方向移动一段距离 ΔZ 以释放上述应力。这时把考虑杂质轴向位移的新局部键长 R_1'，R_2'和键角 β'代入三角场参量公式，拟合零场分裂理论值与实验相符，得到优化的杂质位移 $\Delta Z \approx 8$ pm。这里定义远离氧三角形的方向为正。相应的自旋哈密顿参量计算值（Cal. [c]）也列在了表 10-9 中。为了比较，忽略配体轨道和旋轨耦合贡献(采用 $\zeta=\zeta'=N\zeta_d^0$，$k=k'=N$ 和 $P=P'=P_0N$)的计算值（Cal. [b]）也列于表 10-9。

从表 10-9 看出，忽略杂质位移（Cal. [a]）和配体贡献（Cal. [b]）的计算值不如同时考虑杂质位移 ΔZ 和配体贡献的结果（Cal. [c]）与实验值符合得好。

（1）基于母体 Zn^{2+}位置结构数据的 D 和 Δg(Cal. [a])不到实验值的 1/3，且该偏差不能通过调节光谱参量消除。这意味着杂质 V^{3+}并未正好占据母体 Zn^{2+}的位置。当较大的 V^{3+}取代较小的 Zn^{2+}时，将引起杂质局部应力。另一方面，高价态的 V^{3+}将增强杂质与最近邻氧配体间的相互作用，也会导致一定的局部应力。这些因素都可使 V^{3+}倾向于远离氧三角形位移一段距离。类似地，基于 EPR 的理论分析也发现 ZnO 中 Cu^{2+}($r_i \approx 1$ pm)和 Fe^{3+}($r_i \approx 7.6$ pm)杂质也发生了显著的远离配体三角形的轴向位移。由于三角畸变对局部键角 β'(位移 ΔZ)极其敏感，极小的位移就会明显改变三角场参量，从而影响最终的自旋哈密顿参量。当然，晶体中杂质局部结构的严格计算包含基质晶体和杂质等众多复杂的物理化学性质，故本工作得到的局部结构信息有待实验和其他理论计算的进一步验证。

（2）ZnO 中的$[VO_4]^{5-}$基团具有很强的共价性，这归因于共价性的 ZnO 母体和高价态的杂质离子，表现为较小的 $N(\approx 0.52)$和较明显的轨道混合系数($\approx$0.5~0.7)。当忽略配体轨道和旋轨耦合贡献时，计算值与实验偏差很大，且这种偏差不能通过调节 ΔZ 或光谱参量 D_q 和 N 消除。基于离子簇模型的计算，轨道缩小因子和旋轨耦合系数的相对差别(各向异性)$k'/k-1$ 和 $\zeta'/\zeta-1$ 分别达到 300%和 60%，故杂质 V^{3+}的 3d 轨道在氧化锌中的各向异性扩展不能忽略。

（3）相比 g 因子，超精细结构常数对配体贡献和杂质位移不大敏感，这主要归于较大的芯区极化常数。尽管如此，包含上述贡献的计算值相比忽略这些贡献的计算值仍有所改进。另外，EPR 实验并未确定超精细结构常数的符号，但根据本工作的计算，证实 A 因子的符号均为负。

（4）本书的计算表明零场分裂为负。值得注意的是，EPR 实验文献中 D 认为是正，这主要是根据斜方或四角畸变八面体中 $3d^3$ 离子 D 与 Δg 的关系来判断的。根据密度泛函理论(DFT)，$3d^n$ 离子自旋哈密顿参量的规律在一种对称下的不能直接套用在另一种离子在另一种对称下。另外，仅考虑到来自最低激发态 $^3T_2$ 的贡献而忽略高激发态的影响，本书中 D 和 Δg 之间的关系大致可表示为 $D\sim\zeta'\Delta g/(4k')$，即二者符号应一致。因此，ZnO 中 V^{3+} 零场分裂的符号为负。

10.2.4.3 四角对称：BGO 晶体中的 Cr^{4+} 中心

掺过渡金属铬的 $Bi_4Ge_3O_{12}$(BGO)晶体具有独特的振动、光学和磁学等性质，并可用作辐射检测。以上性质与 Cr 杂质中心的局部结构和电子态密切相关，可借助 EPR 技术进行研究。前人已经对 BGO：Cr^{4+} 进行了 EPR 实验研究，测量了其中杂质 Cr^{4+} 中心的各向异性 g 因子 $g_{//}$ 和 $g_{\perp}$[151,152]，并归于占据 Ge^{4+} 位置的四角畸变四面体 Cr^{4+} 中心。图 10-4 为 BGO 中 Ge^{4+} 位置的结构示意图。

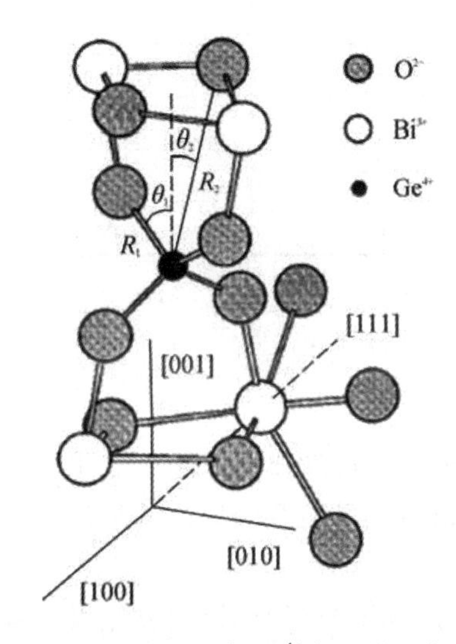

图 10-4 $Bi_4Ge_3O_{12}$ 中 Cr^{4+} 杂质的局部结构图

BGO 中 Ge^{4+} 位置为四角(D_{2d})压缩四面体结构，Ge^{4+}–O^{2-} 间距 $R_H\approx173.9$ pm，相对于四次轴([100])的键角 $\beta_H\approx58.06°$。由于杂质 Cr^{4+} 的半径(≈54pm)略大于母体 Ge^{4+}(≈53pm)，可估计杂质–配体间距 R(≈175.4 pm)，算出四面体 Cr^{4+} 中心的群重叠积分等数值列于表 10-10。由 BGO 中 Cr^{4+} 的光谱数据，可得到 D_q 和 N 等光谱参量（表 10-10），由此求出的分子轨道系数也列于表 10-10。利用自由中心离子和配体的旋轨耦合系数 $\zeta_d^0(Cr^{4+})\approx328$ cm^{-1} 和 $\zeta_p^0(O^{2-})\approx151$ cm^{-1}，可得到旋轨耦合系数和轨道约化因子。这些数值都列于表 10-10。利用 Cr^{4+} 的自由离子参量 $B_0\approx1039$cm^{-1} 和 $C_0\approx4238$cm^{-1} 可求出相应的能量分母。

表 10-10 BGO：Cr^{4+} 的杂质–配体距离(pm)，群重叠积分，立方场参量 D_q(cm^{-1})，共价因子 N，分子轨道系数，旋轨耦合系数(cm^{-1})和轨道缩减因子

R	S_π	S_σ	S_s	A	D_q	N	N_t
175.4	0.0166	−0.1059	0.1048	1.1419	800	0.88	0.680
N_e	λ_π	λ_σ	λ_s	ζ	ζ'	k	k'
0.792	−0.313	0.429	−0.424	176	228	0.683	0.703

四角场参量可根据重叠模型和杂质中心的局部几何结构关系表示为：

$$D_s = 4\bar{A}_2(R)(3\cos^2\beta - 1)/7$$

$$D_t = 4\bar{A}_4(R)(7\sin^4\beta + 35\cos^4\beta - 30\cos^2\beta + 3)/21 \tag{10-19}$$

将表 10-10 中的相关参量代入四角畸变四面体中 $3d^2$ 离子自旋哈密顿参量微扰公式并拟合 g 因子各向异性 Δg 与实验相符，得到优化的四角畸变角 $\Delta\beta \approx -5.56°$。相应的 g 因子(Cal.[c])列于表 10-11 中。为了表明共价性和局部键角变化的重要性，考虑配体贡献但忽略局部角度变化(即采用母体键角)的 g 因子理论值(Cal.[b])和忽略配体贡献但考虑局部键角变化的 g 因子计算值(Cal.[a])也列于表 10-11。

表 10-11　BGO：Cr^{4+}的 g 因子和零场分裂

	$g_{//}$	$g_{\perp}$	D/cm^{-1}
Cal.[a]	1.912	1.897	–
Cal.[b]	1.903	1.924	–
Cal.[c]	1.930	1.918	–
Expt. [151，152]	1.931(1)	1.919(1)	–

注：a—基于局部键角 β 但忽略配体贡献的计算值。

b—基于母体键角 β_H 并包含配体贡献的计算值。

c—基于局部键角 β 和配体贡献的计算值。

从表 10-11 中可以看出，考虑配体贡献和局部键角变化的 g 因子计算值与实验符合较好，故 BGO 中 Cr^{4+}杂质中心的 EPR 谱得到了满意的理论解释，同时也获取了缺陷中心的局部结构信息。

$\Delta\beta$ 值的负号表示 Cr^{4+}中心的局部杂质–配体键角 β 比母体键角 β_H 更小。采用母体键角 β_H 计算的 g 因子比实验大很多，且这种差别不能通过调节光谱参量 D_q 和 N 消除，这意味着杂质 Cr^{4+}中心的局部结构确实与母体 Ge^{4+}位置不同。局部键角的变化可归因于较小的母体 Ge^{4+}被较大的杂质 Cr^{4+}替代引起 C_4 轴方向的局部应力造成的。由于 BGO 在 C_4 方向的原子排列较松散，当晶格掺杂时很容易使配体四面体产生畸变以容纳杂质离子，而杂质–配体键会向 C_4 轴倾斜以减小局部应力，从而导致较小的局部键角 β，使局部结构从母体时的四角压缩变成了杂质中心的四角伸长。

BGO：Cr^{4+}的各向异性 Δg 较小(≈ 0.014)归因于较轻微的四角伸长畸变和 $^3A_2$ 基态的轨道角动量淬灭。体系较强的共价性主要由于较高的杂质价态和较短的杂质–配体键长 R。以上结论可通过较明显的轨道混合系数(0.4~0.6)说明。采用母体键角 β_H 和配体贡献的计算值(Cal.[a])比实验偏小，这是因为传统晶场模型过高估计了旋轨耦合系数(ζ')和轨道缩减因子 k'，且这些偏差很难用调节局部键角 $\Delta\beta$ 来消除，因为 $\Delta\beta$ 的改变不能补偿 g 因子的下降而只会影响四角场参量和 g 因子各向异性 Δg。

11　八面体和四面体中的 $3d^5$ 离子自旋哈密顿参量的微扰公式

本章主要讨论晶体中 $3d^5$ 离子的自旋哈密顿参量，分为八面体和四面体两种情形，包括立方、三角和四角等对称，涉及零场分裂、g 因子、超精细结构常数和超超精细结构参量等自旋哈密顿参量。

11.1　八面体中的 $3d^5$ 离子

11.1.1　立方对称

前人对立方八面体中 $3d^5$ 离子 g 因子的分析通常较少考虑电荷转移机制的贡献。虽然 Mn^{2+} 的共价性不强，但是由于 $3d^5$ 离子的轨道角动量淬灭，g 因子很接近自由电子值 g_s，而 g 因子位移 Δg 通常很小（一般在 10^{-3} 数量级），因此忽略电荷转移贡献可能会引起 Δg 较大的相对误差。另一方面，前人通常认为低对称下 $3d^5$ 离子零场分裂主要源于晶场机制的贡献，而电荷转移机制的影响近似可以忽略。事实上，该观点对立方时的 g 因子位移却不一定完全适合，因而有必要进一步考虑前人通常忽略或未能较好处理的电荷转移贡献。为了更好地研究晶体中 $3d^5$ 离子的 EPR 谱，本工作在离子簇近似下，建立包含晶场和荷移机制的立方八面体中 $3d^5$ 离子 g 因子、超精细结构常数和超超精细结构参量的微扰公式。

在微扰计算中，可将立方不可约表示基函数写为 t_2^{a}、t_2^{b} 和 e^{n} 形式的十一电子波函数，这样对建立基态和相应的晶场、电荷转移激发态的波函数比较方便，这里上标 a、b 和 n 分别代表反键轨道、成键轨道和非键轨道。这样，基态 $^6A_{1\mathrm{g}}$ 可写为[153]

$$|^6A_1\frac{5}{2}a_1\rangle=[\xi^+\eta^+\zeta^+\theta^+\varepsilon^+|\theta^+\theta^-\varepsilon^+\varepsilon^-] \tag{11-1}$$

公式右栏的希腊字母(θ 和 ε)表示 e^{b} 轨道，左栏的 ξ，η，ζ 和 θ，ε 分别代表 t_2^{a} 和 e^{n} 轨道。只有一个电荷转移激发态$(t_2^{\mathrm{a}})^4(e^{\mathrm{n}})^2(e^{\mathrm{b}})^3$(或 $^6T_{1\mathrm{g}}{}^{\mathrm{n}}$)与基态 $^6A_{1\mathrm{g}}$ 之间存在非零旋轨耦合相互作用。对应最大自旋磁量子数 M_S=5/2 的电荷转移激发态 $^6T_{1\mathrm{g}}{}^{\mathrm{n}}$ 的 z 分量可写为[153]

$$|^6T_1{}^{\mathrm{n}}\frac{5}{2}z\rangle=[\xi^+\eta^+\zeta^+\zeta^-\theta^+\varepsilon^+|\theta^+\theta^-\varepsilon^+] \tag{11-2}$$

用 Macfarlane 强场微扰法[95,96]，将包含电子间库仑相互作用非对角部分、电子塞曼项和超精细相互作用项的微扰哈密顿作用于基态和相关激发态波函数，同时考虑与反键态相关的晶场机制和与成键态相关的电荷转移机制对 g 因子和超精细结构常数的贡献，可得到如下微扰公式[154]：

$$g=g_s+\Delta g_{CF}+\Delta g_{CT}$$
$$\Delta g_{CF}=-5\zeta_{CF}'^2(1/E_1^2+1/E_3^2)/6-\zeta_{CF}^2/E_2^2-8\zeta_{CF}'\zeta_{CF}[1/(E_1E_2)+1/(E_2E_3)]$$
$$\Delta g_{CT}=8\zeta_{CT}'k_{CT}'/(5E_n)$$
$$A=A_{CF}+A_{CT}$$
$$A_{CF}=-P_{CF}'\{5\zeta_{CF}'^2(1/E_1^2+1/E_3^2)/6+\zeta_{CF}^2/E_2^2+8\zeta_{CF}'\zeta_{CF}[1/(E_1E_2)+1/(E_2E_3)]\}-\kappa P_{CF}$$
$$A_{CT}=8P_{CT}'k_{CT}'\zeta_{CT}'/(5E_n)-\kappa P_{CT}/4 \qquad (11\text{-}3)$$

这里 E_1，E_2 和 E_3 分别是基态 $^6A_{1g}$ 与晶体场激发态 $^4T_{1g}$，$^4T_{2g}$ 和 $^2T_{1g}$ 间的能级差，可表示为立方场参量 D_q 与 Racah 参量 B 与 C 的线性组合[154]：

$$E_1\approx 10B+6C-10D_q$$
$$E_2\approx 19B+7C,$$
$$E_3\approx 10B+6C+10\,D_q \qquad (11\text{-}4)$$

E_n 为基态 $^6A_{1g}$ 与电荷转移激发态 $^6T_{1g}{}^n$ 之间的能级间距，可由经验关系 $E_n\approx 30000[\chi(L)-\chi(M)]+56B/3$ 来确定[105]。

除了上述自旋哈密顿参量外，配体超超精细结构参量也是 EPR 谱的一个重要参量，它源于中心离子价电子自旋与最近邻配体磁性核自旋之间的相互作用，可反映体系的自旋转移情形。前人在超超精细结构参量理论分析中，通常是拟合超超精细结构参量实验值得到未配对自旋密度。为了克服前人的不足，本工作基于离子簇近似统一地从理论上将未配对自旋密度与体系分子轨道系数联系起来。由此得到八面体中 $3d^5$ 基团超超精细结构参量的微扰公式[154,155]：

$$A'=A_s+2(A_D+A_\sigma-A_\pi)$$
$$B'=A_s-(A_D+A_\sigma-A_\pi) \qquad (11\text{-}5)$$

这里 A_s 是超超精细结构参量中的各向同性部分，主要来自配体 ns 轨道的贡献。$A_\sigma-A_\pi$ 与 A_D 分别表示中心离子 3d 轨道与配体 np 轨道混合以及中心离子电子自旋与配体核自旋之间相互作用所引起的各向异性贡献，它们可进一步展开为[154，155]

$$A_s=f_sA_s^0/(2S)$$
$$A_\sigma-A_\pi=A_p^0(f_\sigma-f_\pi)/(2S)$$
$$A_D=g\,\beta g_n\beta_n/R^3 \qquad (11\text{-}6)$$

其中 $A_s^0=(8/3)g_sg_n\beta\beta_n\,|\Psi(0)|^2$ 和 $A_p^0=g_sg_n\beta\beta_n\langle r^{-3}\rangle_{np}$ 分别表示配体 p 和 s 轨道的超精细耦合参量。$S(=5/2)$为基态 $^6A_{1g}$ 的电子自旋。f_σ 和 f_π 为未配对自旋密度，可基于离子簇模型由轨道混合系数表示为[154]

$f_s \approx N_e^a(\lambda_s^a)^2/3$

$f_\sigma \approx N_e^a(\lambda_e^a)^2/3$

$f_\pi \approx N_t^a(\lambda_t^a)^2/4$ （11-7）

11.1.2 三角对称

当 $3d^5$ 离子所处的八面体发生三角畸变，轨道无简并的基态 $^6A_{1g}$ 不发生分裂，但三重轨道简并的 $^4T_{2g}$ 和 $^4T_{1g}$ 等会分裂为一个轨道单重态和一个轨道双重态。在旋轨耦合和三角晶场的协同作用下，基态 $^6A_{1g}$ 会产生零场分裂 D[12]：

$$D=[\langle 3/2|H_{spin}|3/2\rangle]-\langle 5/2|H_{spin}|5/2\rangle]/4 \quad (11\text{-}8)$$

其中 H_{spin} 为体系等效的哈密顿（自旋哈密顿）。实际中的例子是 $CsMgCl_3$ 晶体中的 Mn^{2+}中心。下面采用 Macfarlane 强场微扰法建立三角对称下 $3d^5$ 离子自旋哈密顿参量的微扰公式。这里零级哈密顿仍选取为电子间库仑排斥相互作用的对角部分和立方晶场部分，微扰哈密顿则选取为电子间库仑排斥相互作用的非对角部分、纯三角晶场、旋轨耦合作用、电子塞曼项和超精细结构项等。考虑到 $CsMgCl_3$ 晶体中的 Mn^{2+}等体系的共价性较弱，可忽略电荷转移机制的贡献，由此得到的自旋哈密顿参量微扰公式如下[103]：

$$D=(1/10)V\zeta'^{2(}1/E_1^2-1/E_3^2)+(3\sqrt{2}/10)\zeta\zeta'(1/E_1E_2-1/E_2E_3)V'+V\{\zeta'^2C(1/E_1-1/E_3)/(5E_1E_3)-\zeta\zeta'B(1/E_1^2-1/E_3^2)/(5E_2)+\zeta\zeta'^2[-(1/E_1^{2+}1/E_3^2)/(20E_2)+3/(20E_1E_2E_4)-1/(10E_1E_2E_5)+2/(5E_1E_2E_7)+2/(5E_2E_3E_7)]-\zeta^2\zeta'/(10E_1E_2E_5)-\zeta^3[1/(10E_2^2E_5)+1/(5E_2^2E_7)]\}+\sqrt{2}V'\{\zeta'^3[3/(20E_1E_2E_3)+3(1/E_1^2-1/E_3^2)/(20E_5)-(3/E_1E_3+1/E_1^2+1/E_3^2)/(10E_8)]+\zeta^2\zeta'/E_2[-3/(40E_2E_3)+3/(20E_1E_5)+3(1/E_4+1/E_6)/(40E_2)-3/(20E_3E_5)]-9\zeta'^2B(1/E_1+1/E_3)/(5E_1)-3\zeta(\zeta'C/E_1-3\zeta B/E_2)/(10E_2E_3)-V^2\{\zeta^2[4/(15E_7)+1/(30E_5)]/E_2^2+\zeta'^2/20[1/(E_1^2E_4)+1/(E_3^2E_6)]\}+V'^2\{\zeta^2[(1/E_4+1/E_6)/(40E_2^2)+\zeta'^2[(1/E_1^2+2/E_1E_3+1/E_3^2)/(10E_8)+3(1/E_1^2-1/E_1/E_3+1/E_3^2)/(20E_5)+(2/E_1/E_3+1/E_1^{2+}1/E_3^2)/(5E_9)]+\sqrt{2}VV'\zeta\zeta'(1/E_1/E_4-2/E_1E_{5+}2/E_3E_{5+}1/E_3E_6)/(10E_2)$$

$$g_{//}=g_s-5\zeta'^2(1/E_1^2+1/E_3^2)/6-\zeta^2/E_2^2+4\zeta'\zeta(1/E_1+1/E_3)/(5E_2)+V\{2\zeta'^2k(1/E_1^3-1/E_3^3)/15-2\zeta'^2g_s(1/E_1^3-1/E_3^3)/5-2\zeta\zeta'[k'(1/E_1^2+1/E_3^2)/(15E_2)-k'(3/E_1-2/E_5)/(15E_1E_2)+k'(2/E_5-3/E_6)/(15E_3E_2)-4k'(1/E_1+1/E_3)/(15E_7E_2)\}-\sqrt{2}V'\{2k'\zeta'^2(1/E_1-1/E_3)/(5E_1E_2)+k'\zeta(\zeta/E_2+\zeta'/E_3)/(5E_3E_2)+2k'\zeta'^{2(}1/E_1^2-2/E_1/E_3+1/E_3^2)/(5E_5)+k'\zeta^2(1/E_4-1/E_6)/(5E_2^2)-\kappa\zeta\zeta'/(5E_2E_3E_5)-4k'\zeta'^2(1/E_1+1/E_3)[1/(5E_1E_8)+1/(5E_3E_8)]+3\zeta'\zeta g_s(1/E_1^2-1/E_3/E_2)/(5E_2)\}$$

$$g_\perp = g_{//} - V\{14\zeta'^2 k(1/E_1^3 - 1/E_3^3)/75 - 14\zeta'^2 g_s(1/E_1^3 - 1/E_3^3)/25 - 14\zeta\zeta'[k'(1/E_1^2 + 1/E_3^2)/(75E_2)$$
$$-7k'(3/E_1 - 2/E_5)/(75E_1E_2) + k'(2/E_5 - 3/E_6)/(15E_3E_2) - 28k'(1/E_1 + 1/E_3)/(75E_7E_2)\}$$
$$+\sqrt{2}V'\{14k'\zeta'^2(1/E_1 - 1/E_3)/(25E_1E_2) + 7k'\zeta(\zeta/E_2 + \zeta'/E_3)/(25E_3E_2)$$
$$-14k'\zeta'^{2(}1/E_1^2 - 2/E_1/E_3 + 1/E_3^2)/(25E_5) + 7k'\zeta^2(1/E_4 - 1/E_6)/(25E_2^2) - 7k\zeta\zeta'/(25E_2E_3E_5)$$
$$-28k'\zeta'^2(1/E_1 + 1/E_3)[1/(25E_1E_8) + 1/(25E_3E_8)] + 21\zeta'\zeta g_s(1/E_1^2 - 1/E_3/E_2)/(25E_2)$$
$$A_{//} = P(g_{//} - g_s - \kappa)$$
$$A_\perp = P'(g_\perp - g_s - \kappa) \qquad (11\text{-}9)$$

其中能量分母 $E_i(i=1\sim9)$ 分别指基态 $^6A_{1g}$ 与激发态 $^4T_{1g}[t_2^4(^3T_1)e]$、$^4T_{1g}[t_2^3(^2T_2)e^2(^3A_2)]$、$^4T_{1g}[t_2^2(^3T_1)e^3]$、$^4T_{2g}[t_2^4(^3T_1)e]$、$^4T_{2g}[t_2^3(^2T_1)e^2(^3A_2)]$、$^4T_{2g}[t_2^2(^3T_1)e^3]$、$^4E_g[t_2^3(^2E)e^2(^3A_2)]$、$^4E_g[t_2^3(^4A_2)e^2(^1E)]$ 和 $^4A_{2g}[t_2^3(^4A_2)e^2(^1A_1)]$ 之间的能级差，可由立方场下 $3d^5$ 离子的能量矩阵得到[18]：

$$E_1 \approx 10B + 6C - 10D_q \quad E_2 \approx 19B + 7C \quad E_3 \approx 10B + 6C + 10D_q$$
$$E_4 \approx 18B + 6C - 10D_q \quad E_5 \approx 13B + 5C \quad E_6 \approx 18B + 6C + 10D_q$$
$$E_7 \approx 13B + 5C \quad E_8 \approx 14B + 5C \quad E_9 \approx 22B + 7C \qquad (11\text{-}10)$$

11.1.3 斜方对称

当八面体发生斜方畸变时，$3d^5(Fe^{3+})$离子的轨道单重基态 $^6A_{1g}$ 仍不分裂，相关激发态 $^4T_{1g}[t_2^4(^3T_1)e]$、$^4T_{1g}[t_2^3(^2T_2)e^2(^3A_2)]$、$^4T_{1g}[t_2^2(^3T_1)e^3]$和 $^4T_{2g}[t_2^4(^3T_1)e]$等将分裂为三个轨道单重态，$^4E_g[t_2^3(^2E)e^2(^3A_2)]$和 $^4E_g[t_2^3(^4A_2)e^2(^1E)]$等会分裂为两个轨道单重态。斜方畸变八面体中 $3d^5$ 离子的能级分裂如图 11-1 所示：

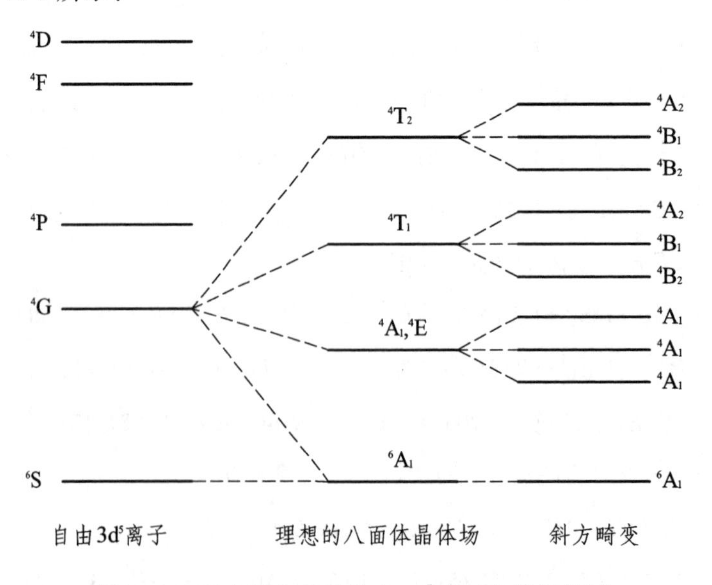

图 11-1 斜方畸变八面体中 $3d^5$ 离子的能级分裂

在旋轨耦合和斜方晶场的协同作用下，基态 $^6A_{1g}$ 会产生零场分裂 D 和 E[12]：

$$D=[\langle 3/2|H_{spin}|3/2\rangle]-\langle 5/2|H_{spin}|5/2\rangle]/4$$

$$E=\langle 5/2|H_{spin}|1/2\rangle/\sqrt{10} \qquad (11\text{-}11)$$

前人强场图像，采用高阶微扰公式对四角畸变八面体中 $3d^5$ 离子 g 位移和零场分裂进行了系统深入的研究，但对于斜方畸变八面体中 $3d^5$ 离子自旋哈密顿参量的理论研究相对较少，例如 TiO_2 中的斜方 Fe^{3+} 中心。考虑到三价铁的共价性较强，其 g 因子位移依然很小，需考虑电荷转移机制对 g 因子的贡献。这样，采用上述微扰方法，利用包含纯斜方晶场部分的微扰哈密顿作用于基态 $^6A_{1g}$ 的波函数，可得到考虑荷移机制对 g 因子贡献的斜方畸变八面体中 $3d^5$ 离子自旋哈密顿参量的微扰公式[156]：

$$\begin{aligned}D=&(7/4)D_t\zeta_{CF}'^2(1/E_1^2-1/E_3^2)-(21/2)BD_t\zeta_{CF}'\zeta_{CF}(1/E_1^2E_2-1/E_2E_3^2)+7CD_t\zeta_{CF}'^2(1/E_1\\&-1/E_3)/(2E_1E_3)+7D_t\zeta_{CF}'^2\zeta_{CF}(1/E_1^2+1/E_3^2)/(6E_2)+9\zeta_{CF}'^2\zeta_{CF}(4D_s+5D_t)(1/E_1E_4\\&+1/E_3E_6)/(40E_2)+3\zeta_{CF}(3D_s-5D_t)(\zeta_{CF}'^2/E_1+\zeta_{CF}^2/E_2+\zeta_{CF}'^2/E_3)/(10E_2E_5)\\&+(6/25)\zeta_{CF}'^2[49D_\eta^2-3(35D_t/12)^2](1/E_1^3+1/E_3^3)+(18/25)\zeta_{CF}'^2[(D_s+5D_t/4)^2\\&-3(D_\xi+D_\eta)^2](1/E_1^3+1/E_3^3)+(2/5)\zeta_{CF}^2[(3D_s-5D_t)^2-3(4D_\eta-3D_\xi)^2]/E_2^3\end{aligned}$$

$$\begin{aligned}E=&-(7/5)D_\eta\zeta_{CF}'^2(1/E_1^2-1/E_3^2)+(14/5)BD_t\zeta_{CF}'\zeta_{CF}(1/E_1^2E_2-1/E_2E_3^2)\\&+14CD_t\zeta_{CF}'^2(1/E_3-1/E_1)/(15E_1E_3)+7D_\eta\zeta_{CF}'^2\zeta_{CF}(1/E_1^2+1/E_3^2)/(10E_2)\\&+3(D_\xi+D_\eta)\zeta_{CF}'^2\zeta_{CF}(1/E_1E_4+1/E_3E_6)/(10E_2)\\&-(4D_\eta-3D_\xi)\zeta_{CF}(\zeta_{CF}'^2/E_1+\zeta_{CF}^2/E_2+\zeta_{CF}'^2/E_3)/(10E_2E_5)\\&-(49/6)\zeta_{CF}'^2D_\eta D_t(1/E_1^3+1/E_3^3)+(6/5)\zeta_{CF}'^2(D_s+5D_t/4)(D_\xi+D_\eta)(1/E_1^3+1/E_3^3)\\&-(\zeta_{CF}^2/5)(3D_s-5D_t)(4D_\eta-3D_\xi)/E_2^3\end{aligned}$$

$$\begin{aligned}g_x=&g_s-(6/5)\zeta_{CF}^2(1/E_1^2+1/E_3^2)-\zeta_{CF}^2/E_2^2+4\zeta_{CF}^2\zeta_{CF}'/(5E_2)(1/E_1+1/E_3)\\&+35k_{CF}'\zeta_{CF}'D_t(1/E_1^2-1/E_3^2)/3-k_{CF}'\zeta_{CF}'(35D_t+42D_\eta)(1/E_1^2-1/E_3^2)/6\\&+8\zeta_{CT}'k_{CT}'/(5E_n)\end{aligned}$$

$$\begin{aligned}g_y=&g_s-(6/5)\zeta_{CF}^2(1/E_1^2+1/E_3^2)-\zeta_{CF}^2/E_2^2+4\zeta_{CF}^2\zeta_{CF}'/(5E_2)(1/E_1+1/E_3)\\&+35k_{CF}'\zeta_{CF}'D_t(1/E_1^2-1/E_3^2)/3-k_{CF}'\zeta_{CF}'(35D_t-42D_\eta)(1/E_1^2-1/E_3^2)/6\\&+8\zeta_{CT}'k_{CT}'/(5E_n)\end{aligned}$$

$$\begin{aligned}g_z=&g_s-(6/5)\zeta_{CF}^2(1/E_1^2+1/E_3^2)-\zeta_{CF}^2/E_2^2+4\zeta_{CF}^2\zeta_{CF}'/(5E_2)(1/E_1+1/E_3)\\&+35k_{CF}'\zeta_{CF}'D_t(1/E_1^2-1/E_3^2)/3+8\zeta_{CT}'k_{CT}'/(5E_n)\end{aligned} \qquad (11\text{-}12)$$

能量分母 $E_i(i=1-6)$ 分别表示基态 $^6A_{1g}$ 与激发态 $^4T_{1g}[t_2^4(^3T_1)e]$，$^4T_{1g}[t_2^3(^2T_2)e^2(^3A_2)]$，$^4T_{1g}[t_2^2(^3T_1)e^3]$，$^4T_{2g}[t_2^4(^3T_1)e]$，$^4T_{2g}[t_2^3(^2T_1)e^2(^3A_2)]$和 $^4T_{2g}[t_2^2(^3T_1)e^3]$之间的能级差，可由立方八面体中 $3d^5$ 离子能量矩阵表示为[156]

$$E_1 \approx 10B+6C-10D_q,\ E_2 \approx 19B+7C,\ E_3 \approx 10B+6C+10D_q$$

$$E_4 \approx 18B+6C-10D_q,\ E_5 \approx 13B+5C,\ E_6 \approx 18B+6C+10D_q \tag{11-13}$$

E_n($\approx 30000[\chi(L)-\chi(M)]+56B/3$[105])是电荷转移激发态 $^6T_{1g}{}^n$ 与基态 $^6A_{1g}$ 的能量差。

11.1.4 应 用

在这部分，将利用前面不同对称性的八面体中 $3d^5$ 自旋哈密顿参量微扰公式，应用于氟钙钛矿 ABF_3 中的 Mn^{2+}中心和卤化钠 NaX 中的 Cr^+中心、$Bi_4Ge_3O_{12}$ 中的三角 Mn^{2+}中心和 TiO_2 中的斜方 Fe^{3+}中心，对其 EPR 实验结果和杂质局部结构进行理论分析。

11.1.4.1 立方对称：氟钙钛矿 ABF_3 中的 Mn^{2+}中心

掺杂 Mn^{2+}的氟钙钛矿 ABF_3（A=K 和 Cs；B=Zn，Mg，Cd 和 Ca）具有独特的光学性质，在力致发光、热致发光、光致发光、介电性能、纳米晶合成等方面具有广阔的应用前景，因而对该体系进行 EPR 研究意义重大[154]。Mn^{2+}在过渡族离子中属半满的 $3d^5$ 组态，在弱场和中间场中表现为轨道角动量淬灭的高自旋（S=5/2）轨道单重基态 $^6A_{1g}$，并对应于独特的 EPR 信号。前人已对 ABF_3：Mn^{2+}的 EPR 谱进行了测量，获得了自旋哈密顿参量的实验结果[157–160]，但对这些实验数据的理论解释尚待进一步完善和改进。

前人对八面体中 $3d^5$ 离子 g 因子的理论研究中，通常在传统晶体场模型公式基础上进行分析，只考虑到中心离子轨道和旋轨耦合贡献，而忽略了配体轨道和旋轨耦合的影响。同时，前人对超精细结构常数的分析也不够全面。更重要的是，前人工作大多只包含了与反键轨道相关的晶场机制的贡献，但是与成键轨道相关的电荷转移机制的影响则被忽略。上述处理是基于低对称（如三角和四角）畸变中 $3d^5$ 离子零场分裂 D 主要源于晶场机制的观点，即由于电荷转移能级相对较高而对零场分裂的贡献较小[12]。但是对 g 因子位移 $\Delta g(=g-g_s)$而言，由于轨道角动量完全淬灭，晶体中 $3d^5$ 离子的 g 因子与 g_s 很接近，Δg 很小，这时忽略电荷转移贡献可能会对 Δg 产生较大的相对误差。另一方面，前人通过拟合配体未配对自旋密度对超超精细结构参量进行了初步的分析（这些未配对自旋密度系作为调节参量），由于未能建立统一的理论模型和计算公式（即建立相关参数之间的内在联系），其理论处理也不尽完善。为了克服前人的不足，本工作考虑共价性以及配体轨道和旋轨耦合作用的贡献，利用基于离子簇模型的八面体中 $3d^5$ 离子自旋哈密顿参量微扰公式对上述 Mn^{2+}杂质中心的 EPR 谱进行理论分析，并同时包含晶场和电荷转移机制对 g 因子和超精细结构常数的贡献。

在掺 Mn^{2+}的 ABF_3（A=K 和 Cs；B=Zn，Mg，Cd 和 Ca）中，杂质将取代母体 B^{2+}，并与周围六个最近邻 F^-形成八面体$[MnF_6]^{4-}$基团。杂质 Mn^{2+}的离子半径 r_i（$\approx$80pm）与母体 B^{2+}的半径 r_h 对 Mg^{2+}、Zn^{2+}、Cd^{2+}和 Ca^{2+}分别为（74 pm，66 pm，97 pm 和 99 pm）有所不同，利用 $KZnF_3$、KMgF3、$KCdF_3$、$KCaF_3$ 和 $CsCdF_3$ 的母体键长 R_H（分别为 202.6 pm，199.4 pm，216.7 pm，218.8 pm 和 223.2 pm[116]）可计算出这几个体系中的杂质–配体间距（参考键长）R 并列于表 11-1。

利用参考距离 R 和 Slater 型自洽场波函数可计算出群重叠积分 S_t、S_e、S_s 和积分 A 的数值。根据 $KZnF_3$、$KMgF_3$ 和 $KCaF_3$ 掺 Mn^{2+}的光谱实验数据可得到对应体系的立方场参量 D_q 和共

表 11-1　ABF_3：Mn^{2+} 的杂质–配体间距 R（pm），群重叠积分，立方场参量（cm^{-1}）和平均共价因子，晶场和荷移机制对应的归一化因子和轨道混合系数以及旋轨耦合系数（cm^{-1}）、轨道缩小因子和偶极超精细结构参量（10^{-4} cm^{-1}）以及未配对自旋密度。

基 质	R	S_{dpt}	S_{dpe}	S_{ds}	A	D_q	N	λ_π^a	λ_σ^a
$KZnF_3$	205.6	0.0123	0.0432	0.0348	1.5257	822	0.853	0.420	0.342
$KMgF_3$	206.4	0.0119	0.0421	0.0339	1.5317	843	0.855	0.417	0.339
$KCdF_3$	2.082	0.0111	0.0398	0.0320	1.5450	800	0.856	0.415	0.337
$KCaF_3$	2.093	0.0106	0.0384	0.0309	1.5532	858	0.856	0.415	0.337
$CsCdF_3$	2.147	0.0086	0.0322	0.0259	1.5933	740	0.860	0.407	0.328
基 质	λ_s^a	λ_π^b	λ_σ^b	λ_s^b	N_t^a	N_e^a	N_t^b	N_e^b	ζ_{CF}
$KZnF_3$	0.132	–1.201	–1.128	–0.909	0.857	0.874	0.412	0.332	314
$KMgF_3$	0.126	–1.211	–1.152	–0.927	0.859	0.876	0.408	0.322	315
$KCdF_3$	0.135	–1.216	–1.126	–0.906	0.860	0.875	0.406	0.332	315
$KCaF_3$	0.135	–1.216	–1.126	–0.906	0.860	0.875	0.405	0.331	315
$CsCdF_3$	0.143	–1.237	–1.116	–0.898	0.863	0.875	0.397	0.334	315
基 质	ζ_{CF}'	ζ_{CT}'	k_{CT}'	P_{CF}	P_{CF}'	P_{CT}	P_{CT}'	f_s %	$(f_\sigma–f_\pi)$
$KZnF_3$	287	247	0.511	160	162	77	69	0.59	–0.39
$KMgF_3$	288	244	0.506	161	162	76	68	0.57	–0.39
$KCdF_3$	288	245	0.508	161	162	76	69	0.53	–0.40
$KCaF_3$	288	245	0.508	161	162	76	69	0.53	–0.40
$CsCdF_3$	288	244	0.504	161	163	74	68	0.52	–0.44

价因子 N。另外两种材料的 D_q 值可由关系式 $D_q \propto R^{-5}$ 估算，以及同一杂质–配体组合的共价性随键长的增大而略微减小来确定。由此求出与晶场和荷移机制相关的分子轨道系数 N_γ^x 和 λ_γ^x。利用自由 Mn^{2+} 离子的旋轨耦合系数 ζ_d^0($\approx$347cm^{-1})和偶极超精细耦合参量 P_0($\approx 187\times10^{-4}$ cm^{-1} [110])以及 F^- 的旋轨耦合系数 ζ_p^0($\approx$220cm^{-1})，可得到晶场和荷移机制的旋轨耦合系数、轨道缩小因子和偶极超精细结构参量等。上述结果列于表 11-1。由 Mn^{2+} 的自由离子值 $B_0 \approx 960$ 和 $C_0 \approx 3325$ cm^{-1} [18]可得到各体系的 Racah 参量和能量分母。根据 $\chi(Mn^{2+}) \approx 1.6$ 和 $\chi(F^-) \approx 3.2$[105]，可计算出电荷转移能级 E_n。芯区极化常数可由经验关系 $\kappa \approx -2\chi/(3 \langle r^{-3} \rangle)$ 确定，其中 χ 是中心离子原子核处的未配对自旋密度，$\langle r^{-3} \rangle$($\approx$4.25 a.u.)是 Mn^{2+} 的 3d 径向波函数三次方的期望值。由氟钙钛矿中 Mn^{2+} 的 $\chi \approx -3.10 \sim -3.18$ a.u.可估计 ABF_3：Mn^{2+} 的 $\kappa \approx 0.51$。在超超精细结构参量公式中，配体 F^- 的核参数为 $A_s^0 \approx 1.5000$ cm^{-1} 和 $A_p^0 \approx 0.1072$ cm^{-1} [161]。将这些数据代入前面正八面体中 $3d^5$ 离子自旋哈密顿参量微扰公式，所得的计算值(Cal. [b])列于表 11-2。为了说明电荷转移机制的贡献和本工作的改进，基于纯晶场机制的 g 因子和超精细结构常数以及基于前人拟合未配对自旋密度的超超精细结构参量(Cal. [a])也利于表 11-2。

表 11-2　ABF_3：Mn^{2+}的 g 因子位移、超精细结构常数和超超精细结构参量（10^{-4} cm^{-1}）。

		$KZnF_3$	$KMgF_3$	$KCdF_3$	$KCaF_3$	$CsCdF_3$
Δg	Cal.[a]	−0.0032	−0.0032	−0.0030	−0.0032	−0.0030
	Cal.[b]	−0.0002	−0.0003	−0.0001	−0.0002	~ 0
	Expt.[157−160]	−0.0002(5)	−0.0002(5)	−0.0008(5)	−0.0003(20)	0.0007(5)
A	Cal.[a]	−81.49	−81.66	−82.52	−83.16	−83.11
	Cal.[b]	−91.00	−91.10	−91.98	−92.70	−92.41
	Expt.[157−160]	−90.86	−91.0(5)	−92.6(9)	−93.1(9)	−91.37
A'	Cal.[a]	–	24.0	23.5	23.0	–
	Cal.[b]	23.26	22.8	20.4	20.2	19.5
	Expt.[157−160]	24.19(2)	23.9(5)	21.6	21.1	20.1
B'	Cal.[a]	–	12.8	11.7	11.5	–
	Cal.[b]	15.46	14.3	14.1	13.8	13.9
	Expt.[157−160]	15.05(7)	13.8(5)	12.9	12.7	13.5

注：a—基于仅考虑晶场机制贡献的 g 因子和超精细结构常数以及基于前人拟合未配对自旋密度的超超精细结构参量的计算值（Owen and Thornley，1966）。

b—基于同时考虑晶场和电荷转移机制贡献的计算值。

从表 11-2 中可以看出，同时考虑晶场和荷移贡献的 g 因子位移和超精细结构常数理论值（Cal. [b]）与实验符合较好，而仅考虑晶场机制贡献的 Δg 计算值（Cal. [a]）却几乎比实验大一个数量级。计算表明，电荷转移机制对 g 因子位移的贡献与晶场机制反号（为正），在数值上与后者相当，并很大程度上抵消掉后者而得到很小的 Δg。因此，尽管 ABF_3：Mn^{2+}体系的共价性较弱，但是电荷转移机制对 g 因子位移的影响仍然不容忽视，故应当予以考虑。事实上，由于 $3d^5$ 离子的轨道角动量淬灭，Δg 通常很小（一般在 10^{-3} 数量级），忽略电荷转移贡献可能引起 Δg 较大的相对误差。另外，传统晶场理论认为低对称下 $3d^5$ 离子的零场分裂主要来自晶场机制的贡献，电荷转移机制的影响近似可以忽略。但该观点未必适于立方时的 Δg 分析，因电荷转移机制对低对称下零场分裂的贡献源于三阶微扰项，而该机制对立方时 Δg 的贡献 Δg_{CT} 则主要来自二阶微扰项，所以不能简单地予以忽略。

电荷转移机制对超精细结构常数的贡献 A_{CT} 约为晶场机制贡献 A_{CF} 的 10%，且符号相同。从微扰公式可以看出，A_{CT} 敏感地依赖于偶极超精细结构参量 P_{CT} 和 P_{CT}'、轨道缩小因子 k_{CT}' 和旋轨耦合系数 ζ_{CT}'。与 g 因子不同的是，超精细结构常数受电荷转移机制的影响不是特别大，这是由于与芯区极化常数 κ 有关的各向同性部分占主导地位。尽管如此，考虑电荷转移机制仍然对 A 因子计算值有所改进。另外，ABF_3 中 Mn^{2+}的 EPR 数据显示，超精细结构常数在数值上总体随杂质–配体间距 R 的增大而增大。

未配对自旋密度 f_s 和 $f_\sigma - f_\pi$ 分别约为 0.5%和−0.4%，这与前人直接拟合 A'和 B'实验值的结果（0.5%~0.6%和 0.3%~0.6%）相差不远，因而可以认为是合理的。较小的超超精细结构参量可归因于较小的杂质–配体轨道混合系数和配体自旋转移。从 $KZnF_3$：Mn^{2+}到 $CsCdF_3$：Mn^{2+}，超超精细结构参量逐渐减小也可解释为随 R 增大所引起的轨道混合系数和配体自旋转移的下降。上述理论模型和计算方法也适用于其他氟化物中 $3d^5$ 离子超超精细结构参量的理论研究。

应当指出，上述计算存在一些误差。例如，所采用的理论模型和计算公式的近似会带来一定的误差。这里微扰计算所依据的离子簇模型只考虑了最近邻 6 个配体（即$[MnF_6]^{4-}$基团）的贡献，而点阵其余部分的影响则被忽略了。当离子簇（基团）近似与点阵无耦合或者点阵其余部分所产生的静电势能较平坦时，上述处理是合理的。当然，上述结果尚待进一步的理论和实验验证。

11.1.4.2　立方对称：NaX（X=F, Cl, Br）中的 Cr^+中心（金属到配体电荷转移）

NaX 是一种重要的化合物半导体。含 Cr^+等过渡离子的卤化钠晶体具有独特的发光和光电等特性，并在发光二极管、太阳能电池及其他光电元器件领域具有广阔的应用前景[162]。上述特性通常与 NaX 中过渡离子的局部结构性质相关，并可借助 EPR 谱进行研究。前人已在 EPR 实验中测量了 NaX 中 Cr^+中心的自旋哈密顿参量[163–165]，但对该实验结果的理论解释尚不太令人满意。

下面利用八面体中 $3d^5$ 离子自旋哈密顿参量微扰公式对 NaX 中立方 Cr^+中心的 g 因子和超精细结构常数进行分析。需要指出的是，对于 NaX：Cr^+，杂质为低价态，所发生的是从金属到配体的电荷转移，与前面体系从配体到金属的电荷转移有所不同，具体表现在 g 因子公式中的 Δg_{CT} 变为[162]

$$\Delta g_{CT}=-8\zeta_{CT}'k_{CT}'/(5E_n) \tag{11-14}$$

其余自旋哈密顿参量以及相关离子簇近似的参量与前面公式中相同。

NaX 中 Na^+周围有 6 个最近邻卤离子，阴阳离子间距对 X=F、Cl 和 Br 分别为 $R_H\approx231.0$ pm，282.03 pm 和 298.66 pm[117]。当杂质 Cr^+进入 NaX 晶格后，由于具有相同的价态而占据母体 Na^+位置。根据杂质 Cr^+和母体 Na^+的离子半径 $r_i\approx81$pm 和 $r_h\approx97$pm，可由关系式 $R\approx R_{H+}(r_i-r_h)/2$ 计算出杂质–配体间距 R，并列于表 11-3。利用 NaX 中等电子 Mn^{2+}和 Fe^{3+}的谱学参量可得到上述 Cr^+中心的立方场参量 D_q 和共价因子 N 并列于表 11-3。由此计算出晶场和荷移机制分别对应的分子轨道系数，也列于该表中。

表 11-3　NaX：Cr^+(X=F, Cl, Br)中的杂质–配体间距、群重叠积分、立方场参量（cm^{-1}）和共价因子、晶场和电荷转移机制分别对应的归一化因子、轨道混合系数以及旋轨耦合系数（cm^{-1}）、轨道缩小因子和偶极超精细结构参量（10^{-4} cm^{-1}）

晶体	R	S_π	S_σ	S_s	A	D_q	N	λ_π^a	λ_σ^a
NaF	2.23	0.0089	0.0336	0.0270	1.6549	550	0.95	0.220	0.180
NaCl	2.7403	0.0093	0.0332	0.0169	1.3844	500	0.94	0.248	0.167
NaBr	2.9066	0.0079	0.0303	0.0138	1.3103	480	0.80	0.519	0.213
晶体	λ_s^a	λ_π^b	λ_σ^b	λ_s^b	N_t^a	N_e^a	N_t^b	N_e^b	ζ_{CF}
NaF	0.138	–2.581	–1.842	–1.482	0.967	0.981	0.131	0.156	225
NaCl	0.114	–2.301	–1.959	–1.966	0.956	0.964	0.159	0.116	235
NaBr	0.124	–2.050	–1.604	–1.164	0.946	0.954	0.193	0.206	257
晶体	ζ'_{CF}	ζ_{CT}	k_{CF}	k_{CF}'	k_{CT}'	P_{CF}	P_{CF}'	P_{CT}	P_{CT}'
NaF	217	86	0.980	0.923	0.279	–28	–28	–5	–4
NaCl	204	121	0.975	0.907	0.387	–28	–28	–6	–6
NaBr	119	250	0.900	0.671	0.619	–23	–24	–15	–15

根据 Cr^+ 的自由离子值 $B_0 \approx 830$ cm^{-1} 和 $C_0 \approx 3430$ cm^{-1} [18]，可得到 Racah 参量 B 和 C 以及能量分母。利用自由 Cr^+ 的旋轨耦合系数 ζ_d^0(≈ 230 cm^{-1}[18])和偶极超精细结构参量 P_0($\approx -29.5\times10^{-4}$ cm^{-1} [110])以及配体 F^-、Cl^- 和 Br^- 的旋轨耦合系数 ζ_p^0($\approx$220、587 和 2460 cm^{-1} [106])，可计算出晶场和荷移机制分别对应的旋轨耦合系数、轨道约化因子和偶极超精细结构参量。这些数值均列于表 11-3。考虑到各体系超精细结构常数平均值的差异，芯区极化常数对 NaF、NaCl 和 NaBr 分别取 $\kappa \approx 0.47$、0.62 和 0.47。已知 NaCl: Cr^+ 的电荷转移能级 $E_n \approx 8900$ cm^{-1} [165]，根据光谱化学序列可近似估计 NaF 和 NaBr 的 E_n 分别为 9600 和 7450 cm^{-1}。对配体 F^-、Cl^- 和 Br^-，核参量 A_s^0 分别为 15000、1570 和 7815×10^{-4} cm^{-1}，A_p^0 分别为 1072、42.75 和 232×10^{-4}cm^{-1}。将上述参数代入八面体中 $3d^5$ 离子自旋哈密顿参量微扰公式（金属到配体电荷转移），所得到的计算值列于表 11-4。另外，本工作的未配对自旋密度（Cal. [a]）以及前人基于拟合超超精细结构参量实验值得到的未配对自旋密度（Cal.[b]）也列于此表。

表 11-4　NaX: Cr^+(X=F，Cl，Br)的 g 因子位移、超精细结构常数和超超精细结构参量(10^{-4} cm^{-1})以及未配对自旋密度(%)。

		NaF	NaCl	NaBr
Δg	Cal.	−0.0030	−0.0053	−0.0180
	Expt.[161,163–165]	−0.0023(2) −0.0013(10)	−0.0043(1)	−0.0183
A	Cal.	13.8	18.2	12.3
	Expt. [161,163–165]	14.0(5)	18.3(10)	—
A'	Cal.	16.2	—	—
	Expt. [161,163–165]	15.5(5)	—	—
B'	Cal.	10.6	—	—
	Expt. [161,163–165]	11.0(5)	—	—
f_s	Cal.[a]	0.49	0.42	—
	Cal.[b]	0.48(2)[161,163]	0.41(1)[161,163]	—
$(f_\sigma - f_\pi)$	Cal.[a]	−0.08	−1.5	—
	Cal.[b]	−0.54(30)[161,163]	−0.6(6)[161,163]	—

注：a—基于本工作的未配对电子自旋密度计算值。

b—前人直接拟合超超精细结构参量实验值的未配对电子自旋密度。

从表 11-4 可以看出，基于同时考虑晶场和电荷转移机制贡献的 NaX: Cr^+ 自旋哈密顿参量计算值与实验符合较好，但基于纯晶场机制贡献的 Δg 和超精细结构常数则在数值上比实验明显偏小。

（1）对 NaX: Cr^+，电荷转移机制对 g 因子位移的贡献 Δg_{CT} 与晶场机制的贡献同号，且数值上比后者大得多（比率 $\Delta g_{CT}/\Delta g_{CF}$ 对 X=F、Cl 和 Br 分别为 2、4 和 12 倍），说明电荷转移机制对 Δg 的贡献随配体共价性和旋轨耦合系数增大而迅速增大，故仅考虑晶场机制贡献的 Δg_{CF} 绝对值比实验小得多。值得注意的是，这里的电荷转移系从金属到配体的转移，与前面从配体到金属的转移有所不同，因而 Δg_{CT} 的符号也不同。这是由于 Cr^+ 的价态和电负性都很低，它在电负性很大的卤八面体中倾向于把电子转移给卤离子。

（2）对超精细结构常数而言，电荷转移机制的贡献也与晶场机制同号，但数值上比后者更小（比率 A_{CT}/A_{CF} 对 X=F、Cl 和 Br 分别为 3%、5%和 12%），故电荷转移机制对 A 因子的贡献也随配体共价性增强而增大，只是其敏感程度不如 Δg。这是因为超精细结构常数主要源于芯区极化常数相关的各向同性贡献，而对配体轨道和电荷转移机制依赖性不强。尽管如此，包含电荷转移机制贡献对 A 因子计算值仍然有所改进。

（3）NaF：Cr^+的超超精细结构参量计算值与实验较符合，但 A'与 B'之间的差值相比实验略微偏大，说明计算中的各向异性贡献略微偏大。本工作的计算是基于统一的理论模型，即配体未配对自旋密度由离子簇模型通过相关的分子轨道系数从理论上求得，而不同于前人将之作为调节参量去拟合两个超超精细结构参量实验值。由于缺乏实验数据的对照，NaCl：Cr^+和 NaBr：Cr^+的超超精细结构参量理论值还有待进一步的验证。

11.1.4.3　三角对称：$CsMgCl_3$ 中的 Mn^{2+}中心

$CsMgCl_3$ 具有上转换发光等重要性质而受到关注。对于掺 Mn^{2+}的 $CsMgCl_3$，由于杂质的半径 $r_i \approx 80$pm[117]比母体 Mg^{2+}的半径 $r_h \approx 66$pm[117]更大，有效杂质–配体间距 R 可由母体 Mg^{2+}–Cl^-间距 R_H($\approx$249.6pm)借助经验公式 $R \approx R_H+(r_i-r_h)/2$ 估计，即 $R \approx 254.5$pm。由此可算出该杂质中心的群重叠积分并列于表 11-5。相应谱学参量 D_q，B 和 C 可由类似 $CsMnCl_3$ 的光谱实验数据得到(表 11-5)。由前面的离子簇近似公式可得到分子轨道系数 N_γ 和 λ_γ，并列于表 11-5。利用自由 Mn^{2+}的旋轨耦合系数($\zeta_d^0 \approx 347$ cm^{-1} [18])和偶极超精细结构参量($P_0 \approx 187 \times 10 cm^{-1}$ [110])，以及配体氯的旋轨耦合系数($\zeta_p^0 \approx 587$ cm^{-1} [106])，可得到旋轨耦合系数 ζ，ζ'，轨道约化因子 k，k'以及偶极超精细结构参量 P 和 P'，并列于表 11-5。

表 11-5　$CsMgCl_3$ 中三角 Mn^{2+}中心的杂质–配体间距 R(pm)，群重叠积分，谱学参量 D_q，B 和 $C(cm^{-1})$，分子轨道系数 N_γ 和 λ_γ 以及自由 Mn^{2+}的旋轨耦合系数(cm^{-1})和偶极超精细结构参量($10^{-4}cm^{-1}$)。

R	$S_{dp}(t_{2g})$	$S_{dp}(e_g)$	D_q	B	C	N_t	N_e	λ_t	λ_e	B_0	C_0	ζ_0	P_0
254.5	0.012	0.040	640	840	3220	0.961	0.969	0.210	0.224	960	3325	347	0.0187

芯区极化常数由经验公式 $\kappa \approx -2\chi/(3\langle r^{-3}\rangle)$估计，其中 Mn^{2+}的$\langle r^{-3}\rangle \approx 4.250$ a.u.，$CdCl_2$：Mn^{2+}中类似三角$[MnCl_6]^{4-}$基团的 $\chi \approx -2.78$a.u.，由此得到 $\kappa \approx 0.436$。

三角场参量可由重叠模型表示为

$$V=(18/7)\bar{A}_2(R)(3\cos^2\beta-1)+(40/21)\bar{A}_4(R)(35\cos^4\beta-30\cos^2\beta+3)$$
$$+(40\sqrt{2}/3)\bar{A}_4(R)\sin^3\beta\cos\beta$$
$$V'=(-6\sqrt{2}/7)\bar{A}_2(R)(3\cos^2\beta-1)+(10\sqrt{2}/21)\bar{A}_4(R)(35\cos^4\beta-30\cos^2\beta+3)+(20/3)$$
$$\bar{A}_4(R)\sin^3\beta\cos\beta \qquad (11\text{-}15)$$

其中局部键角 β 为杂质配体键与 C_3 轴的夹角。体系的三角畸变可用局部键角与立方时键角 β_0($\approx$54.74°)的差别$|\beta-\beta_0|$表征。由于杂质和母体离子的尺寸失配，局部键角 β 通常与纯 $CsMgCl_3$ 中的母体键角 β_{H}($\approx$51.71°[5])不同。对于八面体中的 $3d^5$ 离子，可采用关系式 $\bar{A}_4(R)$

$\approx(3/4)D_q$ 和 $\bar{A}_2(R)\approx 12\,\bar{A}_4(R)$[103]。

将上述参数代入三角畸变八面体中 $3d^5$ 离子自旋哈密顿参量的微扰公式，并拟合 D 的计算值与实验相符合，得到局部键角 $\beta\approx 57.18°$，对应的自旋哈密顿参量（Cal. ᵇ）与实验的比较列于表 11-6。为了分析杂质局部角度畸变的影响，基于母体键角 β_H 的计算值（Cal. ᵃ）也列于此表中。

表 11-6　$CsMgCl_3$ 中三角 Mn^{2+} 中心的自旋哈密顿参量

		$D/10^{-4}\ cm^{-1}$	$g_{//}$	$g_{\perp}$	$A_{//}/10^{-4}\ cm^{-1}$	$A_{\perp}/10^{-4}\ cm^{-1}$
Mn^{2+}	Cal. ᵃ	−209	2.0020	2.0020	−79	−79
	Cal. ᵇ	303	2.0020	2.0020	−79	−79
	Expt.[106]	305(4)	2.0017(4)	2.0016(4)	−80(1)	−80(1)

注：a—基于母体键角 β_H 的计算值。
b—基于局部键角 β 的计算值。

从表 11-6 可以看出，基于局部键角 β 的自旋哈密顿参量理论值与实验符合很好，但基于母体键角 β_H 的结果却偏差较大，特别是零场分裂 D 的符号甚至与实验值相反。可见，对于杂质 Mn^{2+} 中心，局部键角 β 更适于解释其 EPR 实验结果。

（1）局部键角 $\beta(\approx 57.18°\geqslant\beta_H)$ 与前人基于 EPR 分析的结果定性地一致[6]，反映出杂质中心发生了较大的三角压缩畸变。上述局部键角 β 的合理性可进一步由零场分裂 D 与对应的自旋晶格耦合系数 G_{44} 的关系来说明。对于八面体中的 $3d^n$ 离子[31]有

$$G_{44}\approx-\frac{\sqrt{2}D}{6(\beta-\beta_0)} \tag{11-16}$$

将上述局部键角 β 以及零场分裂 D 代入上式可得到 $G_{44}(Mn^{2+})\approx -0.17$，该数值与类似 $KMgF_3$：Mn^{2+} 体系的实验值($\approx -0.09(2)cm^{-1}$)较接近，因而可以认为是合理的。

（2）$CsMgCl_3$ 中$[MgCl_3^-]_n$链之间结合较松散，易于发生畸变以容纳杂质离子[106]，即通过弯曲相邻杂质–配体键而发生的极小点阵畸变可导致局部键角 β 的显著改变。这样，杂质 Mn^{2+} 中心相对母体时明显的角度变化 $\Delta\beta(\approx\beta-\beta_H)$ 可归因于较大的杂质 Mn^{2+} 取代较小的母体阳离子 Mg^{2+} 所引起的局部沿三次轴方向的应力，通过增大局部键角可很大程度上缓解上述局部应力以维持体系的稳定。

11.1.4.4　斜方对称：TiO_2 中的 Fe^{3+} 中心

金红石(TiO_2)晶体具有独特的光催化、电致发光和光吸收等性质，并被广泛应用于固态光伏太阳能电池、气敏传感器，自清洁涂层、光除菌以及透明铁磁半导体等领域，尤其是当掺入过渡离子（Fe，Cr 和 Mn 等）时具有奇异的性能，这主要是因为过渡离子未满的 3d 壳层可对应丰富的电子跃迁[156]。上述性能和应用通常取决于过渡离子杂质在金红石中的电子态和局部结构，并可借助 EPR 谱进行研究。前人用 EPR 技术测量了金红石 TiO_2 中 Fe^{3+} 的各向异性 g 因子和零场分裂[166]，但在理论解释方面相对不足。前人通常基于简单的 g 公式进行分析，有的虽考虑了配体轨道和旋轨耦合作用对 g 因子的贡献，但很少包含电荷转移机制的影响。这

里采用前面斜方畸变八面体中 $3d^5$ 离子自旋哈密顿参量微扰公式对该杂质中心的 EPR 谱进行理论分析，并考虑晶场和荷移机制对 g 因子和超精细结构常数的贡献，在满意解释自旋哈密顿参量实验结果的基础上获得杂质局部结构信息。

金红石中母体 Ti^{4+} 处于一个轻微斜方(D_{2h})畸变的氧八面体中心，有两个较长的键 $R_{//}$(≈198.8 pm)平行于[001](或 C_2)轴，四个垂直方向上较短的键 $R_{\perp}$(≈194.4 pm)，以及平面上相对[$\bar{1}$10](或 X)轴的键角 φ(≈40.44°)。当杂质 Fe^{3+} 掺入 TiO_2 后，由于杂质与被替代的母体 Ti^{4+} 存在尺寸和电荷失配，杂质局部环境将与母体 Ti^{4+} 位置有所不同。为了方便起见，可用参考（平均）键长 R 和轴向伸长 ΔZ 表示平行和垂直于[001]轴的杂质–配体键长（图 11-2）：

$$R_{//}'\approx R+2\Delta Z,\quad R_{\perp}'\approx R-\Delta Z \tag{11-17}$$

同时[$\bar{1}$10]平面上的键角可用母体键角 φ 和平面角度畸变 $\Delta\varphi$ 表示为

$$\varphi'\approx\varphi+\Delta\varphi \tag{11-18}$$

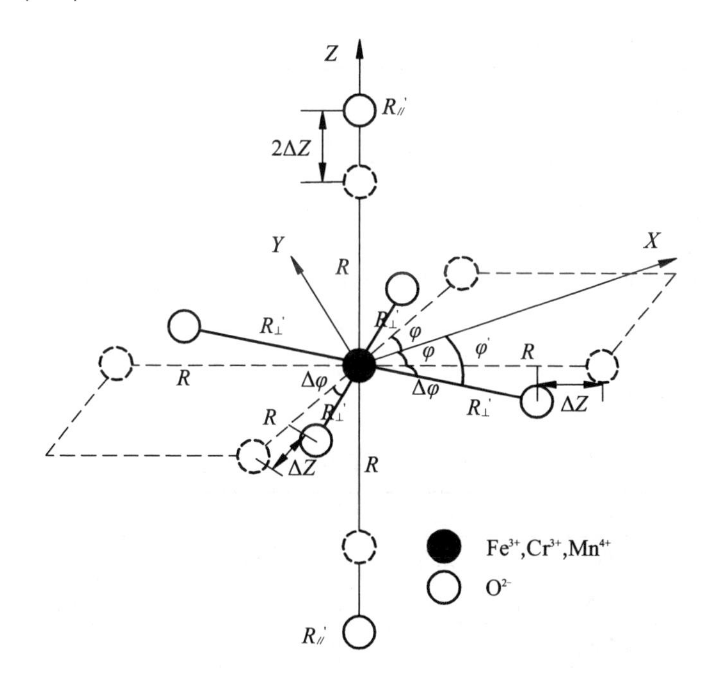

图 11-2　金红石 TiO_2 中斜方 Fe^{3+} 中心的局部结构

根据该中心的局部几何关系和重叠模型，斜方场参量可表示为

$$D_s\approx-(4/7)\,\bar{A}_2(R)\,[(R/R_{\perp}')^3-(R/R_{//}')^3]$$

$$D_{\xi}\approx-(4/7)\,\bar{A}_2(R)\,(R/R_{\perp}')^3\cos2\varphi'$$

$$D_t\approx(4/21)\,\bar{A}_4(R)\,[(7\cos4\varphi'+3)(R/R_{\perp}')^5+4(R/R_{//}')^5]$$

$$D_{\eta}\approx-(20/21)\,\bar{A}_4(R)\,(R/R_{\perp}')^5\cos2\varphi' \tag{11-19}$$

其中相关的重叠模型参量定义同前。参考键长取为 Ti^{4+} 位置的平均键长，即 $R=\bar{R}=(R_{//}+2R_{\perp})/3\approx195.9$pm[156]。对于八面体中的 $3d^n$ 离子，仍取 $\bar{A}_4(R)\approx(3/4)D_q$，$\bar{A}_2(R)\approx10.8\,\bar{A}_4(R)$[156]。

利用参考键长R,群重叠积分可借助Slater型SCF波函数计算得到:$S_t \approx 0.0199$,$S_e \approx 0.0600$,$S_s \approx 0.0482$,$A \approx 1.2884$。利用氧化物中 Fe^{3+}的光谱实验数据，可得到光谱参量 D_q 和 N（表 11-7）。采用前面的离子簇近似公式，可计算出晶场和荷移机制分别对应的分子轨道系数。利用自由 Fe^{3+}的 Racah 参量 $B_0 \approx 1130$ cm^{-1} 和 $C_0 \approx 4111$cm^{-1} [18]，可得到杂质中心的 Racah 参量以及微扰公式中的能量分母。由自由离子值 $\zeta_d^0(Fe^{3+}) \approx 500$ cm^{-1} 和 $\zeta_p^0(O^{2-}) \approx 151$ cm^{-1}[135]可求出晶场和荷移机制分别对应的旋轨耦合系数和轨道缩小因子（表 11-7）。八面体$[FeO_6]^{9-}$基团的电荷转移能级 E_n 可由光电负性数值 $\chi(O^{2-}) \approx 3.5$ 和 $\chi(Fe^{3+}) \approx 1.9$[105]求得。

表 11-7　TiO_2 金红石中 Fe^{3+}中心的群重叠积分，立方场参量（cm^{-1}）和共价因子，归一化因子和轨道混合系数，自旋轨道耦合系数（cm^{-1}），轨道缩小因子和偶极超精细结构参数（10^{-4} cm^{-1}）

D_q	N	N_t^a	N_e^a	λ_t^a	λ_e^a	λ_s^a	N_t^b	N_e^b	λ_t^b
1350	0.85	0.857	0.881	0.428	0.353	0.284	0.420	0.489	−1.185
λ_e^b	λ_s^b	ζ_{CF}	ζ_{CF}'	k_{CF}	k_{CF}'	ζ_{CT}'	k_{CT}'		
−0.828	−0.665	441	425	0.936	0.735	378	0.556		

将上述参量代入斜方畸变八面体中 $3d^5$ 离子自旋哈密顿参量微扰公式，拟合零场分裂理论值与实验相符合可得到优化的杂质 Fe^{3+}中心的局部畸变参量为

$$\Delta Z \approx 22 \text{ pm},\quad \Delta\varphi \approx 4.31^\circ \tag{11-20}$$

相应的计算结果(Calc. c)与实验的对照列于表 11-8 中。为了体现电荷转移贡献对 g 因子和超精细结构常数以及局部点阵畸变对零场分裂的影响，基于 TiO_2 中母体 Ti^{4+}位置结构数据($R_{//}$，$R_\perp$和 φ)并考虑荷移贡献的结果(Calc. a)和基于上述局部畸变但忽略荷移机制(即仅考虑晶场机制)的结果(Calc. b)也列于此表。

表 11-8　金红石 TiO_2 中 Fe^{3+}中心的零场分裂 D 和 E(10^{-4} cm^{-1})以及 g 因子

中　心		D	E	g_x	g_y	g_z
Fe^{3+}	Calc. a	−3005	2807	2.003	1.999	2.001
	Calc. b	6578	699	1.989	1.989	1.977
	Calc. c	6578	699	1.997	1.997	1.985
	Expt.[166]	6578(2)	699(5)	2.000(20)	2.000(20)	2.000(20)

注：a— 基于 TiO_2 母体中 Ti^{4+}位置结构数据并考虑荷移机制对 g 和 A 因子贡献的计算值。
b—基于局部畸变参数 ΔZ 和 $\Delta\varphi$ 但忽略荷移机制对 g 和 A 因子贡献的计算值。
c—基于局部畸变参数且考虑荷移机制对 g 和 A 因子贡献的计算值。

（1）杂质中心 EPR 谱的特性可做如下讨论。轴向伸长量 ΔZ 与斜方（角度）畸变量 $\delta\varphi$ 异号，对应于正的 D 和 E。表 11-9 中列出了由实验值得到的相对母体零场分裂之差$|\Delta F|$较大，与杂质 Fe^{3+}中心较大的轴向畸变 ΔZ 相一致。另一方面，相对母体零场分裂之和$|\Delta G|$为中等大小，这又与拟合得到的中等大小的垂向（角度）畸变量 $\Delta\varphi$ 相符合。此外，E 的大小（绝对值）近似与畸变角度相对标准立方时差值 $\delta\varphi$（绝对值）对应，即 $Fe^{3+}(3d^5)$很小的 $\delta\varphi$ 对应于很小的 E 值。

表 11-9 局部畸变参量[ΔZ(pm)和 $\Delta\varphi$(°)]，母体离子和杂质之间的半径差 δr(pm)，斜方角度畸变 $\delta\varphi$，杂质中心 D 和 E 相对基于母体结构参数的结果(D_H 和 E_H)的轴向和垂向相对变化量 ΔF 和 ΔG（零场分裂相关的参量单位均为 10^{-4} cm^{-1}）

	ΔZ	$\Delta\varphi$	δr	$\delta\varphi^*$	D	E	D_H	E_H	ΔF^*	ΔG^*
Fe^{3+}	22	4.31	4	−0.25	6578	699	−3005	2807	11691	7475

注：* $\delta\varphi=\varphi'-\pi/4$，$\Delta F=|(D-D_H)-(E-E_H)|$，$\Delta G=|(D-D_H)+(E-E_H)|$。

（2）关于杂质局部结构可做如下讨论。通常认为，杂质–母体离子尺寸失配度 δr 是导致局部伸长或压缩的主要原因，而杂质与母体离子电荷失配引起的局部静电相互作用改变则主要导致角度变化。这样可粗略分析拟合得到的局部结构参量的合理性。从表中尺寸失配度 δr 的符号可以看出，杂质 Fe^{3+}中心的 $\delta r>0$，表现为局部伸长，揭示了杂质–母体离子尺寸失配对局部畸变的贡献。对于较母体阳离子价态更低且半径更大的杂质 Fe^{3+}，电荷失配引起杂质–配体相互作用较母体时减弱，但较大的尺寸失配将导致局部晶格趋于紧致，故在一定程度上缓解了电荷失配引起的局部松弛，最终仅引起较小的局部松弛。

（3）基于 g 和 A 因子公式，Fe^{3+}中心电荷转移机制对 g 位移的贡献 Δg_{CT} 与对应晶场机制贡献 Δg_{CF} 反号，且比后者大 43%。因此，对于金红石这种高价态氧化物中三价铁的 g 因子分析应当考虑电荷转移机制的贡献。

11.2 四面体中的 $3d^5$ 离子

前人对四面体中 $3d^5$ 离子 g 因子的理论分析大多基于传统的晶场机制公式，虽然对共价性和配体贡献有所考虑，但忽略了电荷转移机制的贡献。该近似对氧化物等体系中的 Mn^{2+}较适用，这是因为 Mn^{2+}主要表现为离子性，而配体的共价性和旋轨耦合作用也不明显，对应的电荷转移能级相对较高，因而忽略电荷转移贡献不会引起很大误差。但是对于Ⅱ~Ⅵ半导体（特别是 ZnSe 和 ZnTe 等）中的 Fe^{3+}，则具有显著的共价性，且配体共价性和旋轨耦合作用也很明显，电荷转移能级也较低，此时应当考虑电荷转移机制对 g 因子的贡献。事实上，随着配体原子序数的增加，同主族阴离子与中心离子之间的电荷转移效应会更加明显，而对应的电荷转移能级也逐渐降低，导致更加显著的电荷转移贡献。为了克服前人工作的不足并更好地研究半导体中 $3d^5$ 离子的 EPR 谱，本工作从离子簇近似出发，建立包含晶场和电荷转移机制下四面体中的单电子波函数，然后用微扰方法得到四面体中 $3d^5$ 离子自旋哈密顿参量微扰公式，并在离子簇近似基础上建立相关分子轨道系数的表达式。

11.2.1 立方对称

立方四面体中 $3d^5$ 离子的基态为轨道无简并的 $^6A_1$。在微扰计算中，需要建立基态和相应的晶场和电荷转移激发态波函数。为了方便起见，可将这些状态写为 t_2^a、t_2^b 和 e^n 形式的十一电子波函，其中上标 a、b 和 n 分别代表反键轨道（对应于晶场机制）、成键轨道（对应于电

荷转移机制）和非键轨道。这样，基态 $^6A_1$ 可表示为[153]

$$|^6A_1\frac{5}{2}a_1\rangle=[\xi^+\eta^+\zeta^+\theta^+\varepsilon^+|\xi^+\xi^-\eta^+\eta^-\zeta^+\zeta^-] \quad (11\text{-}21)$$

上式右边的方括弧中，左栏的希腊字母(ξ, η, ζ 和 θ, ε)表示 t_2^{a} 和 e^{n} 轨道，右栏的(ξ, η 和 ζ)表示 t_2^{b} 轨道。只有两个配体到金属电荷转移(LMCT)激发态$(t_2^{\mathrm{a}})^3(e^{\mathrm{n}})^3(t_2^{\mathrm{b}})^5$(或 $^6T_1^{\mathrm{n}}$)和$(t_2^{\mathrm{a}})^4(e^{\mathrm{n}})^2(t_2^{\mathrm{b}})^5$(或 $^6T_1^{\mathrm{a}}$)与基态 $^6A_1$ 之间存在非零的旋轨耦合相互作用。这样，电荷转移激发态 $^6T_1^{\mathrm{n}}$ 和 $^6T_1^{\mathrm{a}}$ 的 z 分量（对应于最大自旋磁量子数 M_S=5/2）可写为[153]

$$|^6T_1^{\mathrm{n}}\frac{5}{2}z\rangle=[\xi^+\eta^+\zeta^+\theta^+\varepsilon^+\varepsilon^-|\,\xi^+\xi^-\eta^+\eta^-\zeta^+]$$

$$|^6T_1^{\mathrm{a}}\frac{5}{2}z\rangle=-\frac{1}{\sqrt{2}}\{[\xi^+\xi^-\eta^+\zeta^+\theta^+\varepsilon^+|\xi^+\xi^-\eta^+\zeta^+\zeta^-]+[\xi^+\eta^+\eta^-\zeta^+\theta^+\varepsilon^+|\xi^+\eta^+\eta^-\zeta^+\zeta^-]\} \quad (11\text{-}22)$$

采用 Macfarlane 强场微扰方法，将微扰哈密顿作用于基态和有关激发态的波函，可得到考虑 LMCT 贡献的 g 因子微扰公式[168]：

$$\Delta g=g-g_s=\Delta g_{\mathrm{CF}}+\Delta g_{\mathrm{CT}}$$

$$\Delta g_{\mathrm{CF}}=-5\zeta_{\mathrm{CF}}'^2(1/E_1^2+1/E_3^2)/6-\zeta_{\mathrm{CF}}^2/E_2^2+4\zeta_{\mathrm{CF}}'\zeta_{\mathrm{CF}}(1/E_1+1/E_3)/(5E_2)$$

$$\Delta g_{\mathrm{CT}}=(4/5)(k_{\mathrm{CT}}\zeta_{\mathrm{CT}}/E_{\mathrm{n}}-k_{\mathrm{CT}}'\zeta_{\mathrm{CT}}'/E_{\mathrm{a}}) \quad (11\text{-}23)$$

这里 E_1，E_2 和 E_3 分别为基态 $^6A_1$ 与晶场激发态 $^4T_1[t_2^4(^3T_1)e]$，$^4T_1[t_2^3(^2T_2)e^2(^3A_2)]$和 $^4T_1[t_2^2(^3T_1)e^3]$之间的能级差。它们可表示为立方场参量 D_{q} 和晶体中 $3d^5$ 离子的 Racah 参量 B 和 C 的线性组合[168]：

$$E_1\approx 10B+6C-10D_{\mathrm{q}}$$

$$E_2\approx 19B+7C$$

$$E_3\approx 10B+6C+10D_{\mathrm{q}} \quad (11\text{-}24)$$

E_{n} 和 E_{a} 是基态 $^6A_1$ 与 LMCT 电荷转移激发态 $^6T_1^{\mathrm{n}}$ 和 $^6T_1^{\mathrm{a}}$ 之间的能级间距：

$$E_{\mathrm{n}}\approx 30000[\chi(\mathrm{L})-\chi(\mathrm{M})]+56B/3-10D_{\mathrm{q}}$$

$$E_{\mathrm{a}}\approx E_{\mathrm{n}}-10D_{\mathrm{q}}$$

上述公式中，晶场和荷移机制对应的分子轨道系数和旋轨耦合系数等参量的表达式与前面四面体中 d^7 和 d^2 离子的情形相同，这里省略。

11.2.2 三角对称

当正四面体沿三次轴发生畸变时，体系对称性会从立方降为三角（C_{3v}），能级会进一步分裂，并产生零场分裂和 g 因子的各向异性。

如前所述，强共价体系中 $3d^5$ 离子电荷转移机制的影响不容忽视。基于离子簇近似且考虑配体轨道和旋轨耦合贡献，此时晶场机制下单电子波函数、归一化条件，反键轨道近似关系以及旋轨耦合系数等公式保持不变，故不再累述。利用 Macfarlane 微扰圈图法，将包含纯三角晶场的微扰哈密顿量作用于前面的四面体基态 $^6A_1$ 基态波函数可得到包含晶场和荷移机制的三角畸变四面体中 $3d^5$ 离子自旋哈密顿参量的微扰公式为[169]

$$D = D^{\text{CF}} + D^{\text{CT}}$$
$$g_{//} = g_s + \Delta g_{//}{}^{\text{CF}} + \Delta g_{//}{}^{\text{CT}}$$
$$g_{\perp} = g_s + \Delta g_{\perp}{}^{\text{CF}} + \Delta g_{\perp}{}^{\text{CT}}$$

其中晶场和荷移各自的贡献分别为

$$\begin{aligned}
D^{\text{CF}} =\ & (1/10)V\zeta'^2_{\text{CF}}\left(1/E_1^2 - 1/E_3^2\right) + (3\sqrt{2}/10)V'\zeta_{\text{CF}}\zeta'_{\text{CF}}\left[1/(E_1E_2) - 1/(E_2E_3)\right] \\
& + V\left\{\zeta'^2_{\text{CF}}C_1\left(1/E_1 - 1/E_3\right)/(5E_1E_3) - \zeta_{\text{CF}}\zeta'_{\text{CF}}B_1\left(1/E_1^2 - 1/E_3^2\right)/(5E_2)\right. \\
& + \zeta_{\text{CF}}\zeta'^2_{\text{CF}}\left[-\left(1/E_1^2 + 1/E_3^2\right)/(20E_2) + 3/(20E_1E_2E_4) - 1/(10E_1E_2E_5)\right. \\
& \left. + 2/(5E_1E_2E_7) + 2/(5E_2E_3E_7)\right] - \zeta^2_{\text{CF}}\zeta'_{\text{CF}}/(10E_1E_2E_5) \\
& \left. - \zeta^3_{\text{CF}}\left[1/\left(10E_2^2E_5\right) + 1/\left(5E_2^2E_7\right)\right]\right\} + \sqrt{2}V'\left\{\zeta'^3_{\text{CF}}\left[3/(20E_1E_2E_3)\right.\right. \\
& \left. + 3\left(1/E_1^2 - 1/E_3^2\right)/(20E_5) - \left(3/(E_1E_3) + 1/E_1^2 + 1/E_3^2\right)/(10E_8)\right] \\
& + (\zeta^2_{\text{CF}}\zeta'_{\text{CF}}/E_2)\left[-3/(40E_2E_3) + 3/(20E_1E_5) + 3\left(1/E_4 + 1/E_6\right)/(40E_2) - 3/(20E_3E_5)\right] \\
& \left. - 9\zeta'^2_{\text{CF}}B_1\left(1/E_1 + 1/E_3\right)/\left(5E_1^2\right) - 3\zeta_{\text{CF}}\left(\zeta'_{\text{CF}}C_4/E_1 - 3\zeta_{\text{CF}}B_4\right)/(10E_2E_3)\right\} \\
& - V^2\left\{\zeta^2_{\text{CF}}\left[4/(15E_7) + 1/(30E_5)\right]/E_2^2 + \left(\zeta'^2_{\text{CF}}/20\right)\left[1/\left(E_1^2E_4\right) + 1/\left(E_3^2E_6\right)\right]\right\} \\
& + V'^2\left\{\zeta^2_{\text{CF}}[\left(1/E_4 + 1/E_6\right)/\left(40E_2^2\right) + \zeta'^2_{\text{CF}}\left[\left(1/E_1^2 + 2/(E_1E_3) + 1/E_3^2\right)/(10E_8)\right.\right. \\
& \left.\left. + 3\left[1/E_1^2 - 1/(E_1E_3) + 1/E_3^2\right]/(20E_5) + \left(2/(E_1E_3) + 1/E_1^2 + 1/E_3^2\right)/(5E_9)\right]\right\} \\
& + \sqrt{2}VV'\zeta_{\text{CF}}\zeta'_{\text{CF}}\left[1/(E_1E_4) - 2/(E_1E_5) + 2/(E_3E_5) + 1/(E_3E_6)\right]/(10E_2)
\end{aligned}$$

$$\begin{aligned}
\Delta g_{//}{}^{\text{CF}} =\ & -5\zeta'^2_{\text{CF}}\left(1/E_1^2 + 1/E_3^2\right)/6 - \zeta^2_{\text{CF}}/E_2^2 + 4\zeta_{\text{CF}}\zeta'_{\text{CF}}\left(1/E_1 + 1/E_3\right)/(5E_2) \\
& + V\left\{2\zeta'^2_{\text{CF}}k_{\text{CF}}\left(1/E_1^3 - 1/E_3^3\right)/15 - 2\zeta'^2_{\text{CF}}g_s\left(1/E_1^3 - 1/E_3^3\right)/5\right. \\
& - 2\zeta_{\text{CF}}\zeta'_{\text{CF}}\left[k'_{\text{CF}}\left(1/E_1^2 + 1/E_3^2\right)/(15E_2) - k'_{\text{CF}}\left(3/E_1 - 2/E_5\right)/(15E_1E_2)\right. \\
& \left.\left. + k'_{\text{CF}}\left(2/E_5 - 3/E_6\right)/(15E_3E_2) - 4k'_{\text{CF}}\left(1/E_1 + 1/E_3\right)/(15E_7E_2)\right]\right\} \\
& - \sqrt{2}V'\left\{2k'_{\text{CF}}\zeta'^2_{\text{CF}}\left(1/E_1 - /E_3\right)/(5E_1E_2) + k'_{\text{CF}}\zeta_{\text{CF}}\left(\zeta_{\text{CF}}/E_2 + \zeta'_{\text{CF}}/E_3\right)/(5E_3E_2)\right. \\
& + 2k'_{\text{CF}}\zeta'^2_{\text{CF}}\left[1/E_1^2 - 2/(E_1E_3) + 1/E_3^2\right]/(5E_5) + k'_{\text{CF}}\zeta^2_{\text{CF}}\left(1/E_4 - 1/E_6\right)/\left(5E_2^2\right) \\
& - k_{\text{CF}}\zeta_{\text{CF}}\zeta'_{\text{CF}}/(5E_2E_3E_5) - 4k'_{\text{CF}}\zeta'^2_{\text{CF}}\left(1/E_1 + 1/E_3\right)[1/(5E_1E_8) + 1/(5E_3E_8)] \\
& \left. + 3\zeta_{\text{CF}}\zeta'_{\text{CF}}g_s[1/E_1^2 - 1/(E_1E_3)]/(5E_2)\right\}
\end{aligned}$$

$$
\begin{aligned}
\Delta g_{\perp}^{\mathrm{CF}} = \Delta g_{//}^{\mathrm{CF}} - V\Big\{ & 14\zeta_{\mathrm{CF}}'^2 k_{\mathrm{CF}}\left(1/E_1^3 - 1/E_3^3\right)/75 - 14\zeta_{\mathrm{CF}}'^2 g_s\left((1/E_1^3 - 1/E_3^3)\right)/25 \\
& -14\zeta_{\mathrm{CF}}\zeta_{\mathrm{CF}}'\Big[k_{\mathrm{CF}}'\left(1/E_1^2 + 1/E_3^2\right)/(75E_2) - 7k_{\mathrm{CF}}'\left(1/E_1 - 2/E_5\right)/(75E_1E_2) \\
& +k_{\mathrm{CF}}'\left(2/E_5 - 3/E_6\right)/(15E_3E_2) - 28k_{\mathrm{CF}}'\left(1/E_1 + 1/E_3\right)/(75E_7E_2)\Big]\Big\} \\
& +\sqrt{2}V'\Big\{14k_{\mathrm{CF}}'\zeta_{\mathrm{CF}}'^2\left(1/E_1 - 1/E_3\right)/(25E_1E_2) + 7k_{\mathrm{CF}}'\zeta_{\mathrm{CF}}\left(\zeta_{\mathrm{CF}}/E_2 + \zeta_{\mathrm{CF}}'/E_3\right)/(25E_3E_2) \\
& -14k_{\mathrm{CF}}'\zeta_{\mathrm{CF}}'^2\left[1/E_1^2 - 2/(E_1E_3) + 1/E_3^2\right]/(25E_5) + 7k_{\mathrm{CF}}'\zeta_{\mathrm{CF}}^2(1/E_4 - 1/E_6)/(25E_2^2) \\
& -7k_{\mathrm{CF}}\zeta_{\mathrm{CF}}\zeta_{\mathrm{CF}}'/(25E_2E_3E_5) - k_{\mathrm{CF}}'\zeta_{\mathrm{CF}}'^2(1/E_1 - 1/E_3)[1/(25E_1E_8) + 1/(25E_3E_8)] \\
& -21\,\zeta_{\mathrm{CF}}\zeta_{\mathrm{CF}}' g_s\left[1/E_1^2 - 1/(E_2E_3)\right]/(25E_2)\Big\}
\end{aligned}
$$

$$
\begin{aligned}
D^{\mathrm{CT}} &= V[(\zeta_{\mathrm{CT}}'/E_a)^2 - (\zeta_{\mathrm{CT}}/E_n)^2]/25, \\
\Delta g_{//}^{\mathrm{CT}} &= (4/5)(k_{\mathrm{CT}}\zeta_{\mathrm{CT}}/E_n - k_{\mathrm{CT}}'\zeta_{\mathrm{CT}}'/E_a) - (2/5)V(k_{\mathrm{CT}}\zeta_{\mathrm{CT}}/E_2^2 + k_{\mathrm{CT}}'\zeta_{\mathrm{CT}}'/E_a^2) \\
\Delta g_{\perp}^{\mathrm{CT}} &= (4/5)(k_{\mathrm{CT}}\zeta_{\mathrm{CT}}/E_n - k_{\mathrm{CT}}'\zeta_{\mathrm{CT}}'/E_a) - (4/5)V(k_{\mathrm{CT}}\zeta_{\mathrm{CT}}/E_2^2 + k_{\mathrm{CT}}'\zeta_{\mathrm{CT}}'/E_a^2)
\end{aligned}
\tag{11-25}
$$

上式中的三角场参量 V 和 V'可由杂质局部结构数据和重叠模型计算。B_i 和 C_i（i=1 和 4）是考虑晶体中 $3d^5$ 离子共价性各向异性影响的 Racah 参量，可由下式得出：

$$
B_1 \approx B_0(N_t^a)^4,\quad B_4 \approx B_0(N_t^a)^3 N_e^a,\quad C_1 \approx C_0(N_t^a)^4,\quad C_4 \approx C_0(N_t^a)^3 N_e^a \tag{11-26}
$$

能量分母 $E_i(i=1\sim9)$分别指基态 $^6A_1$ 与激发态 $^4T_1[t_2^4(^3T_1)e]$、$^4T_1[t_2^3(^2T_2)e^2(^3A_2)]$、$^4T_1[t_2^2(^3T_1)e^3]$、$^4T_2[t_2^4(^3T_1)e]$、$^4T_2[t_2^3(^2T_1)e^2(^3A_2)]$、$^4T_2[t_2^2(^3T_1)e^3]$、$^4E[t_2^3(^2E)e^2(^3A_2)]$、$^4E[t_2^3(^4A_2)e^2(^1E)]$ 和 $^4A_2[t_2^3(^4A_2)e^2(^1A_1)]$之间的能级差，可由$(N_t, N_e, \Delta_{\mathrm{eff}})$图像下四面体中 $3d^5$ 离子的能量矩阵得到。

11.2.3 四角对称

当四面体发生四角(D_{2d})畸变时，$3d^5$ 离子的轨道单重基态 $^6A_1$ 不会分裂，而其他的轨道二重态 E 以及三重态 T_2 等将分别分裂为两个轨道单重态以及一个轨道双重态和一个轨道单重态。此时低对称晶场和旋轨耦合作用的协同作用会对零场分裂 D 和 g 因子各向异性产生高阶微扰贡献。采用 Macfarlane 强场微扰方法，以包含纯四角晶场的微扰哈密顿作用于四面体中 $3d^5$ 离子的基态波函数，可得到四角畸变四面体中 $3d^5$ 离子自旋哈密顿参量的微扰公式[170]：

$$
\begin{aligned}
D= & (7/4)D_t\zeta^2(1/E_1^2-1/E_3^2)-(21/2)BD_t\zeta^2(1/E_1^3-1/E_3^3)+7CD_t\zeta^2(1/E_1-1/E_3)/(2E_1E_3) \\
& +7D_t\zeta^3(1/E_1^2+1/E_3^2)/(6E_2)+9\zeta^3(4D_s+5D_t)(1/E_1E_4+1/E_3E_6)/(40E_2) \\
& +3\zeta^3(3D_s-5D_t)(1/E_1+1/E_2+1/E_3)/(10E_2E_5)+(147/8)\zeta^2D_t^2(1/E_1^3+1/E_3^3) \\
& +(18/25)\zeta^2(D_s+5D_t/4)^2(1/E_1^3+1/E_3^3)+(2/5)\zeta^2(3D_s-5D_t)^2/E_2^3 \\
g_{//}= & g_s-5\zeta^2(1/E_1^2+1/E_3^2)/6-\zeta^2/E_2^2+4\zeta^2(1/E_1+1/E_3)/(5E_2)+k\zeta^2(72D_s+55D_t) \\
& \times(1/E_1^2-1/E_3^2)/(15E_2)+4k\zeta^2(3D_s-5D_t)[2(1/E_1-1/E_3)+1/E_2]/(15E_2^2)
\end{aligned}
$$

$$g_{\perp}=g_{//}-7k\zeta^2(72D_{s}+55D_t)(1/E_1^2-1/E_3^2)/(75E_2)-28k\zeta^2(3D_s-5D_t)$$

$$[2(1/E_1-1/E_3)+1/E_2]/(75E_2^2)$$

$$A_{//}=P(g_{//}-g_s-\kappa),$$

$$A_{\perp}=P(g_{\perp}-g_s-\kappa) \qquad (11\text{-}27)$$

能量分母 $E_i(i=1\sim6)$分别表示基态 ${}^6A_1$ 与激发态 ${}^4T_1[t_2^4({}^3T_1)e]$，${}^4T_1[t_2^3({}^2T_2)e^2({}^3A_2)]$，${}^4T_1[t_2^2({}^3T_1)e^3]$，${}^4T_2[t_2^4({}^3T_1)e]$，${}^4T_2[t_2^3({}^2T_1)e^2({}^3A_2)]$和 ${}^4T_2[t_2^2({}^3T_1)e^3]$之间的能级差，可由$(N_t, N_e, \varDelta_{eff})$或$(D_q, B, C)$图像下四面体中 $3d^5$ 离子的能量矩阵得到。

11.2.4　应　用

11.2.4.1　立方对称：ZnX(X=O，S，Se，Te)中的 Fe^{3+} 中心

含 Fe^{3+}等过渡离子的Ⅱ~Ⅵ B 族半导体 ZnX（X=O, S, Se, Te）由于其独特的磁性、电导、光学和光催化等特性而备受关注[168]。这些性质通常与掺入杂质的能级和局部结构密切相关，并可借助 EPR 谱进行研究。在过渡离子中，Fe^{3+}属半满的 $3d^5$ 组态，并在弱场和中间场中具有轨道角动量淬灭的高自旋$(S=5/2)^6A_1$ 基态。与 Mn^{2+}和 Cr^+相比，Fe^{3+}因其高价态而具有很强的共价性，并对 EPR 谱产生明显的影响。前人对 ZnX：Fe^{3+}进行了 EPR 测量，并获得了立方 Fe^{3+}杂质中心的各向同性 g 因子[171−174]。Watanab 利用基于电荷转移贡献的简单 g 因子公式对 ZnS：Fe^{3+}进行了理论分析[153]，但这些 EPR 实验结果尚未得到系统和满意的解释。例如对 ZnX：Fe^{3+}体系 g 因子的研究中，虽然认为电荷转移机制(依靠引入共价因子 α)导致符号为正但很小的 g 因子位移 $\Delta g(=g-g_s)$，但计算中没有考虑配体轨道和旋轨耦合作用的贡献，并忽略了晶场机制对 g 因子位移的影响[153]，因此上述简单的电荷转移处理实际上并不完整。对于半导体中的过渡离子，通常表现出很强的共价性和配体旋轨耦合作用（特别是配体 Se^{2-}和 Te^{2-}），并对 g 因子产生明显的影响，因此对 ZnX：Fe^{3+}体系应当考虑配体轨道和旋轨耦合作用的贡献。另一方面，一些工作者在离子簇近似基础上考虑到配体轨道和旋轨耦合贡献，基于晶场机制建立了八面体中 $3d^5$ 离子 g 因子的双旋轨耦合系数公式，并应用于 $CsMgCl_3$：Mn^{2+}等共价性较弱的体系。但这些工作忽略了电荷转移机制的贡献，因而也是不完全的。事实上，除了与反键轨道相关的晶场机制会产生 g 因子位移外，与成键（及非键）轨道相关的电荷转移机制也会影响晶体中过渡离子的 g 因子。更重要的是，电荷转移能级随元素周期表中同主族配体原子序数的增加而降低。这样，对于相同 Fe^{3+}所处的 ZnX 晶体，电荷转移对 g 因子的贡献会以 $O^{2-} < S^{2-} < Se^{2-} < Te^{2-}$的顺序依次增加。因此，需要采用同时包含晶场和电荷转移机制贡献的改进的 g 因子微扰公式进行分析。

在掺 Fe^{3+}的 ZnX(X=O, S, Se, Te)晶体中，原来 Zn^{2+}周围的 4 个最近邻 X^{2-}与杂质 Fe^{3+}形成一个四面体$[FeX_4]^{5-}$基团。由于杂质 Fe^{3+}的半径 $r_i(\approx 64\text{pm})$与母体 Zn^{2+}的半径 $r_h(\approx 0.74\ \text{pm})$不同，杂质−配体距离 R 可用经验公式 $R\approx R_H+(r_i-r_h)/2$ 估计，利用 ZnO、ZnS、ZnSe 和 ZnTe 的母体键长 R_H(分别为 198 pm，234 pm，245 pm 和 264pm[114])可得到 R 分别为 193 pm，229 pm，240 pm 和 259pm。利用距离 R 和 Slater 型 SCF 波函数可求出相应的群重叠积分。根据 ZnX(或类似四面体结构)中 Fe^{3+}的光谱实验数据[175, 176]，可得到 ZnX 中 Fe^{3+}的立方场参量 D_q 和共价

因子 N。利用离子簇近似公式可求出晶场和荷移机制分别对应的分子轨道系数 N_γ^x 和 λ_γ^x。由自由 Fe^{3+}的旋轨耦合系数 ζ_d^0(≈500cm^{-1}[167])以及 O^{2-}、S^{2-}、Se^{2-}和 Te^{2-}的旋轨耦合系数 ζ_p^0(分别为 136，365，1659 和 3384cm^{-1} [124])，可得到晶场和电荷转移机制的旋轨耦合系数和轨道缩小因子等（见表 11-10）。

表 11-10　ZnX：Fe^{3+}的群重叠积分，立方场参量(cm^{-1})和共价因子，归一化因子和轨道混合系数以及晶场和电荷转移机制对应的旋轨耦合系数(cm^{-1})和轨道缩小因子

基质	S_π	S_σ	S_s	A	D_q	N	N_t^a	N_e^a	λ_t^a	λ_e^a	λ_s^a
ZnO	0.0119	−0.0396	0.0225	1.2565	−1070	0.851	0.772	0.875	0.301	−0.258	−0.984
ZnS	0.0135	−0.0380	0.0178	1.0447	−340	0.842	0.765	0.867	0.380	−0.265	−0.868
ZnSe	0.0128	−0.0374	0.0168	1.0054	−310	0.841	0.762	0.865	0.390	−0.266	−0.887
ZnTe	0.0114	−0.0335	0.0132	0.9877	−300	0.840	0.769	0.862	0.401	−0.265	−0.804
基质	N_t^b	N_e^b	λ_t^b	λ_e^b	λ_s^b	ζ_{CF}	ζ_{CF}'	ζ_{CT}	ζ_{CT}'	k_{CT}	k_{CT}'
ZnO	0.310	0.248	−1.019	1.085	−0.311	317	382	394	336	1.548	1.084
ZnS	0.337	0.313	−0.872	1.068	−0.382	230	354	527	411	1.215	0.932
ZnSe	0.342	0.323	−0.851	1.067	−0.374	−269	185	1401	868	1.201	0.930
ZnTe	0.345	0.344	−0.829	1.055	−0.413	−1177	−85	2892	1642	1.141	0.894

由关系式 $B \approx N^2B_0$ 和 $C \approx N^2C_0$ 以及 Fe^{3+}的自由离子值 $B_0 \approx 1322$cm^{-1} 和 $C_0 \approx 4944$cm^{-1}，可求出能量分母中的 Racah 参量。利用光电负性 $\chi(Fe^{3+}) \approx 2.4$，$\chi(O^{2-}) \approx 3.5$，$\chi(S^{2-}) \approx 2.5$ 以及 Se^{2-}和 Te^{2-}的外推值 2.44 和 2.42，可计算出电荷转移能级 E_n 和 E_a。将上述数值代入正四面体中 $3d^5$ 离子 g 因子微扰公式可算出 ZnX：Fe^{3+}中心的 g 因子位移（Cal. ^{b}）并列于表 11-11。为了说明电荷转移贡献的重要性，只考虑晶场机制的结果（Cal. ^{a}）也列于表 11-11 中。

表 11-11　ZnX 中 Fe^{3+}中心的 g 因子位移

	ZnO	ZnS	ZnSe	ZnTe
Cal.^{a}	−0.0003	−0.0003	−0.0004	−0.0007
Cal. ^{b}	0.0036	0.0100	0.0411	0.0971
Expt.[171−174]	0.0040	0.0160	0.0440	0.0950

注：a—仅考虑晶场机制贡献的计算值。

b—同时考虑晶场和荷移机制贡献的计算值。

从上表可以看出，同时包含晶场和荷移机制贡献的 g 因子位移（Cal. ^{b}）与实验符合较好，而仅考虑晶场机制贡献的计算值（Cal. ^{a}）则比实验值小一个数量级，说明本工作所建立的四面体中 $3d^5$ 离子 g 因子公式以及所采用的相关参量是合理的。

计算表明，电荷转移机制对 g 因子位移的贡献与晶场机制反号，并在数值上比后者至少大一个数量级。另外，随着配体旋轨耦合系数 ζ_p^0 的增大和共价因子 N 的减小，电荷转移贡献的重要性（可用相对比率 $\Delta g_{CT}/\Delta g_{CF}$ 描述）也迅速增加，即呈现出 $O^{2-} < S^{2-} < Se^{2-} < Te^{2-}$的趋势。具体地说，ZnO、ZnS、ZnSe 和 ZnTe 的电荷转移贡献分别是晶场贡献的 13、34、103 和 140 倍。所以，对于Ⅱ~Ⅵ B 族半导体等强共价体系中的高价 $3d^5$ 离子（如 Fe^{3+}），电荷转移机制

的影响非常重要（此时电荷转移能级 E_n 和 E_a 通常较低），因而在 g 因子分析中应当予以考虑。

除了从 O^{2-} 到 Te^{2-} 电荷转移贡献的增加趋势以外，晶场贡献对应的 Δg_{CF} 也呈现相似但不明显的增加趋势（表 11-11）。这点可归因于 Δg_{CF} 公式中 ζ_{CF} 与 ζ_{CF}' 之间的相对差异（各向异性），该差异与较小的共价因子 N（$\approx 0.8<1$）、较大的轨道混合系数（0.3~0.4）和较大的 ζ_p^0 有关。具体来讲，拥有较小 ζ_p^0 的 ZnO 和 ZnS 的 ζ_{CF}/ζ_{CF}' 比值分别为 83%和 65%，而 ζ_p^0 更大的 ZnSe 和 ZnTe 的 ζ_{CF}/ζ_{CF}' 比值则迅速增大到 145%和 1385%。因此，在分析 ZnX：Fe^{3+} 体系 g 因子时，应该考虑由配体轨道和旋轨耦合系数引起的杂质–配体轨道混合以及上述各向异性贡献。有趣的是，在其他Ⅱ~Ⅵ B 族半导体中也发现了相似的 3d 轨道畸变和各向异性扩展。此外，Δg_{CF} 主要依赖于三阶微扰项（与能量间距 E_1，E_2 或 E_3 的平方成反比），而$\otimes g_{CT}$ 则与二阶微扰项（与电荷转移能级 E_n 或 E_a 成反比），因此前者受共价性和配体贡献的影响相对较弱。

11.2.4.2　三角对称：CdX(X=S, Se, Te)中 Fe^{3+} 中心

Ⅱ~Ⅵ B 族半导体 CdX（X=S, Se 和 Te）因其太阳光带隙的兼容性受到广泛关注，而掺杂过渡离子的 CdX 由于具有高光敏性和稳定性而在光电化学太阳能电池、光催化剂、光电导单元、太阳能选择涂层、电子发射器及探测器等方面显示出广阔的应用前景[169]。事实上，这些性质敏感地依赖于杂质离子的电子能级和周围的局部结构，并可借助电子顺磁共振（EPR）技术进行分析。Fe^{3+} 属于半满 3d 组态，在四面体中通常表现为高自旋（S=5/2）的 $^6A_1$ 轨道单重基态，因此掺杂 Fe^{3+} 的Ⅱ~Ⅵ半导体的 EPR 行为及其微观机制是磁共振领域的重要课题。前人实验测量了 CdX 中 Fe^{3+} 的自旋哈密顿参量（零场分裂和各向异性 g 因子）的实验值[177–179]，但至今无人对其进行理论上的解释，杂质中心的局部结构信息也未得到。

根据大量 $3d^5$ 离子自旋哈密顿参量的研究，旋轨耦合作用是 g 因子位移 $\Delta g(=g-g_s)$ 和零场分裂的主要来源。特别是该体系的 $3d^5$ 杂质具有高价态，配体则具有非常大的旋轨耦合系数和强共价性，因而需要考虑涉及成键和非键轨道的电荷转移机制对自旋哈密顿参量的贡献。这里采用前面建立的三角畸变四面体中 $3d^5$ 离子自旋哈密顿参量的微扰公式来研究 CdX：Fe^{3+} 的 EPR 谱和杂质局部结构性质。

对纤锌矿型 CdS 和 CdSe，母体 Cd^{2+} 位置的三角(C_{3V})畸变四面体的一个键长分别为 $R_{1H}\approx$ 253.8 pm 和 264.4pm，三个等价键长分别为 $R_{2H}\approx$ 252.5 pm 和 262.8 pm，它们与 C_3 轴夹角分别为 $\theta_H\approx 108.93°$ 和 109.16°[114,180]。对闪锌矿型 CdTe，母体 Cd^{2+} 位置的理想四面体(T_d)中 $R_{1H}\approx R_{2H}\approx$ 280.6 pm[114,180]。由于杂质 Fe^{3+} 的半径($r_i\approx$63 pm)比母体 Cd^{2+}($r_h\approx$92 pm)小，参考的杂质–配体间距可用经验公式 $R_j\approx R_{jH}+(r_i-r_h)/2$($j$=1 和 2)得到。当 Fe^{3+} 掺入 CdX 晶格时，由于尺寸和电荷失配，Fe^{3+} 一般不会占据理想 Cd^{2+} 位置。一方面，较小的 Fe^{3+} 替代较大的 Cd^{2+} 会导致局部松弛，使 Fe^{3+} 在理想 Cd^{2+} 位置不稳定而沿 C_3 轴朝靠近配体三角形的方向位移。另一方面，Fe^{3+} 多余的电荷使其与配体之间的静电作用增强，所导致的杂质局部应力倾向于使其沿 C_3 轴向远离配体三角形的方向位移以消除这种应力，最终产生杂质轴向位移 ΔZ，这里定义杂质朝靠近配体三角形方向的位移为正。用基于杂质位移 ΔZ 的局部键长和键角(R_1'，R_2' 和 θ')代替母体结构数据(R_{1H}，R_{2H} 和 θ_H)，四面体$[FeX_4]^{5-}$ 基团的局部结构可表示为

$$R_1'=R_1+\Delta Z$$

$$R_2'=[R_2^2\sin^2\theta_H+(R_2\cos\theta_H-\Delta Z)^2]^{1/2}$$

$$\theta'=\pi-\arctan[R_2\sin\theta_H/(R_2\cos\theta_H-\Delta Z)] \tag{11-28}$$

利用重叠模型，三角场参量 v 和 v' 可表示为：

$$v=(-3/7)\bar{A}_2(R)[2(R/R_1')^{t_2}+3(3\cos^2\theta'-1)(R/R_2')^{t_2}]-(20/63)\bar{A}_4(R)[8(R/R_1')^{t_4}$$
$$+3(35\cos^4\theta'-30\cos^2\theta'+3)(R/R_2')^{t_4}]-(20\sqrt{2}/3)\bar{A}_4(R)\sin^3\theta'\cos\theta'(R/R_2')^{t_4}$$
$$v'=(\sqrt{2}/7)\bar{A}_2(R)[2(R/R_1')^{t_2}+3(3\cos^2\theta'-1)(R/R_2')^{t_2}]-(5\sqrt{2}/63)\bar{A}_4(R)[8(R/R_1')^{t_4}$$
$$+3(35\cos^4\theta'-30\cos^2\theta'+3)(R/R_2')^{t_4}]-(10/3)\bar{A}_4(R)\sin^3\theta'\cos\theta'(R/R_2')^{t_4} \tag{11-29}$$

这里相关重叠模型参量的定义和取值同前。对四面体中的 $3d^5$ 离子，仍取 $\bar{A}_4(R)\approx(27/16)D_q$ 和 $\bar{A}_2(R)\approx10.8\bar{A}_4(R)$。这样体系的局部结构(轴向位移 ΔZ)通过三角场参量与自旋哈密顿参量(尤其零场分裂)定量地联系起来。

利用 Fe^{3+}在Ⅱ~Ⅵ半导体中的实验光谱，可得到各体系的立方场参量 D_q 和共价因子 N(表 11-12)。基于参考间距 R 和 Slater 型自洽场波函数计算出的群重叠积分 S_π，S_σ，S_s 和 A 列在表 11-12，由此得到的晶场和电荷转移机制分别对应的分子轨道系数也列于此表。利用 Fe^{3+}的自由离子值 $\zeta_d^0\approx500\text{cm}^{-1}$ [167]和 S^{2-}、Se^{2-}和 Te^{2-}的自由离子值 $\zeta_p^0\approx365$，1659 和 3384 cm^{-1} [124]，可计算出晶场机制和电荷转移机制分别对应的旋轨耦合系数 ζ_{CF}，ζ_{CF}'，ζ_{CT} 和 ζ_{CT}'以及轨道缩小因子 k_{CF}，k_{CF}'，k_{CT} 和 k_{CT}'，这些数值也列在表 11-12。根据 Fe^{3+}的自由离子值 $B_0\approx1322\text{cm}^{-1}$ 和 $C_0\approx4944\text{cm}^{-1}$ [167]可得到杂质中心的 Racah 参量以及相应的能级。电荷转移能级可分别表示为：$E_n\approx30000(\chi(L)-\chi(M))+56B_1/3-10D_q$ 和 $E_a\approx E_n-10D_q$[105]，其中光电负性值为 $\chi(Fe^{3+})\approx2.4$，$\chi(S^{2-})\approx2.5$[105]，以及外推得到的 $\chi(Se^{2-})\approx2.44$ 和 $\chi(Te^{2-})\approx2.42$。将以上数据代入三角畸变四面体中 $3d^5$ 离子自旋哈密顿参量微扰公式，并拟合零场分裂理论值与实验相符合，可得到 CdS 和 CdSe 中 Fe^{3+}的位移分别为

$$\Delta Z\approx-1.4\ 和\ -6\text{pm} \tag{11-30}$$

对应的自旋哈密顿参量理论值(Cal. [c])列在表 11-13。同时，基于母体结构数据(即忽略杂质位移)的结果(Cal. [a])以及基于杂质位移但仅包含晶场机制(即忽略电荷转移机制)的结果(Cal. [b])也列在表 11-13 中。

表 11-12　CdX(X=S, Se, Te)：Fe^{3+}的群重叠积分，立方场参量(cm^{-1})和共价因子，晶场和荷移机制分别对应的分子轨道系数以及旋轨耦合系数(cm^{-1})和轨道约化因子

基质	S_π	S_σ	S_s	A	D_q	N	N_t^a	N_e^a	λ_σ^a	λ_π^a	λ_s^a
CdS	0.0100	−0.0370	0.0287	1.0871	−550	0.77	0.429	0.588	0.793	−0.473	−0.615
CdSe	0.0097	−0.0371	0.0272	1.0411	−470	0.76	0.405	0.569	0.854	−0.493	−0.626
CdTe	0.0090	−0.0346	0.0221	1.0148	−410	0.74	0.370	0.531	0.966	−0.534	−0.617
基质	N_t^b	N_e^b	λ_σ^b	λ_π^b	λ_s^b	ζ_{CF}	ζ_{CF}'	ζ_{CT}	ζ_{CT}'	k_{CT}	k_{CT}'
CdS	0.381	0.668	−0.446	1.057	−0.575	44	182	347	345	0.786	0.790
CdSe	0.385	0.700	−0.417	1.058	−0.569	−583	−81	846	741	0.769	0.794
CdTe	0.389	0.747	−0.372	1.056	−0.583	−1498	−466	1487	1313	0.747	0.795

表 11-13　CdX（X=S, Se, Te）：Fe^{3+}的自旋哈密顿参量

		CdS	CdSe	CdTe
$g_{//}$	Cal. a	2.014	2.043	—
	Cal. b	2.002	2.002	1.997
	Cal. c	2.013	2.042	2.083
	Expt.[177]	2.018(2)	2.043(3)	2.084
$g_{\perp}$	Cal. a	2.014	2.045	—
	Cal. b	2.002	2.002	1.997
	Cal. c	2.013	2.043	2.083
	Expt. [178]	2.018(2)	2.043(3)	2.084
D 10^{-4} cm^{-1}	Cal. a	180	1161	—
	Cal. b	–21	–40	—
	Cal. c	–49	600	—
	Expt. [179]	–49(2)	603(3)	—

注：a—基于母体结构数据（即忽略杂质轴向位移）且包括电荷转移贡献的计算值。

b—基于杂质位移但忽略荷移机制贡献的计算值。

c—基于杂质位移且包含荷移机制贡献的计算值。

由表 11-13 看出，基于杂质轴向位移且同时考虑晶场和电荷转移贡献的计算值(Cal.^{c})与实验吻合很好，说明本工作采用的理论模型、计算公式和相关参量是合理的。

（1）CdS 和 CdSe 中三角 Fe^{3+}中心的局部三角畸变可由零场分裂和杂质轴向位移 ΔZ 表征。由零场分裂公式以及局部结构和三角场参量公式不难看出，零场分裂近似与三角场参量成正比，而三角场参量敏感地依赖于杂质位移，即使很小的位移 ΔZ 也将显著影响三角畸变以及最终的零场分裂。因此，表 11-13 中基于 CdS 和 CdSe 母体结构数据的 D 值(Cal.^{a})分别比实验值大三倍和两倍，说明忽略杂质位移引起的误差很明显而不适于 EPR 分析。优化得到的 ΔZ 为负说明 Fe^{3+}替代 Cd^{2+}的电荷失配影响强于尺寸失配，故杂质朝远离配体三角形方向位移一小段距离以缓解杂质替代引起的局部应力。此外，Fe^{3+}在 CdSe 中的位移比在 CdS 中小，这可归结于前者因具有较大 R 而环境较宽松，故电荷失配产生的局部应力也较弱。从基于杂质位移的零场分裂(Cal.^{c})比基于母体结构数据的结果(Cal.^{a})小得多可以看出，杂质轴向位移倾向于抑制体系局部低对称畸变并导致更规则的$[FeX_4]^{5-}$基团。有趣的是，EPR 分析和同步加速器 X 射线测量中也揭示出类似的由尺寸和电荷失配导致的杂质轴向位移，如 GaN 中 Cu^{2+}, Mn^{2+}和 Fe^{3+}的位移分别为 4 pm，7.5 pm 和 3.5 pm，CdS 和 CdSe 中 Co^{2+}的位移分别 2.2 pm 和 2.0 pm，ZnO 中 Mg^{2+}的位移约为 5 pm。可见，本工作获得的杂质局部结构信息是合理的。应该指出，严格确定晶体中杂质或缺陷的局部结构涉及基质晶体和杂质等非常复杂的物理化学性质，故本工作得到的杂质位移 ΔZ 有待进一步的实验（如 EXAFS 和 ENDOR）验证。

（2）电荷转移机制对零场分裂的贡献非常大，与晶场机制的比率 D^{CT}/D^{CF} 对配体 S 和 Se 分别达到 133%和 1600%，而该比率从配体 S 到 Se 的显著增大主要源于电荷转移能级 E_a 和 E_n 的降低以及 ζ_p^0 急剧增大引起的 ζ_{CT} 和 ζ_{CT}'明显增大。在忽略电荷转移贡献的情况下，考虑杂质

位移 ΔZ 的 D 计算值(Cal. b)与实验符合也不好，并且这种偏离不能通过调节 ΔZ 来消除。因此，在Ⅱ～Ⅵ半导体中三角 Fe^{3+}中心的零场分裂研究中，应当考虑电荷转移机制的贡献。

（3）电荷转移对 g 因子位移的贡献也很显著，Δg_i^{CT}(i=//和⊥)符号为正，数值上比 Δg_i^{CF} 大得多，且随配体旋轨耦合系数增大而明显增加(即 S< Se< Te)。本工作获得的 CdS，CdSe 和 CdTe 中 Fe^{3+}电荷转移能级 E_n 分别为 8133，6413 和 5014 cm^{-1}，反映出荷移能级随配体原子序数增大而减小的趋势，也与光谱实验值(CdS：<10485 cm^{-1}，CdSe：6452 cm^{-1}，CdTe：2823 cm^{-1})较接近。因此，对 CdX：Fe^{3+}等强共价性和强配体旋轨耦合作用体系的 EPR 分析需考虑电荷转移机制的贡献。此外，相比零场分裂，g 因子对局部结构或杂质轴向位移不太敏感，这是由于在轨道角动量淬灭的 $^6A_1$ 基态下，涉及三角场参量的只有高阶(4 阶以上)微扰项才对 g 因子产生贡献。

11.2.4.3 四角对称：$KMnO_3$ 中的 Mn^{2+}

$KTaO_3$ 因其奇异的二次谐波发生和超瑞利散射而备受关注[170]，常被用于研究杂质导致的内电场和弹性场。作为一个零温下保持立方对称的铁电体，$KTaO_3$ 可作为有用的基质晶体用于研究过渡金属缺陷。显然上述性质与杂质离子在 $KTaO_3$ 中的局部结构密切相关，为了研究上述杂质行为对该材料性质的影响，前人详尽地测量了 $KTaO_3$ 中 Mn^{2+}的 EPR 谱，并获得了零场分裂 D、g 因子 $g_{//}$，$g_{\perp}$和超精细结构常数 $A_{//}$和 $A_{\perp}$的实验值[181,182]。然而，对上述实验结果的解释上，前人存在一定的争议。例如，Hannon[183]、Bykov 等人[184]和 Abraham 等人[181]认为 Mn^{2+}替代八面体 Ta^{5+}位置并有一个最近邻的氧空位 V_O（即$[MnO_5]^{8-}$基团或模型Ⅰ）。但是，Laguta 等人[182]和 Laulicht 等人[185]则认为 Mn^{2+}占据二十面体 K^+位置（即$[MnO_{12}]^{22-}$或模型Ⅱ）。该模型Ⅱ认为 Mn^{2+}杂质沿[100]（或 C_4）方向发生一段位移 90pm，且无近邻的局部电荷补偿（如 K 空位 V_K）。鉴于上述争议，为了进一步澄清 $KTaO_3$ 中 Mn^{2+}中心的局部结构，这里分别采用前面四角畸变八面体和四面体中 $3d^5$ 离子自旋哈密顿参量的微扰公式，针对两种结构模型进行理论分析。

1. 模型Ⅰ

该模型中杂质 Mn^{2+}占据八面体 Ta^{5+}位置，并因电荷补偿而在 C_4 轴方向产生一个最近邻 V_O。V_O的有效正电荷将使杂质 Mn^{2+}偏离理想 Ta^{5+}格点而沿 C_4 轴远离一段距离 $\Delta Z_{\rm I}$。根据重叠模型和该模型的结构特点，四角场参量可表示为

$$D_s=(4/7)\,\bar{A}_2(R_0)[(3\cos^2\theta-1)(R_0/R_2)^{t2}+(1/2)(R_0/R_1)^{t2}]$$

$$D_t=(8/21)\,\bar{A}_4(R_0)[(1/2)(35\cos^4\theta-30\cos^2\theta+3-7\sin^4\theta)(R_0/R_2)^{t4+}(R_0/R_1)^{t4}] \qquad (11\text{-}31)$$

其中

$$R_1\approx R_{0+}\Delta Z_{\rm I}，\ R_2\approx(R_0^2+\Delta Z_{\rm I}^2)^{1/2} \qquad (11\text{-}32)$$

其中 θ 为键长 R_2 与 C_4 轴的夹角。其余重叠模型参量定义同前。这里取八面体中过渡离子的本征参量关系式 $\bar{A}_4(R_0)\approx(3/4)D_q$ 和 $\bar{A}_2(R_0)\approx10.8\,\bar{A}_4(R_0)$。参考键长 $R_0\approx a/2\approx199.43$pm[186]。利用类似 $SrTiO_3$：Mn^{2+}和 MgO：Mn^{2+}的光谱实验数据[187]，可得到 $KTaO_3$：Mn^{2+}的光谱参量为

$$D_q\approx1430\ cm^{-1}，\ B\approx790\ cm^{-1}，\ C\approx2838\ cm^{-1} \qquad (11\text{-}33)$$

利用 $^{55}Mn^{2+}$ 的相关自由离子参数，可得到 $k\approx0.916$，$\zeta\approx318\ cm^{-1}$ 和 $P\approx171\times10^{-4}\ cm^{-1}$。根据 Mn^{2+} 的 $\langle r^{-3}\rangle$ 值(≈4.250a.u.)和类似氧化物 $CaCO_3$：Mn^{2+} 的 χ 值(≈−2.99 a.u.)，可得到 $\kappa\approx0.469$。将上述参量代入四角畸变八面体中 $3d^5$ 离子自旋哈密顿参量的微扰公式，并拟合零场分裂 D 的计算值与实验相符合，可得到优化的杂质位移(这里定义杂质向远离 V_O 的方向为正方向)：

$$\Delta Z_{\rm I}\approx-27{\rm pm} \tag{11-34}$$

相应的自旋哈密顿参量列于表 11-14。

2. 模型Ⅱ

该模型认为杂质 Mn^{2+} 占据二十面体的 K^+ 位置且无局部电荷补偿。由于杂质半径(≈80 pm)远小于母体阳离子 K^+(≈133pm)，杂质将沿四次轴方向发生较大的偏心位移 $\Delta Z_{\rm II}$。对应的四角场参量可由重叠模型表示为

$$D_s=(8/7)\bar{A}_2(R_0')[\sum_{i=1}^{3}(3\cos^2\theta_i-1)(R_0'/R_i)^{t_2}]$$

$$D_t=(4/21)\bar{A}_4(R_0')[\sum_{i=1}^{3}(35\cos^4\theta_i-30\cos^2\theta_i+3-14\sin^4\theta_i/3)(R_0'/R_i)^{t_4}] \tag{11-35}$$

其中

$$R_1=[\frac{a^2}{4}+(\frac{a}{2}-\Delta Z_{\rm II})^2]^{1/2},\ R_2=(R_0'^2+\Delta Z_{\rm II}^2)^{1/2},\ R_3=[\frac{a^2}{4}+(\frac{a}{2}+\Delta Z_{\rm II})^2]^{1/2}$$

$$\theta_1=\arctan(\frac{a}{a-2\Delta Z_{\rm II}}),\ \theta_2=\frac{\pi}{2}+\arctan(\frac{\Delta Z_{\rm II}}{R_0}),\ \theta_3=\frac{\pi}{2}+\arctan(\frac{a}{a+2\Delta Z_{\rm II}}) \tag{11-36}$$

其中相关重叠模型参量同前。对于二十面体(相当于三个四面体重叠)中的 $3d^5$ 离子，可取 $\bar{A}_4(R_0')\approx(9/16)D_q$ 和 $\bar{A}_2(R_0')\approx10.8\bar{A}_4(R_0')$，其中参考距离 $R_0'\approx a/\sqrt{2}\approx282.03$pm。参考类似 $BiVO_4$ 中四面体 Mn^{2+}–O^{2-} 基团的光谱参量($D_q\approx-600\ cm^{-1}$，$k\approx0.949$[188])，可估计模型Ⅱ的相关参量为：$D_q\approx1800cm^{-1}$，$B\approx865\ cm^{-1}$ 和 $C\approx2995\ cm^{-1}$，由此得到 $\zeta\approx329\ cm^{-1}$ 和 $P\approx177\times10^{-4}\ cm^{-1}$。芯区极化常数仍取为 $\kappa\approx0.469$。将上述参量代入四角畸变四面体中 $3d^5$ 离子自旋哈密顿参量微扰公式，拟合 D 的计算值与实验相符合，可得到该模型中的杂质偏心位移为

$$\Delta Z_{\rm II}\approx60\ {\rm pm} \tag{11-37}$$

对应的自旋哈密顿参量也列于表 11-14。

表 11-14　基于两种结构模型的 $KTaO_3$ 中四角 Mn^{2+} 中心的自旋哈密顿参量

		$D/10^{-4}cm^{-1}$	$g_{//}$	$g_\perp$	$A_{//}/10^{-4}cm^{-1}$	$A_\perp/10^{-4}cm^{-1}$
Calc.	模型Ⅰ	1492	2.0017	2.0015	−80.3	−80.3
	模型Ⅱ	1479	2.0020	2.0021	−83.2	−83.0
Expt.[181−182]		1480	1.998	2.000	−85.9	−82.7

从表 11-14 看出，基于模型Ⅱ局部结构（杂质位移 $\Delta Z_{\rm II}$）计算出的自旋哈密顿参量理论值较模型Ⅰ（杂质位移 $\Delta Z_{\rm I}$）与实验符合更好。

（1）本工作得到的模型Ⅱ中杂质位移 ΔZ_{II}(≈60pm)与 Leung 等的定性分析结果相符，且与前人基于 GGA 的计算值(≈81 pm)和 EPR 及介电谱分析的结果(≈90 pm)相差不大。当小的杂质 Mn^{2+}取代较大的 K^{+}会导致明显的杂质偏心位移 ΔZ_{II}从而引起杂质中心较大的四角畸变。Ⅰ可见，该中心的四角畸变主要由大的杂质偏心位移引起，而非局部电荷补偿，这意味着 K^{+}空位等电荷补偿将发生在较远处。由 D 因子公式，D 近似与 D_s 和 D_t 成正比并强烈地依赖于位移 ΔZ_{II}，故最终导致较大的零场分裂。

（2）结构模型Ⅱ的合理性可进一步如下说明。① 根据 Simanek 等人的研究，通过 EPR 实验分析可得到 $KTaO_3$ 中四角 Mn^{2+}的比率 c/n≈9%，这里常数 c(≈0.83~0.84)表征共价性，n(≈9)为有效配位数。基于超精细结构常数平均值 $\overline{A}$ [$=(A_{//}+2A_{\perp})/3$]，比率 c/n 对模型Ⅰ(n≈5)和Ⅱ(n≈12)分别为 16.5%和 7%。显然后者更接近于实验值(≈9%)，即 12 配位似更合理。而模型Ⅰ明显偏大的比率 c/n 则可能源于不合理配位数(n=5)。② 由于明显的尺寸($r_{Mn2}+$(≈80pm)>$r_{Ta5}+$(≈68pm))和电荷失配，杂质 Mn^{2+}取代母体 Ta^{5+}后会产生显著的局部晶格畸变。相反，由于很大的离子半径和接近的电荷，母体 K^{+}位置则易于容纳杂质 Mn^{2+}。因此，杂质 Mn^{2+}更倾向于占据 $KTaO_3$ 中的 K^{+}而非 Ta^{5+}位置，尽管 Mn^{2+}在类似钙钛矿 $SrTiO_3$ 中可占据八面体 Ti^{4+}位置并伴随一个最近邻的 V_O。

参考文献

[1] FIGGIS B N, HITCHMAN M A. Ligand field theory[M]. Chichester: John Wiley & Sons Inc, 1999.

[2] Van VELECK J H. Advance in quantum electionnics[M]. Cloumbia: Cloumbia University Press, 1961.

[3] SCHLUFER H L, GLIEMANN G. Basic principles of ligand field theory[M]. New York: Wiley Interscience, 1969.

[4] POOLE J, CHARLES P. Electron spin resonance [M]. New York: John Wiley & Sons, 1983.

[5] 伯恩斯 R G. 晶体场理论的矿物学应用[M]. 北京：科学出版社, 1977.

[6] CHAKRAVARTY A S. Introduction to the magnetic properties of solids[M]. New York: John Wiley & Sons Inc. Press, 1980.

[7] ALTSHULER S A, KOZYREV B M. Electron paramagnetic resonance in compounds of Transition Elements[M]. New York: John Wiley & Sons Inc., 1972.

[8] BRINK G M, SATCHLER G R. Angular momentum[M]. Oxford: Clarendon Press, 1981.

[9] FANO U, RACAH G. Irreducible tensorial sets[M]. New York: Atomic Press, 1959.

[10] KRONIG E, KREMER S. Ligand field energy diagrams[M]. New York: Plenum Press, 1977.

[11] PILBROW J R. Transition ion electron paramagnetic resonance[M]. Oxford: Clarendon Press, 1990.

[12] 赵敏光. 晶体场和电子顺磁共振理论[M]. 北京：科学出版社, 1991.

[13] 唐敖庆. 配位场理论方法[M]. 北京：科学出版社, 1979.

[14] BALLHAUSEN C J, GRAY H B. Molecular orbital theory[M]. New York: Benjamin, 1965.

[15] 彭正合. 配位场理论[M]. 北京：科学出版社, 1996.

[16] NEWMAN D J, NG B. The superposition model of crystal field[J]. Rep. Prog. Phys., 1989, 52(3): 699-763.

[17] NEWMAN D J, NG B. Crystal handbook[M]. Cambridge: Cambridge University Press, 2000.

[18] GRIFFITH J S. The theory of transition metal ions[M]. London: Combridge University Press, 1964.

[19] SUGANO S, TANABE Y, KAMIMURA H. Multiplets of transition-metal ions in crystal[M]. New York: Academic Press, 1970.

[20] 董会宁. 晶体中稀土 Kramers 离子自旋哈密顿参量的理论研究[D]. 成都：四川大学, 2003.

[21] 邬劭轶. 晶体中 $3d^7(Co^{2+})$和 $4f^{11}(Er^{3+})$离子最低 Kramers 双重态的自旋哈密顿参量的理论

研究[D]. 成都: 四川大学, 2002.

[22] WYBOURNE B G. Spectroscopic properties of rare earths[M]. London: Wiley, 1965.

[23] ABRAGAM A, BLEANELY B. Electron paramagnetic resonance of transition ions[M]. London: Oxford University Press, 1970.

[24] SORIN L A, VLASOVA M V. Electron spin resonance of paramagnetic crystals [M]. New York: Plenum Press, 1973.

[25] JUDD B R. Operator techniques in atomic spectroscopy[M]. New York: McGraw-Hill Inc., 1963.

[26] BALLHAUSEN C J. Modern theoretical chemistry[M]. New York: Plenum Press, 1977.

[27] WEIL J A, WERTZ J R, BOLTON J E. Electron paramagnetic resonance: elemental theory and practical applications[M]. New York: Wiley Interscience, 1994.

[28] CHEN J F, XU Y, ZHENG X S. Surfactant-assisted self-assembly growth of single-crystalline ZnO microflowers at low temperature[J]. Colloids and Surfaces A, 2008, 313: 576-580.

[29] EUGENE V K. Rare earth research[M]. New York: The Macmillan Company, 1961.

[30] 张思远. 稀土离子光谱学[M]. 北京: 科学出版社, 2008.

[31] 苏锵. 稀土化学[M]. 郑州: 河南科学技术出版社, 1993.

[32] 张若桦. 稀土元素化学[M]. 天津: 天津科学技术出版社, 1987.

[33] HUFNER S. Optical spectra of transparent rare earth compounds[M]. New York: Academic Press, 1978.

[34] DIEKE G H. Spectra and energy levels of rare earths in crystals[M]. New York: John Wiley & Sons Inc., 1968.

[35] THOMPSON L C. Hand book on the physics and chemistry of rare earths[M]. Amsterdam: North-Holland Publishing Company, 1979.

[36] NIELSON C W, KOSTER G F. Spectroscopic coefficients for the p^n, d^n and f^n configurations[M]. Massachusetts: M. I. T. Press, 1963.

[37] 赵敏光, 余万伦. 晶体场理论——不可约张量算符法[M]. 成都: 四川教育出版社, 1988.

[38] CHOH S H, SEIDEL G. Resonance properties of Er^{3+}in thorium oxide[J].Physics Review B, 1973, 7: 5011.

[39] WYCKOFF R W G. Crystal structures[M]. New York: Interscience Publishes, 1962.

[40] MANTHEY W J. Crystal field and site symmetry of trivalent cerium ions in CaF_2: the C_{4v} and C_{3v} centers with interstitial-fluoride charge compensator[J]. Physical Review B, 1973, 8(4): 4086-4098.

[41] KIEL A, MIMS W B. Linear electric field effects in paramagnetic resonance for Ce^{3+}-F^- tetragonal sites in CaF_2, SrF_2, BaF_2[J]. Physical Review B, 1972, 6(1): 34-39.

[42] STAROSTIN N V, GRUZDEV P F, GANEN V A, et al. Energy structure and optical properties of CaF_2 crystals[J]. Optical Spectroscopy, 1973, 35: 277-285.

[43] WALKER G L, MIRES R W. Crystal-field energies for SrF_2: Ce^{3+}[J]. Phys. Rev. B, 1980, 21: 1876-1880.

[44] DONG H N, WU S Y, ZHENG W C. Theoretical studies of the EPR *g* factors and optical

spectra for the tetragonal Ce^{3+} centers in CaF_2 and SrF_2 crystals[J]. Z. Naturforsch A, 2002, 57: 753-756.

[45] MALOVICHKO G, GACHEV V, KOKANYAN E, et al. EPR, NMR and ENDOR study of intrinsic defects in disorder and regularly ordered lithium niobate crystals[J]. Ferroelectrics, 2000, 239(1): 357-366.

[46] RANON U, YANNIV. Charge compensation by interstitial F^- ions in rare-earth-doped SrF_2 and BaF_2[J]. Physics Letters, 1964, 9(1): 17-19.

[47] DONG H N, WU S Y. Theoretical investigations of the electron paramagnetic resonance g factors for the trivalent cerium ion in $LiYF_4$ crystal[J]. Z Naturforsch A, 2003, 58(9): 507-510

[48] ABRAHAM M M, BOATNER L A, RAMEY J O, et al. An EPR study of Re impurities in single crystals of the zircon-structure orthophosphates $ScPO_4$, YVO_4 and $LuPO_4$[J]. J. Chem. Phys., 1983, 78(1): 3-10.

[49] REYNOLDS R W, BOAMER L A, FINCH C B, et al. Investigations of Er^{3+}, $Yb^{3+}$and Gd^{3+}in zircon-structure silicates[J]. J. Chem. Phys., 1972, 56(11): 5607-5625.

[50] DONG H N, ZHENG W C, WU S Y, et al. Studies of the EPR *g* factors and hyperfine structure constants for Yb^{3+}ions in single crystals of zircon-structure orthophosphates[J]. Z Naturforsch A, 2003, 58(7/8): 434-438.

[51] DONG H N, ZHENG W C, WU S Y, et al. Theoretical calculations of the EPR parameters for Yb^{3+}ions in YVO_4, $HfSiO_4$ and $ThSiO_4$[J]. J. Alloys Compd., 2006, 408-412: 750-752.

[52] MONTOYA L E, BAUSA B S, GOLDNER P. Yb^{3+}distribution in $LiNbO_3$: MgO studied by cooperative luminescence[J]. Journal of Chemical Physics, 2001, 114(5): 3200-3207.

[53] BONARDI C, MAGON C J, VIDOTO E A, et al. EPR spectroscopy of Yb^{3+}in $LiNbO_3$ and Mg: $LiNbO_3$[J]. Journal of Alloys and Compounds, 2001, 323(1): 340-343.

[54] DONG H N, WU S Y, ZHENG W C. Theoretical investigation of EPR parameters for two trigonal Yb^{3+} centers in $LiNbO_3$ and $LiNbO_3$: MgO Crystals[J]. Journal of Physics and Chemistry of Solids, 2003, 64(4): 695-699.

[55] BRAVO D, LOPEZ F J. An electron paramagnetic resonance study of Er^{3+}in $Bi_6Ge_3O_{12}$ single crystals[J]. Journal of Chemical Physics, 1993, 99(4): 4952-4959.

[56] BRAVO D, LOPEZ F J. EPR and crystal-field analysis of Yb^{3+}ions in $Bi_4Ge_3O_{12}$ single crystals[J]. Physical Review B, 1998, 58(1): 39-42.

[57] DONG H N, WANG J, SHUAI X, et al. Theoretical investigation of the EPR parameters and local structure for trigonal Yb^{3+}ion in $Bi_4Ge_3O_{12}$ crystal[J]. Spectrochim. Acta A, 2008, 70(1): 7-10.

[58] HINATSU Y, EDELSTEIN N. Electron paramagnetic resonance spectra of Pr^{4+}ions doped in $BaMO_3$(M=Ce, Zr, Sn)and $SrCeO_3$[J]. J. Alloys Compd., 1997, 250(1): 400-404.

[59] DONG H N, WU S Y, LIU J, et al. Theoretical studies of the spin Hamiltonian parameters for the orthorhombic Pr^{4+}ion in $SrCeO_3$ crystal[J]. J. Alloys Compd., 2008, 451(1-2): 705-707.

[60] MORIGAKI K. Electron spin resonance of Nd^{3+}in cadmium sulfide single crystals[J]. Journal of the Physical Society of Japan, 1963, 18: 1636-1640.

[61] DONG H N, LIU X S. Investigations on the local structure and EPR parameters for the trigonal Nd^{3+}centre in CdS[J]. Mol. Phys., 2015, 113(5): 492-496.

[62] VISHWAMITTAR, PURI S P. Analysis of the behaviour of E^{r3+}in zircon-structure systems[J]. Phys. Rev. B., 1974, 9(11): 4673-4689.

[63] KURKIN I N, TELA F T. Magnetic properties of rare earth metals[J]. Soviet Physics Solid State, 1966, 8(1): 585.

[64] MASON D R, MORRISON C A, KIKUCHI C, et al. Modified slater integrals for an ion in a solid [J]. Bulletin of the *American* Physical *Society*, 1967, 12: 468.

[65] WU S Y, DONG H N. Theoretical studies on the gyromagnetic factors for Nd^{3+}in scheelites-type ABO_4 compounds[J]. Z Naturforsch A, 2004, 59(12): 947-951.

[66] WELLS J-P R, SUGIYAMA A, HAN T P J, et al. Laser site excitation of KY_3F_{10}-doped with samarium[J]. Journal of Luminescence, 1999, 85: 91-102.

[67] YAMAGA M, HONDA M, WELLS J P R, et al. An electron paramagnetic resonance study on $Sm^{3+}$and Yb^{3+}in KY_3F_{10} crystals[J]. Journal of Physics: Condensed Matter, 2000, 12: 8727-8736.

[68] WELLS J-P R, YAMAGA M, HAN T P J, et al. Polarized laser excitation, electron paramagnetic resonance, and crystal-field analyses of Sm^{3+}-doped $LiYF_4$[J]. Physics Review B, 1999, 60(6): 3849-3855.

[69] DONG H N, ZHENG W C, WU S Y, et al. Investigations of the EPR parameters for Sm^{3+}ions in KY_3F_{10} and $LiYF_4$ crystals[J]. Spectrochm. Acta A, 2004, 60(3): 489-492.

[70] DONG H N, WU S Y, KEEBLE D J. Theoretical investigations of EPR parameters for trigonal Sm^{3+}ion in $La_2Mg_3(NO_3)_{12}\cdot 24H_2O$ crystal[J]. J. Alloys Compd., 2008, 451(1-2): 702-704.

[71] RANON U. Paramagnetic resonance of Nd^{3+}, Dy^{3+}, Yb^{3+}in YVO_4[J]. Phys. Lett. A, 1968, 28: 228-229.

[72] TAYLOR K N R, DARBY M I. Physics of rare earth solids[M]. London: Campman and Hall Ltd., 1972.

[73] DONG H N, ZHENG W C, WU S Y, et al. Explanations of g factors and hyperfine structure parameters for Dy^{3+}ion in YVO_4 crystal[J]. Journal of Physics and Chemistry of Solids, 2003, 64(7): 1213-1216.

[74] LARUHIN M A, Van ES H J, BULKA G R, et al. EPR study of radiation-induced defects in the thermoluminescence dating medium zircon($ZrSiO_4$)[J]. Journal of Physics: Condensed Matter, 2002, 14(14): 3813-3831.

[75] DONG H N, LI D F, LIU J, et al. Investigations of the EPR parameters for Dy^{3+} center in $ZrSiO_4$ crystal[J]. Mod. Phys. Lett. B, 2010, 24(3): 289-296.

[76] NEWMAN D J. Ligand ordering parameters[J]. Australian Journal of Physics, 1977, 30: 315-323.

[77] VISHWAMITTAR, PURI S P. Investigation of the crystal in rare-earth doped scheelites[J]. J. Chem. Phys., 1974, 61(9): 3720-3727.

[78] WU S Y, ZHENG W C. Investigations of the g factors and hyperfine structure parameters for Er^{3+}ion in zircon-type compounds[J]. Spectrochim. Acta A, 2002, 58(14): 3179-3183.

[79] YIN M, KRUPA J C, ANTIC-FIDANCEV E, et al. Spectroscopic studies of $Eu^{3+}$and Dy^{3+} centers in ThO_2[J]. Phys. Rev. B., 2000, 61: 8073-8080.

[80] AMORETTI G, GIORI G C, ORI O, et al. Actinide and rare earth ions in single crystals of ThO_2: preparation, EPR studies and related problems[J]. Journal of the Less Common Metals, 1986, 122: 34-39.

[81] DONG H N, WU S Y, ZHENG W C. EPR *g* factors of trigonal Dy^{3+} center in ThO_2 crystal[J].Spectrochmica Acta Part A, 2003, 59(8): 1705-1708.

[82] KAZANSKII S A. Optical detection of EPR of the ground state of trigonal center of Dy^{3+}in CaF_2 crystal[J]. Optical Spectroscopy, 1980, 48(6): 668-669.

[83] CURTIS M M, NEWMAN D J, STEDMAN G E. Crystal field in rare-earth trichlorides Ⅳ parameter variations[J]. Journal of Chemical Physics, 1969, 50(3): 1077-1085.

[84] LIKODIMOS V, GUSKOS N, TYPEK J, et al. EPR study of Dy^{3+}ions in $DyBa_2Cu_3O_{6+x}$[J]. European Physical Journal B, 2001, 24: 143-147.

[85] ALLENSPACH P, FURRER A, HULLIGER F. Neutron crystal-field spectroscopy and magnetic properties of $DyBa_2Cu_3O_{7-\delta}$ [J]. Phys. Rev. B, 1989, 39(4): 2226-2232.

[86] DONG H N, WU S Y, ZHENG W C. Study of the anisotropic *g*-factors for Dy^{3+}ions $DyBa_2Cu_3O_{6+x}$ superconductor[J]. Journal of Alloys and Compounds, 2003, 359(1-2): 59-61.

[87] DZHAPARIDZE D L, ALCHYANGYAN S V, DARASELIYA D M, et al. Electron spin resonance and radiofrequency discrete saturation of Er^{3+}ions in-$LiIO_3$ single crystals[J]. Soviet Physics Solid State, 1989, 31(3): 502-503.

[88] CHOH S H, SEIDEL G. Resonance properties of Er^{3+}in thorium oxide[J]. Phys. Rev. B, 1973, 7(11): 5011-5013.

[89] AERAHAM M M, WEEKS R A, CLARK G W, et al. Electron spin resonance of rare-earth ions in CeO_2: $Yb^{3+}$and Er^{3+}[J]. Phys. Rev. B, 1966, 148(1): 350-352.

[90] HINTZMANN W. Absorption spektren des Er^{3+}ions in scandiumvanadat und scandiumphosphat bei verschiedenen dotierungen[J]. Zeitschrift Physik, 1970, 230(3): 213-224.

[91] KUSE D. Optische absorptionsspektren und kristallfeldauf spaltungen des Er^{3+}-ions in YPO_4 and YVO_4[J]. Zeitschrift Physik, 1967, 203(1): 49-58.

[92] ANTIPIN A A, KATYSHEV A N, KURKIN I N, et al. Electron paramagnetic resonance and spin-lattice electron of Er^{3+}in single crystal [J]. Soviet Physics Solid State, 1965, 7: 1148-1152.

[93] KURKIN I N, TSVETKOV E A. Spin-lattice relaxation of Er^{3+}ions in a series of crystals homologous to scheelite[J]. Soviet Physics Solid State, 1970, 11: 3027-3031.

[94] Wu S Y, Dong H N, WEI W H, Investigations on the local structures and the EPR parameters for Er^{3+}in $PbMoO_4$ and $SrMoO_4$[J]. J. Alloys Compd., 375(2004): 39-43.

[95] MACFARLANE R M. Zero field splitting of t_2^3 cubic terms[J]. J. Chem. Phys., 1967, (6): 2066-2073.

[96] MACFARLANE R M. Perturbation methods in the calculation of Zeeman interactions and magnetic dipole line strengths for d^3 trigonal-crystal spectra[J]. Phys. Rev. B, 1970, 1(3): 989-1004.

[97] GAO X Y, WU S Y, WEI W H, et al. Theoretical Study of the Spin Hamiltonian Parameters of Vanadium Ions V^{2+}in $CsMgX_3$(X=Cl, Br, I)[J]. Z. Naturforsch. A., 2005, 60: 145-148.

[98] DU M L. Theoretical investigation of the *g* factor in RX: V^{2+}(R=Na, K, Rb； X=Cl, Br)[J]. Physic Rew B., 1992, 46(9): 5274-5279.

[99] CHEN J J, DU M L, QIN J. Investigation on the gyromagnetic factor of Ni(Ⅱ), V(Ⅱ), and Cr(Ⅲ)in $CsMgX_3$(X=Cl, Br, I)[J]. Phys. Stat. Sol. B, 174, K15(1992).

[100] DU M L, RUDOWICZ C. Gyromagnetic factors and zero-field splitting of t_2^3 terms of Cr^{3+}clusters with trigonal symmetry: Al_2O_3, $CsMgCl_3$, and $CsMgBr_3$[J]. Phys. Rev. B., 1992, 46: 8974-8977.

[101] CHEN J J, DU M L. Theoretical study of the gyromagnetic factor of MI_2: V^{2+}(M=Cd, Pb)[J]. Phys. Lett A., 1995, 207: 289-292.

[102] WU S Y, ZHENG W C. Theoretical investigations of the zero-field splitting and gyromagnetic factors for the tetragonal V^{2+}clusters in MCl(M=Na, K, Rb)crystal[J]. Physica B., 1997, 223(1): 84-88.

[103] WU S Y, YAN W Z, GAO X Y. Theoretical studies of the Hamiltonian parameters and the local structures for M^{2+}(M=Co, Mn, V and Ni)ions in $CsMgCl_3$[J]. Spectrochim. Acta A., 2004, 60: 701-707.

[104] DONG H N, LIu X S, ZHOU H F. Investigations of spin Hamiltonian parameters and local structures for three $Cr(CN)_6^{3-}$ centres in NaCl at three temperatures[J]. Polyhedron, 2015, 102: 253-260.

[105] LEVER A B P. Inorganic electronic spectroscopy[M]. Amsterdam: Elsevier Science Publishers, 1984.

[106] MCPERSON G. L, KACH R C, STUCKY G D. Electron spin resonance spectra of $V^{2+}Mn^{2+}$, and Ni^{2+}in single crystals of $CsMgBr_3$ and $CsMgI_3$[J]. J. Chem. Phys., 1974, 60: 1424-1429.

[107] MCPHERSON G L, MCPHERSON A M, ATWOOD J L. Structures of $CsMgBr_3$, $CsCdBr_3$ and $CsMgI_3$—diamagnetic linear chain lattices[J]. J. Phys. Chem. Solids, 1980, 41: 495-499.

[108] CLEMENTI E, RAIMONDI D L. Atomic screening constants from SCF functions[J]. J. Chem. Phys., 1963, 38(11): 2686-2689.

[109] CLEMENTI E, RAIMONDI D L, REINHARDT W P. Atomic screening constants from SCF functions Ⅱ: atoms with 37 to 86 electrons[J]. J. Chem. Phys., 1967, 47(40): 1300-1307.

[110] MCGARVEY B R. The isotropic hyperfine interaction[J]. J. Phys. Chem., 1967, 96(1): 51-66.

[111] WU S Y, GAO X Y, DONG H N. Theoretical studies of lattice distortions around the impurity ions in V^{2+}doped $CdCl_2$, CdI_2 and PbI_2[J]. Spectrochim. Acta A, 2006, 63: 754-758.

[112] CHAN Y, DOETSCHMAN D C, Jr HUTCHISON C A. Paramagnetic resonance absorption by divalent vanadium Ion is cadmium dichloride[J]. J. Chem. Phys., 1965, 42(3): 1048-1050.

[113] VAN H J L, Der VALK, MEERTENS P, et al. Electron paramagnetic resonance of divalent V, Mn, and Co in single crystals of CdI_2 and PbI_2[J]. Phys. Stat. Sol. B, 1978, 87: 135-143.

[114] WYCKOFF R W G. Crystal structures[M]. 2nd ed. New York: Wiley, 1964: 270.

[115] BORNSTEIN L. 4T Kristalle[M]. Berlin: Springer Verlag, 1955.

[116] MORENO M, BARRIUSO M T, ARAMBURU J A. Impurity-ligand distances derived from magnetic resonance and optical parameters[J]. Appl. Magn. Reson., 1992, 3: 283-304.

[117] WEAST R C. CRC handbook of chemistry and physics[M]. Boca Raton: CRC Press, 1989.

[118] VANHAELSt M, MATTHYS P, BOESMAN E. Covalency effects on vanadium doped alkali halides[J]. Solid State Commun., 1977, 23: 535-537.

[119] WANG D M, BOER E D. Electron paramagnetic resonance of $Cr(CN)_3^{6-}$in NaCl: evidence for motion of the associated cation vacancies[J]. Phys Rev B, 1989, 39(16): 11272-11279.

[120] WU S Y, DONG H N. On the EPR parameters of divalent cobalt in ZnX(X=S, Se, Te)and CdTe[J]. Z. Naturforsch. A, 2004, 59: 938-942.

[121] DING C C, WU S Y, WU L N, et al. The investigation of the defect structures for Co^{2+}in ZnO microwires, thin films and bulks[J]. J Phys Chem Solids, 2017, 106: 94-98.

[122] WU S Y, DONG H N, GAO X. Y. Theoretical studies of the spin Hamiltonian parameters and local structures for Cs_3CoX_5(X = Cl, Br)[J]. Spectrochim. Acta A, 2006, 63: 749-753.

[123] HAM F S, LUDWIG G W, WATKINS G D, et. al. Spin Hamiltonian of Co^{2+}[J]. Physical Review Letters, 1960, 5(10): 468-469.

[124] FRAGA S, SAXENA K M S, KARWOWSKI J. Handbook of atomic data[M]. New York: Elsevier Press, 1976.

[125] THAKUR J. S, AUNER G W, NAIK V M, et al. Raman scattering studies of magnetic Co-doped ZnO thin films[J]. J. Appl. Phys., 2007, 102(9): 093904-1-6.

[126] ZHANG L, YE Z, LU B, et al. Ferromagnetism induced by donor-related defects in Co-doped ZnO thin films[J]. J. Alloy. Compd., 2011, 509(5): 2149-2153.

[127] KIM K C, KIM E K, KIM Y S. Growth and physical properties of sol-gel derived Co doped ZnO thin film[J]. Superlattices Microstruct., 2007, 42(1-6): 246-250.

[128] JEDRECY N, von BARDELEBEN H J, ZHENG Y, et al. Electron paramagnetic resonance study of $Zn_{1-x}Co_xO$: a predicted high-temperature ferromagnetic semiconductor[J]. Phys. Rev. B, 2004, 69(4): 041308-1-4.

[129] ESTLE T, de WIT M. Paramagnetic resonance of $Co^{2+}$and V^{2+}in ZnO[J]. Bull. Am. Phys. Soc., 1961, 6: 445-450.

[130] NATH S K, CHOWDHURY N. Effect of Co doping on crystallographic and optoelectronic properties of ZnO thin films[J]. Md. Abdul Gafur, 2015, 28(1): 117-123.

[131] CHAI G Y, LUPANA O, RUSUC E V, et al. Functionalized individual ZnO microwire for natural gas detection[J]. Sensors Actuat A-Phys, 2012, 176: 64-71.

[132] USUDA M, HAMADA N. All-electron GW calculation based on the LAPW method: application to wurtzite ZnO[J]. Phys. Rev. B, 2002, 66(12): 12510-1-8.

[133] KUZIAN R O, DARÉ A M, SATI P, et al. Crystal-field theory of Co^{2+}in doped ZnO[J]. Phys. Rev. B, 2006, 74(15): 155201-1-12.

[134] KOIDL P. Optical absorption of Co^{2+}in ZnO[J]. Phys. Rev. B, 1977, 15(15): 2493-2499.

[135] HODGSON E K, FRIDOVICH I. Reversal of the superoxide dismutase reaction[J]. Biophys. Biochem. Res. Commun., 1973, 54(1): 270-274.

[136] HARADA M, TSUJIKAWA I. Study of the ground states $^4A_2$ of Cs_3CoCl_5 and Cs_3CoBr_5 crystals by the Zeeman effect of optical absorption-lines[J]. Journal of the Physical Society of Japan, 1974, 37(3): 759-765.

[137] YU W L, RAO J L. Pressure dependence of the EPR parameters of Cs_3CoCl_5 crystal[J]. Physica Status Slidi B, 1988, 145(1): 255-259.

[138] CASSAM-CHENAI P. Ensemble representable densities for atoms and molecules Ⅲ. Analysis of polarized neutron diffraction experiments when several Zeeman levels are populated[J]. Journal of Chemical Physics, 2002, 116(19): 8677-8690.

[139] STAPELE R P van BELJERS H G, BONGERS P F, et. al. Ground state of divalent Co ions in Cs_3CoCl_5 and Cs_3CoBr_5[J]. J. Chem. Phys., 1966, 44(10): 3719-3725.

[140] PETROSYAN A K, MIRZAKHANYAN A A. Zero-field splitting and *g*-values of d^8 ions in a trigonal crystal field[J]. Phys. Status Solidi B, 1986, 133: 315-319.

[141] ZHANG Z H, WU S Y, WEI L H, et. al. Theoretical investigations on the spin Hamiltonian parameters and local structures for the trigonal Ni^{2+} centers in $CsMgX_3$(X=Cl, Br, I)[J]. Rad. Eff. Def. Solids, 2009, 164: 493-499.

[142] ZHANG Z H, WU S Y, WEI L H, et al. Investigations of the defect structures and EPR parameters for the tetragonal and cubic Ni^{2+} centers in AgX(X=Cl, Br)[J]. Def. Diff. For., 2007, 272: 117-122.

[143] ZHANG Z H, WU S Y, FU C J, et. al. Theoretical studies of the local structures and spin Hamiltonian parameters for the rhombic Ni^{2+} centers in AgX(X=Cl; Br)[J]. Mod. Phys. Lett. B, 2009, 23: 1415-1424.

[144] HOHNE M, STASIW M, WATTERICH A. ESR of Ni^{2+}in AgCl and isotope effect in crystal field[J]. Phys. Stat. Sol., 1969, 34(1): 319-327.

[145] BUSSE J. Paramagnetische resonanz von Nickel in silberbromid[J]. Phys. Stat. Sol., 1963, 3: 1892-1896.

[146] ZHANG Z H, WU S Y, XU P. Theoretical investigations of the *g* factors and the hyperfine structure constants of the $Cr^{4+}$and Mn^{5+} centers in silicon[J]. Semiconductors, 2011, 45(5): 587-591.

[147] ZHANG Z H, WU S Y, XU P, et al. Theoretical investigations of the impurity axial displacement for ZnO: V^{3+}[J]. JVST A: Journal of Vacuum Science and Technology, 2011, 29(3): 03A117-1.

[148] ZHANG Z H, WU S Y, LI L L. Investigations of the local structures and the EPR *g* factors

for $V^{4+}$and Cr^{4+}in $Bi_4Ge_3O_{12}$ crystals[J]. J. Mol. Structure: HEOCHEM, 2010, 959(1-3): 113-116.

[149] HAM F S, LUDWIG G W. Paramagnetic Resonance[M]. New York: Academic Press, 1963: 23-45.

[150] COFFMAN R E, HIMAYA M I, NYEU K. Spin-Hamiltonian parameters and spin-orbit coupling for V^{3+}in ZnO[J]. Phys. Rev. B, 1971, 4(9): 3250-3252.

[151] BRAVO D, LÓPEZ F J. The EPR technique as a tool for the understanding of laser systems: the case of $Cr^{3+}$and Cr^{4+}ions in $Bi_4Ge_3O_{12}$[J]. Optical Materials, 1999, 13(1): 141-145.

[152] MOYA E, ZALDO C, BRIAT B, et al. Optical, magneto-optical and EPR study of chromium impurities in $Bi_4Ge_3O_{12}$ single crystal[J]. J. Phys. Chem. Solids., 1993, 54(7): 809-816.

[153] WATANABE H. *g*-value of Fe^{3+}in Ⅱ-Ⅵ cubic crystals[J]. Journal of Physics and Chemistry of Solids, 1964, 25(12): 1471-1475.

[154] LI L L, WU S Y, KUANG M Q. Investigations on the electron paramagnetic resonance parameters for Mn^{2+}in the ABF_3 fluoroperovskites[J]. Spectrochim. Acta A, 2011(79): 82-86.

[155] OWEN J, THORNLEY J H N. Covalent bonding and magnetic properties of transition metal ions[J]. Rep. Prog. Phys, 1966, 29: 676-728.

[156] DONG H N, LIU X S, ZHOU H F, Investigations of the spin Hamiltonian parameters and local structures for Fe^{3+}, $Cr^{3+}$and Mn^{4+}in rutile TiO_2 single crystal[J]. Physica B, 2015, 477: 45-51.

[157] OGAWA S. The electron paramagnetic resonance of Mn^{2+}ions surrounded by an octahedron of fluorine ions[J]. J. Phys. Soc. Japan, 1960, 15: 1475-1481.

[158] JECK R K, KREBS J J. First- and second-shell hyperfine interactions in iron-group-doped perovskite fluorides[J]. Phys. Rev. B, 1972, 5(5): 1677-1687.

[159] ZIAEI M E. General solution of the spin Hamiltonian for complex electron nuclear double resonance spectra[J]. Can. J. Phys, 1981, 59, 298-304.

[160] EMERY J, LEBLE A, FAYET J C. Superhyperfine interactions and covalency contribution to axial zero field splitting for $[MnF_6]^{4-}$ complexes in fluorides[J]. Journal of Physics and Chemistry of Solids, 1981, 42(9), 789-798.

[161] HALL T P P, HAYES W, STEVENSON R W H, et al. J. Chem. Phys., 1963(39): 35-39.

[162] KUANG M Q, WU S Y, SONG B T, et al. Theoretical studies of the spin Hamiltonian parameters for Cr^{+}in NaX(X=F, Cl, Br)[J]. Optik, 2013, 124: 892-896.

[163] ZIEGLER H. ENDOR investigations of Cr^{+} centres in NaF, NaCl, and NaBr[J]. physica status solidi B, 1972, 49(1): 367-385.

[164] WELBER B. Electron-spin-resonance investigation of chromium ions in NaCl[J]. Physical Review, 1965, 138(5A): 1481-1483.

[165] WATANABE H. Theory of *g* shift of Cr^{+} in NaCl crystals[J]. Journal of Physics and Chemistry of Solids, 1967, 28(6): 961-966 .

[166] GÜLER S, RAMEEV B, KHAIBULLIN R I, et al. EPR study of Mn-implanted single

crystal plates of TiO_2 rutile[J]. Magn Magn Mater, 2010, 322(8): L13-L17.
[167] MORRISON C A. Crystal field for transition metal ions in laser host materials[M]. Berlin: Springer, 1992.
[168] WANG X F, WU S Y, XU P, et al. Theoretical studies on the gyromagnetic factors for Fe^{3+}in ZnX(X=O, S, Se, Te)[J]. Mod. Phys. Lett. B, 2010, 24: 1891-1898.
[169] HU X F, WU S Y, KUANG M Q, et al. Studies on the local structures and the spin Hamiltonian parameters for Fe^{3+}in CdX(X=S, Se, Te)[J]. Mol. Phys., 2014, 113(11): 1320-1326.
[170] WU S Y, DONG H N, YAN W Z. Theoretical studies on the defect structure for Mn^{2+}in $KTaO_3$[J]. Mater. Res. Bull., 2005, 40: 742-748.
[171] WALSH W M J, RUPP L W J. Paramagnetic resonance of trivalent Fe^{57} in zinc oxide[J]. Phys. Rev., 1962, 126(3): 952-955.
[172] RÄUBER A, SCHNEIDER J, MATOSSI F. Z. Naturforsch. A, 1962, 17: 654.
[173] ESTLE T L, HOLTON W C. Electron-paramagnetic-resonance investigation of the superhyperfine structure of iron-group impurities in Ⅱ-Ⅵ compounds[J]. Phys. Rev., 1966, 150(1): 159-167.
[174] HANSEL J C. Bull. Am. Phys. Soc., 1964, 9: 244.
[175] KANEMITSU Y, MATSUBARA H, WHITE C W. Photoluminescence spectrum of highly excited single CdS nanocrystals studied by a scanning near-field optical microscope[J]. Appl. Phys. Lett., 2002, 81(1): 141-143.
[176] TAGUCHI S, ISHIZUMI A, TAYAGAKI T, et al. Mn-Mn couplings in Mn-doped CdS nanocrystals studied by magnetic circular dichroism spectroscopy[J]. Applied Physics Letters, 94(17): 173101-173103.
[177] MORIGAKI K, HOSHINA T. Photosensitive spin resonance of Fe^{3+}in CdS[J]. J. Phys soc. Jpn, 1966, 21(5): 842-849.
[178] HOSHINA T. Electron spin resonance of photosensitive Fe^{3+} centers in CdSe[J]. J. Phys Soc. Jpn, 1967, 22(4): 1049-1059.
[179] BRUNTHALER G, KAUFMANN U, SCHNEIDER J. Electron spin resonance identification of isolated Fe^{3+}in CdTe[J]. J. Appl. Phys., 1984, 56(10): 2974-2976.
[180] KEEFEE M O, HYDE B. G. Non-bonded interactions and the crystal chemistry of tetrahedral structures related to the wurtzite type(B4)[J]. Acta Cryst. B., 1978, 34(34): 3519-3528.
[181] ABRAHAM M M, BOATNER L A, OLSON D N, et. al. EPR studies of some f^n and d^n electronic impurities in $KTaO_3$ single crystals[J]. Journal of Chemical Physics, 1984, 81(6): 2528-2534.
[182] LAGUTA V V, GLINCHUK M D, BYKOV I P, et. al. Paramagnetic dipole centers in $KTaO_3$: electron-spin-resonance and dielectric spectroscopy study[J]. Physical Review B, 2000, 61(6): 3897-3904.
[183] HANNON D M. Electron paramagnetic resonance of Mn^{2+}in $KTaO_3$[J]. Physical Review B,

1971, 3(7): 2153-2157.

[184] BYKOV I P, GEIFMAN I N, GLINCHUK M D, et. al. ESR study of $KTaO_3$ doped with Fe ions[J]. Soviet Physics Solid State, 1980, 22: 1248-1252.

[185] LAULICHT I, YACOBI Y, BARAM A. The charge state of Mn and defect dynamics in manganese doped $KTa_xNb_{1-x}O_3$[J]. Journal of Chemical Physics, 1989, 91(1): 79-84.

[186] DONNERBERG H, EXNER M C, CATLOW R A. Local geometry of Fe^{3+}ions on the potassium sites in $KTaO_3$[J]. Physical Review B, 1993, 47(1): 14-19.

[187] KOIDL P, BLAZEY K W. Optical absorption of MgO: Mn[J]. Journal of Physics C, 1976, 9: L167-170.

[188] YEOM T H, CHOH S H, DU M L. A theoretical investigation of the zero-field splitting parameters for an Mn^{2+}centre in a $BiVO_4$ single crystal[J]. Journal of Physics: Condensed Matter, 1993, 5(13): 2017-2024.